미술관에
간
수학자

| 일러두기 |

- 본문에 등장하는 인명의 영문명 및 생몰연도를 첨자 스타일로 국문명과 함께 표기하였다.
  (예 : 레오나르도 다빈치Leonardc da Vinci, 1452~1519)
- 미술작품은 〈 〉로 묶고, 단행본은 『 』, 논문이나 정기간행물은 「 」로 묶었다.
- 본문 뒤에 작품과 인명 색인을 두어, 작가명 또는 가나다 순으로 작품과 인명을 찾아볼 수 있도록 하였다.
- 인명, 지명의 한글 표기는 원칙적으로 외래어 표기법에 따랐으나, 일부는 통용되는 방식을 따랐다.
- 미술작품 정보는 '작가명, 작품명, 제작연도, 기법, 크기, 소장처' 순으로 표시하였다.
- 작품의 크기는 세로×가로로 표기하였다.

캔버스에 숨겨진 수학의 묘수를 풀다 | 개정증보판 |

미술관에 간 수학자

이광연 지음

어바웃북

| 머리말 : 개정증보판에 붙여 |

수학을 그린 화가들에 대한 헌사(獻詞)

아주 먼 옛날에 원시인들은 어떻게 살았을까?

여러 가지 역사적 증거로부터 그들의 삶을 추측할 수 있는데, 그중 하나가 동굴에 그려진 벽화다. 다양한 그림이 그려져 있는 벽화로부터 원시인들의 삶의 방식뿐만 아니라 그들이 어떤 생각을 했었는지도 짐작할 수 있다. 당시에 벽화는 원시인들에게 의사소통의 방법이자 삶을 기록하는 역사책인 동시에 자신의 생각을 표현하는 예술작품이기도 했다.

원시인들이 그린 벽화는, 그들이 수(數)를 어떻게 사용했고 활용했는지 추측하게 하는 단서가 되기도 한다. 이를 통해서 수학이 원시시대부터 예술 속에 녹아 있었음을 알 수 있다.

서양사를 살펴보면 5세기 로마제국의 몰락과 함께 중세가 시작되었다고 할 수 있는데, 중세는 이른바 '유럽의 암흑기'였다. 그 시절 유럽의 문화와 학문은 발전하기는커녕 오히려 퇴보했다. 그래서 유럽인들은 5세기부터 르네상스에 이르기까지를 야만의 시대이자 인간성 말살의 시대로 여겼고, 인간 중심의 시대인 고대 그리스의 영광을 르네상스를 통해 회복하고자 했다.

예술과 수학의 밀월은 르네상스시대에 절정에 이른다. 르네상스는 고대 그리스·로마 시대의 문화를 전범으로 삼아 문예를 부흥시켜 새로운 문화를 창출해 내려는 운동이었다. 그 범위는 철학과 문학, 미술과 건축 등 거의 모든 분야에서 이뤄졌다.

르네상스시대를 이끈 인물 중에서 가장 선구적이었던 사람을 꼽는다면 필자는 주저 없이 레온 바티스타 알베르티가 떠오른다. 그는 인문학자이자 시인이었고, 고전학자이자 미술이론가였으며, 건축가이자 수학자였다. 알베르티는 르네상스시대 '만능인'의 원형이라고 할 수 있다. 그는 1435년에 『회화론(On Painting)』이라는 저서를 발간했는데, 이 책에는 화가들에게 귀감이 될 만한 여러 이론이 체계적으로 담겨 있다. 알베르티는 『회화론』 제3권에 다음과 같이 썼다.

"가능한 한 화가는 모든 교양과목에 조예가 깊어야 하는데, 특히 기하학에 정통해야 한다. 나는 고대의 뛰어난 화가 팜필루스의 말에 동의한다. 그는 젊은 귀족 자제들에게 그림을 가르쳤는데, 기하학을 모르면 그림을 제대로 그릴 수 없다고 단언했다. 기하학에 문외한인 사람은 회화의 어떤 법칙, 어떤 기본도 이해할 수 없다. 그러므로 나는 화가들이 기하학을 공부해야 한다고 생각한다."

르네상스시대에 기하학은 곧 수학을 의미했다. 르네상스시대 많은 화가들의 스승이었던 알베르티는 그의 제자들에게 기하학, 즉 수학의 여러 원리를 통해 그림의 구도에 조화와 균형을 깨트리지 않는 방법을 제시했다. 알베르티의 가르침에 크게 경도된 화가들은 수학에 눈을 뜨기 시작했다. 그리고 작품에 서서히 수학을 활용해나갔다.

미술에 수학이 투영된 가장 커다란 사건은 원근법의 발견이다. 이탈리아 화가

마사초가 그린 〈성삼위일체〉는 르네상스 회화 중에서 원근법을 가장 먼저 선보인 작품이다. 그 당시 멀리 떨어질수록 작게 보인다는 것은 누구나 아는 사실이었지만, 이것을 수학적으로 계산하여 작품에 응용하는 데는 발상의 전환이 필요했다. 평면인 도판에 멀고 가까운 효과를 내어 입체적으로 표현한다는 것은, 회화의 2차원성을 뛰어넘어 3차원의 세계로 이끄는 혁신적인 기법이었다.

15세기 화가이자 수학자이기도 했던 피에로 델라 프란체스카는 원근법을 통해 '소실점(小失點)'의 존재를 밝혔다. 평행인 두 직선을 원근법에서는 평행하지 않게 그릴 때 두 직선이 멀리 한 점에서 만나 원근감을 갖게 되는데, 이 때 두 직선이 만나는 점이 바로 소실점이다. 이처럼 수학의 소산인 원근법은 르네상스시대를 거쳐 회화의 기본 요소로 자리 잡으면서 미술에 엄청난 영향을 끼쳐왔다.

원근법 못지않게 미술계 전반을 뒤흔든 수학 원리는 '황금비'이다. 원근법이 미술의 진화를 가능하게 했다면, 황금비는 미술을 예술적으로 완성했다고 해도 지나치지 않다. 수많은 예술가들이 평생을 받쳐 찾았던 것은 이상적인 아름다움을 화폭에 담기 위한 최적의 비율이었는데, 공교롭게도 그 비율은 수학자들이 제시해온 황금비와 거의 일치했다. 독일 르네상스의 거장 뒤러는, "나는 수(數)를 가지고 남자와 여자를 그렸다"고 말했을 정도로 인체의 완벽한 미를 완성하는 황금비 값을 구하는데 온 힘을 쏟았다. 세상에서 가장 유명한 걸작 〈모나리자〉의 자태와 얼굴을 자세히 살펴보면 놀랄 만큼 황금비에 가깝다는 사실을 알 수 있고, 브뢰헬이 그린 〈바벨탑〉의 밑각은 황금삼각형과 일치한다. 점과 선, 면에 천착해 사물의 본질을 그렸던 현대화가 몬드리안의 작품에 사람들이 시선을 멈출 수밖에 없는 이유는 황금직사각형의 비율 때문이다.

이처럼 한 시대를 풍미했던 거장들의 작품 속에는, 그들이 의도했든 의도하지 않았든, 수학적 사고와 원리가 담겨 있다. 감성의 꽃으로 불리는 미술이 차가운 이성과 논리적 사고로 무장한 수학을 만나 진화를 거듭해온 것이다. 수백 년 전 르네상스의 선구자 알베르티의 주장을 화가들은 수많은 작품을 통해 증명했다.

2018년 이 책이 첫 출간된 이후 수많은 독자들로부터 과분한 사랑을 받았다. 수학계와 교육계 일선에 있는 선후배 동료 연구자 및 교육자들은 졸저를 지지하고 추천해 주셨다. 덕분에 과학기술정보통신부로부터 우수과학도서로 선정되는 영광을 누렸고, 오랫동안 과학 분야 베스트셀러와 스테디셀러로 자리매김할 수 있었다. 이에 힘입어 개정증보판을 출간하는 기회를 얻게 됐다. 초판 소화도 쉽지 않은 국내 교양과학 단행본 시장에서 기적 같은 일이 아닐 수 없다.

개정증보판에서는 '패러독스와 딜레마', '에라토스테네스의 체와 소수의 발견' 그리고 회화 속 파리 한 마리에서 비롯한 '좌표의 역사와 진화' 등 다채로운 주제들을 추가했다. 무엇보다 원고를 새롭게 증보하면서 수학에 담긴 철학적 함의를 되새길 수 있었다.

미술관에서 작품을 뚫어져라 보더라도 수학은 눈에 잘 띄지 않는다. 수학을 모르고 작품을 감상해도 크게 상관은 없다. 하지만 한번쯤 수학적 시선으로 작품을, 더 나아가 세상을 바라본다면, 우리의 생각은 고정관념의 틀에서 벗어나고 우리의 시선은 조화와 균형으로 충만해 질 것이다. 수학은 그런 학문이다. 드러나거나 튀지 않지만 항상 우리를 새로운 차원의 세상으로 안내한다. 이 책이 독자 여러분의 생각을 살찌우는 데 작은 도움이 되길 기원한다.

이광연

contents

| 머리말 : 개정증보판에 붙여 | 수학을 그린 화가들에 대한 헌사(獻詞) • 004

Chapter 1 : 그림의 구도를 바꾼 수학 원리들

그림 속
저 먼 세상을 그리다

원근법의 발견 **014**

당신의 시선을
의심하라!

착시와 황금삼각형 **028**

방정식을 그린 화가들

등식의 성질과
비례관계 **038**

미궁에 빠지는 즐거움

미궁과 미로
그리고 위상수학 **048**

예술과 수학은
단순할수록 위대하다!

황금직사각형의 원리 **062**

수학자의
황금비율 감상법

인체비례론 **072**

러셀이 물고 있는
파이프는
과연 파이프인가?

패러독스와 딜레마 **084**

Chapter 2 : 그림에 새겨진 수학의 역사

한 점의 그림으로
고대 수학자들과 조우하다

아테네학당의
수학자들 · · · 100

보이지 않는 수의
존재를 증명하는 힘

시간과 수의 기원 · · · 116

디도 여왕과
생명의 꽃

케플러의 추측,
등주문제, 매듭이론 · · · 128

수의 개념에 관한 역사

일방향함수와
일대일 대응 원리 · · · 140

수학자의 초상

뉴턴과 컴퍼스 · · · 152

'원'을 생각하며

바퀴, 태양, 0
그리고 비눗방울 · · · 164

프로메테우스의
반지

환 이론의 재발견 · · · 176

'난제의 숫자'는
어떻게 예술이
되는가

'에라토스테네스의 체'와
소수 · · · 186

Chapter 3 : 수학적 생각이 깊었던 화가들

유클리드 기하학의
틀을 깬 한 점의 명화

왜상과
사영기하학   200

수학의 불완전성을
일깨운 고양이

양자역학과
7의 누승   214

수학자를 위로하는
신비로운 상자

마방진   226

그림으로 함수의
함의를 풀다

연속과 불연속   236

수학자가 본
노아의 방주

단위와
강수량 이야기   248

새콤달콤 사과의 인문학

베시카 피시스,
'불화의 사과' 그리고
사이클로이드   260

수학을 그린 화가
'에셔'

무한과 순환의
원리   276

해석기하학과
파리효과

데카르트 좌표계   288

Chapter 4 : 미술관 옆 카페에서 나누는 수학 이야기

파에톤의
찬란한 추락

달력의 탄생 　　302

내 속엔 내가
얼마나 있을까?

프랙털과
차원의 문제 　　314

작은 점, 가는 선
하나에서 피어난 생각들

디지털 세상에서
이진법을 추억하며 　　326

헤라클레스의
칼보다도 무서운 공식

거듭제곱의 위력 　　336

거미, 혐오의
껍질을 벗기다

거미줄에 얽힌 신화와
과학 그리고 수학 　　348

사랑과 생일 그리고
도박에 얽힌 수학문제

재미있는
확률의 응용 　　360

미술관 옆 카페에서
커피 한 잔

세이렌과 소리의 수학 　　376

| 작품 찾아보기 | 인명 찾아보기 | 참고문헌　●　386

Chapter 1

그림의 구도를 바꾼 수학 원리들

그림 속
저 먼 세상을 그리다

원근법의 발견

　　　　　　　　　　　　　　　　한국화와 서양화의 차이는 무엇일까? 미술에 전혀 관심이 없는 사람들조차 한국화 한 점과 서양화 한 점을 놓고 어떤 게 한국화이고 어떤 게 서양화인지 구별하라고 하면 거의 대부분 어렵지 않게 직관적으로 구별해낸다. 한국화와 서양화는 그림의 소재가 확연히 다를 수밖에 없고, 채색도구인 물감과 종이도 근본적으로 다르기 때문이다. 그런데 한 걸음 더 들어가 한국화와 서양화의 구도상 차이점을 묻는다면 얘기가 달라진다. 미술에 웬만큼 조예가 깊지 않고서는 그 차이를 제대로 답하기가 쉽지 않다.

하지만 이런 질문은 뜻밖에 수학자에게 유리하다. 그림의 구도는 대체로 '원근법'이라고 하는 화법에 좌우되기 마련인데, 원근법은 수학의 기원을 이루는 기하학과 밀접하게 맞닿아 있기 때문이다. 즉, 한국화와 서양화의 가장 본질적인 구도상의 차이점은 원근법으로 설명된다. 대표적인 한국화

마사초, 〈성삼위일체〉, 1401년, 프레스코, 667×317cm, 피렌체 산타마리아 노벨라 성당

인 추사 김정희^{秋史 金正喜, 1786~1856}의 〈세한도〉를 예로 들어 그 이유를 살펴보자. 〈세한도〉는 추사가 탐욕과 권세에 아부하지 않고 지조와 의리를 지킨 제자 이상적^{李尙迪, 1804~1865}을 추운 겨울의 소나무와 잣나무에 비유하여 그에게 그려 준 그림이다. 추사는 스산한 겨울 분위기 속에 서 있는 소나무와 잣나무 몇 그루를 갈필을 사용하여 그리고, 오른쪽 여백에 '歲寒圖'라고 그림의 제목을 썼다. 〈세한도〉는 화면에 빈틈이 많고 아직 완성되지 않은 것 같은 허전함이 있지만, 그 빈틈과 미완성은 자기를 내세우거나 자랑하지 않는 겸손한 태도를 의미한다. 〈세한도〉는 관람자가 여백에 담긴 깊은 뜻을 이해하고 감상했을 때 비로소 고매한 선비의 지조와 절개를 느낄 수 있는 그림이다.

〈세한도〉에서 나무나 집은 어떤 것이 멀리 있고 가까운지 알 수 없다. 예로부터 산수화를 그린 동양의 대부분의 화가들은 자기가 강조하고 싶은 물상^{物像}이 멀리 있어도 가까운 것보다 더 크게 그렸다. 또는 그것을 강조하기 위하여 주변의 다른 물상을 제거하여 많은 여백을 남겼다. 이처럼 한국화에

추사 김정희, 〈세한도〉(국보 180호), 1844년, 수묵화, 23×69.2cm, 국립 중앙 박물관

는 여백의 미가 있지만 원근감을 찾아보기 어렵다. 반면, 서양화는 여백의 미를 찾기 어렵지만 원근감이 있다. 사실 서양화에서도 르네상스 이전의 작품에서는 원근감을 찾아보기 어려웠다.

그림 속 벽에 거대하고 깊은 구멍을 그린 화가

원근법의 원리를 처음 창안한 사람은 15세기 이탈리아의 건축가 브루넬레스키Filippo Brunelleschi, 1377~1446다. 멀리 떨어질수록 작게 보인다는 것은 누구나 아는 사실이지만, 이것을 수학적으로 계산하여 체계화한 사람이 바로 브루넬레스키다. 그는 거리에 따른 사물의 크기가 수학적으로 축소되는 과정과 함께 수평선이 하나의 지평선으로 모이면서 수직선도 우리 시선의 중심으로 수렴한다는 것을 최초로 확인한 인물로 알려져 있다.

원근법이란 단순히 먼 것은 작게, 가까운 것은 크게 그리는 것일까? 원근법은 3차원 공간에 있는 물체를 공간 전체와 관련지어 시각적으로 거리감을 느낄 수 있도록 2차원 평면에 그림을 그리는 방법이다.

원근법에는 색채원근법과 투시원근법이 있는데, 색채원근법은 가까이 있는 것은 뚜렷하게, 멀리 있는 것일수록 흐리게 하여 원근감을 나타내는 방법이다. 투시원근법은 가까이 있는 것은 크게, 멀리 있는 것은 작게 그려 거리감을 나타내는 방법이다. 우리가 보통 원근법으로 이해하는 것은 투시원근법이다.

서양미술사에서 회화에 원근법이 본격적으로 적용된 것은 르네상스시대부터다. 이탈리아 화가인 마사초Masaccio, 1401~1428의 〈성삼위일체〉(15쪽)는 르네상스 회화 중에서 원근법을 가장 먼저 선보인 작품으로 꼽힌다. 이 작품에 등장하는 인물들은 실물과 흡사한 크기로 그려졌다. 또 엄격한 구성을 통해 고대 조각처럼 조형적으로 살아 있는 듯한 입체감을 느낄 수 있다.

마사초는 이 작품을 감상하기 가장 좋은 거리를 전방 6m로 정했고, 이 지점에 서서 그림을 보면 입체적인 화면을 볼 수 있도록 구성하였다. 그는 〈성삼위일체〉를 마치 벽에 거대하고 깊은 구멍이 파져 있는 것처럼 입체적으로 그렸다. 원근법을 활용하여 눈앞에서 십자가에 못 박힌 예수를 생생하게 느낄 수 있도록 한 것이다.

그림의 아래 부분에는 이 그림 제작을 의뢰한 부부가 십자가에 못 박힌 예수를 바라보고 있고, 맨 아래에는 해골이 그려져 있다. 여기에는 다음과 같은 문장이 피렌체 사투리로 새겨져 있다.

"나도 한때 당신들과 같았다. 당신들은 지금의 내가 될 것이오."

〈성삼위일체〉가 제작될 당시 유럽은 흑사병이 창궐하던 시대였는데, 마사초는 십자가에 못 박히는 예수를 통해 재앙의 공포를 알렸다.

캔버스에 기하학의 원리를 투영시키다

자, 이제 마사초가 사용한 원근법을 수학적으로 관찰해보자. 원근법은 도형의 성질인 닮음과 비례관계를 바탕으로 그림을 그리는 방법이다. 아래 그림처럼 높이가 같은 두 그루의 나무가 시점에서부터 거리의 비가 1:2인 위치에 서 있을 때, 이 두 그루의 나무를 원근법으로 화면 위에 그리면 선분 PQ, PR이 된다.

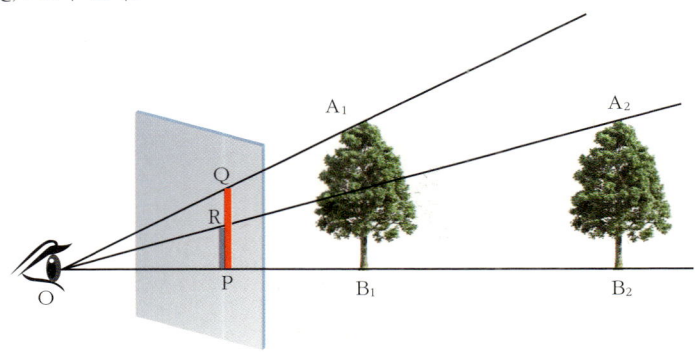

여기서 시점 O와 나무의 각 끝점으로 이루어지는 삼각형을 $\triangle OA_1B_1$, $\triangle OA_2B_2$, 시점 O와 화면에 그려진 선분으로 이루어지는 삼각형을 $\triangle OQP$, $\triangle ORP$라 하면 다음과 같이 삼각형으로만 나타낼 수 있다.

여기서 $\triangle OA_1B_1$과 $\triangle OQP$는 닮은 삼각형이고, $\triangle OA_2B_2$와 $\triangle ORP$도 닮은

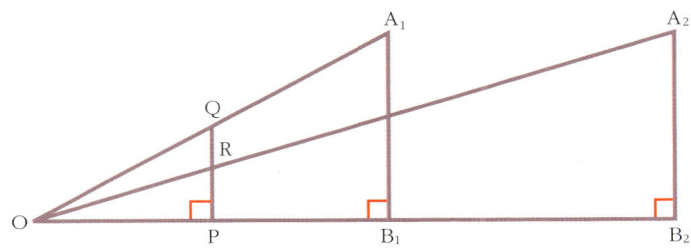

그림 속 저 먼 세상을 그리다

삼각형이다. 두 그루의 나무가 시점에서부터 거리의 비가 1:2라고 했으므로 $\overline{OB_1}:\overline{OB_2}=1:2$이다. 그런데 $\overline{A_1B_1}=\overline{A_2B_2}$이므로 $\overline{QP}:\overline{RP}=1:\dfrac{1}{2}$이다. 따라서 같은 높이의 나무이지만 원근법으로 그린 그림에서는 눈으로부터 나무까지의 거리와 그 나무가 화면에 그려지는 길이 사이에 반비례 관계가 성립함을 알 수 있다. 즉, 다음과 같은 식으로 화면에 그려질 나무의 높이를 정할 수 있다.

$$(\text{화면 위의 나무의 길이}) = \frac{1}{(\text{시점으로부터 나무까지의 거리})}$$

이와 같은 원리를 적용하여 마사초의 〈성삼위일체〉를 분석하면, 아래와 같이 작품에서 6m 떨어진 감상자의 눈높이에서 시선을 따라 선을 그은 후 그림에 등장하는 인물들과 배경을 그렸음을 알 수 있다.

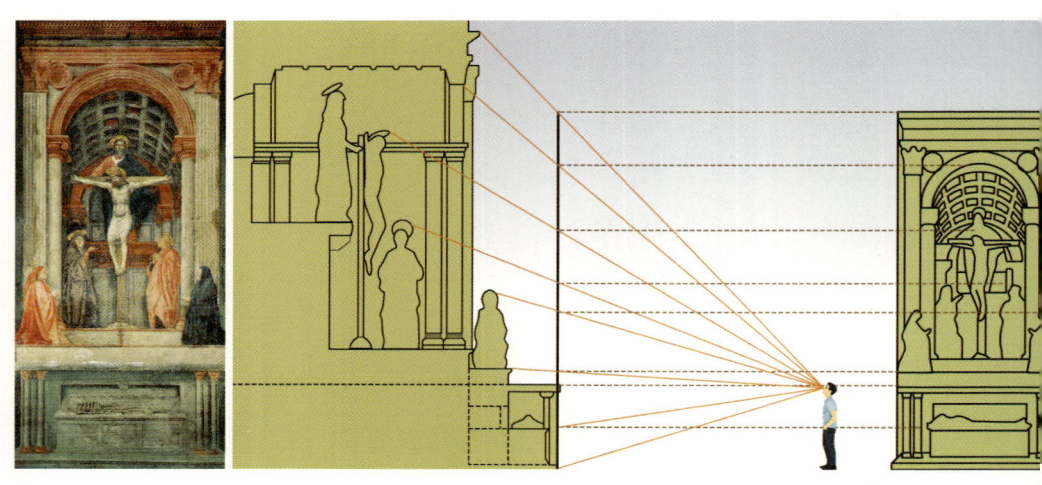

소실점을 발견한 화가들

원근법을 적용한 작품 중에 15세기 이탈리아의 화가이자 수학자인 피에로 델라 프란체스카 Piero della Francesca, 1416~1492가 그린 〈채찍질당하는 그리스도〉를 감상해 보자. 화가는 투시원근법을 통해 감상자의 시선을 자연스럽게 뒤쪽 궁정 안뜰에서 벌어지고 있는 예수가 기둥에 묶여 채찍질당하는 장면 쪽으로 유도하고 있다.

그리고 천장 위에서 내리는 밝은 빛 역시 보는 사람의 시선을 이끌고 있다. 프란체스카는 이 작품에서 섬세한 빛의 처리와 구성력 있는 명암법을 본격적으로 회화에 적용해 빛과 그림자를 통해 공간을 마치 연극 무대처럼 묘사했다.

프란체스카, 〈채찍질당하는 그리스도〉, 1460년, 템페라, 58.4×81.5cm, 우르비노 마르케 국립 미술관

천장과 바닥의 선이 하나의 지점, 즉 하나의 소실점에서 만난다.

그림을 다시 살펴보자. 저 뒤에 예수가 묶여서 채찍질 당하고 있고, 앞에서는 세 명의 사람이 무엇인가 의논하고 있다. 그런데 그림 왼쪽 바닥과 천장의 무늬로부터 원근법에 사용된 비율을 알 수 있다. 천장과 바닥의 선이 하나의 지점, 즉 하나의 소실점으로 향하고 있는 것이다. 실제로는 평행인 두 직선을 원근법에서는 평행하지 않게 그릴 때, 두 직선이 멀리 한 점에서 만난다. 이 점을 소실점이라고 한다. 소실점에서 '소실(消失)'은 사라져 없어진다는 뜻이다.

프란체스카는 이 그림에서 예수의 키를 17.8cm로 그렸는데, 그는 실제 예수의 신장을 그 10배인 178cm로 생각했다고 한다. 예수의 신장을 기준으로 이 그림의 가로는 17.8cm의 4.5배이고 세로는 3.25배이다. 또한 전경에 보이는 두 기둥의 받침돌 사이의 거리는 예수 키의 2배이고, 그림에 등장하는 공간의 깊이는 14m임을 알 수 있다.

원근법은 르네상스시대를 거쳐 회화의 기본 요소로 자리 잡으면서 근대를 지나 현대에 이르기까지 여러 작품에서 완벽하게 구현되어 왔다. 19세기에 프랑스에서 활약했던 귀스타브 카유보트 Gustave Caillebotte, 1848~1894는 〈유럽의 다리〉라는 작품에서 원근법의 사용을 한 단계 더 진화시켰다.

이 그림의 오른쪽에 있는 다리의 난간과 왼쪽에 있는 도로의 경계석을 따

카유보트, 〈유럽의 다리〉, 1881~1882년, 캔버스에 유채, 181×125cm, 개인 소장

라 직선으로 연결하면 아주 쉽게 소실점을 찾을 수 있다. 카유보트는 이 작품에서 마치 사진처럼 현실감을 자아내는 구도를 보여주고 있다.

그는 인상주의 화가로 알려져 있지만 클로드 모네^{Claude Monet, 1840~1926}와 같은 기존 인상주의 화가들보다 훨씬 더 사실에 가깝게 그렸다. 카유보트의 작품이 매우 사실적일 수 있었던 것은 화가가 원근법에 대한 이해가 깊었기 때문이다.

다리의 난간과 왼쪽에 있는 도로의 경계석을 따라 직선으로 연결하면 소실점을 찾을 수 있다.

현실에 좀 더 가까워진 그림들

지금까지 우리는 소실점이 하나인 작품을 감상했는데, 소실점이 둘인 작품도 많다. 우선 소실점이 하나인 경우와 둘인 경우에 정육면체를 그리는 방법에 대하여 알아보자.

소실점이 하나인 경우, 다음과 같은 순서로 정육면체를 그릴 수 있다.
① [그림 1]과 같이 정육면체를 정면에서 바라본 그림(정사각형)을 그린 후 정사각형 밖에 한 점(소실점)을 잡는다.
② [그림 2]와 같이 정사각형의 각 꼭지점과 소실점을 잇는 선분을 긋는다.
③ [그림 3]과 같이 직선 위 적당한 위치에 정사각형과 평행선을 그어 정육면체를 완성한다.

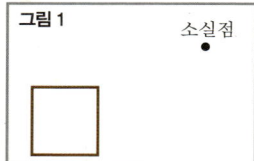 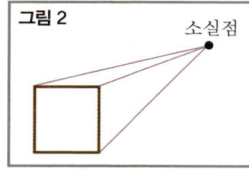 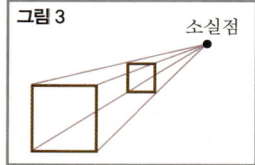

소실점이 둘인 경우, 다음과 같은 순서로 정육면체를 그릴 수 있다.
① [그림 1]과 같이 수평선과 수직선을 그린다.
② [그림 2]와 같이 수평선 위에 임의의 두 점(소실점)을 잡은 후 수직선의 끝점과 소실점을 잇는 선분을 긋는다.
③ [그림 3]과 같이 수직선을 그어 정육면체를 완성한다.

 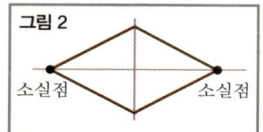 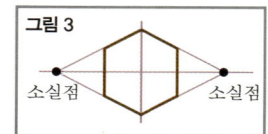

카유보트, 〈파리의 거리, 비오는 날〉, 1887년, 캔버스에 유채, 212.2×276.2cm, 시카고 미술관

카유보트의 〈파리의 거리, 비오는 날〉은 소실점이 둘인 작품이다. 이 그림은 마치 비오는 날 파리의 거리를 카메라로 촬영한 것 같다. 그림 속 저 멀리에 이등변삼각형 모양으로 작아지는 건물을 볼 수 있다. 화가는 소실점을 둘로 하여 도로 사이에 있는 건물의 입체감을 살렸다.

가상의 세계까지 구현하다

한편, 소실점이 셋인 경우도 있는데, 이 경우의 정육면체는 앞에서와 마찬가지 방법으로 다음과 같이 그릴 수 있다.

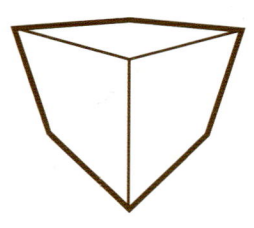

소실점을 이용하여 평면 위에
입체적으로 그린 정육면체

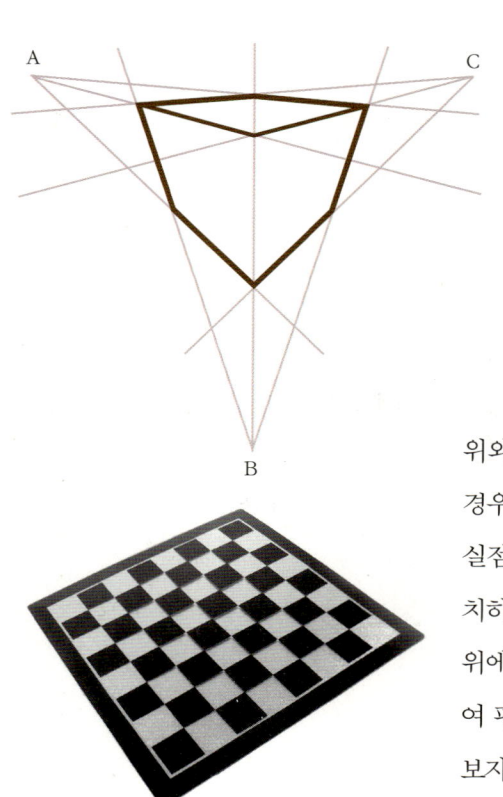

위와 같은 방법으로 소실점이 셋인 경우도 평면에 그릴 수 있다. 특히 소실점 세 개 모두를 같은 직선 위에 위치하도록 그릴 수도 있다. 같은 직선 위에 있는 세 개의 소실점을 이용하여 평면인 체스판을 입체적으로 그려 보자.

평면인 체스판을 입체적으로 그리려면 같은 직선 위에 있는 세 개의 소실점을 잡아야 한다. 한 직선 l 위에 세 점 A, B, C를 잡고, 세 점에서 출발한 직선이 한 점 O에서 만나도록 세 개의 직선을 긋는다. 선분 $\overline{OB}$ 위에 점 O에서부터 B점을 향하여 일정한 비율로 줄어드는 점 B_1, B_2, B_3, …를 차례로 잡는다. 점 A에서 차례로 B_1, B_2, B_3, …를 지나 선분 $\overline{OC}$와 만나는 점을 A_1, A_2, A_3, …라 하고, 점 C에서 차례로 B_1, B_2, B_3, …를 지나 선분 $\overline{OA}$와 만나는 점을 C_1, C_2, C_3…라 하자. 그러면 각 선분은 일정한 모양으로 줄어드는 사

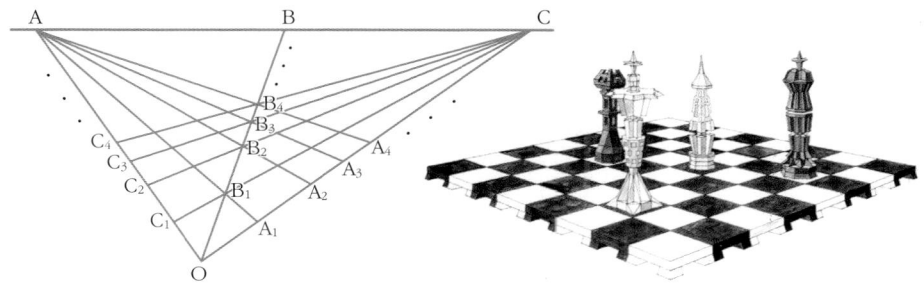

각형을 만들어 낸다. 이때 만들어진 사각형에 고대로 흰색과 검은 색을 칠하면 체스판의 입체적인 모양을 얻을 수 있다.

오늘날 원근법은 다양하게 활용되고 있다. 특히 현실에 존재하는 이미지에 가상 이미지를 겹쳐 하나의 영상으로 보여주는 증강현실(augmented reality)에서도 원근법은 매우 중요하다. 4차산업혁명시대에 증강현실은 가상현실(virtual reality)과 함께 핵심 기술로 자리 잡고 있다.

르네상스시대의 화가들이 회화의 2차원적 한계를 극복하기 위해 기하학 원리를 적용한 원근법을 착안해낸 것이야말로 '통섭'의 가장 이상적인 모습이 아닐 수 없다. 그리고 4차산업혁명시대에서 원근법은 현실세계와 가상세계를 '융합'시키는 발상의 전환을 가능하게 했다. 원근법이 '통섭'과 '융합'의 아이콘으로 불리는 이유가 여기에 있다.

당신의 시선을 의심하라!

착시와 황금삼각형

우리 속담에 '백번 듣는 것보다 한 번 보는 것이 낫다'와 '몸이 천 냥이면 눈이 구백 냥'이라는 말이 있다. 눈은 인간의 여러 장기 중에서 가장 중요하며 각종 정보를 보는 대로 믿게 하는 신체기관이다. 하지만 이런 중요한 눈은 자주 착시를 일으켜 진실을 왜곡하여 보여준다.

착시는 어떤 사물의 크기나 모양, 빛깔 등의 객관적인 성질과 눈으로 본 형체 사이에 큰 차이가 있어서 생기는 착각이다. 착시에는 기하학적 도형에 의한 기하학적 착시, 멀고 가까움의 차이에 의한 원근(遠近)의 착시, 영화처럼 조금씩 다른 정지한 영상을 잇달아 제시하면 연속적인 운동으로 보이는 가현운동(假現運動), 주위의 밝기나 빛깔에 따라 중앙 부분의 밝기나 빛깔이 반대 방향으로 치우쳐서 느껴지는 밝기와 빛깔의 대비 등이 있다.

화가들은 종종 착시를 이용하여 그림에 자신의 감정을 담아내기도 하는데,

그 대표적인 작품으로 르네 마그리트René Magritte, 1898~1967의 〈인간의 조건〉인데, 문이
라는 소재가 중심을 이룬다. 즉, 문 밖의 풍경으로 보이는 공간을 표지 안쪽과 바깥
쪽이 공존하는 것 같은 느낌을 준다. 그래서 이 그림의 중심 배경이 방인지 풍경인지 되는데, 이것이 바로 대표적
인 초현실주의 작가로 불리는 마그리트의 의도라고 할 수 있다.
〈인간의 조건〉은 문이라는 소재를 두고 안과 밖을 동시에 내다볼 수 있
다. 이 그림을 감상하는 사람들은 현실과 상상의 경계에서 깊은 고민에 빠질
수밖에 없다. 안과 밖은 마치 하나의 공간처럼 존재하고 있기 때문
에 굳이 둘을 구분할 필요는 없을 것 같다.
마그리트는 〈인간의 조건〉과 같이 보는 사람들로 하여금 관습적인 사고(思
考)의 일탈을 유도하는 작품들을 많이 발표했다. 얼핏 보기에는 일상적인
대상을 그린 듯하지만, 이런 대상들이 예기치 않은 배경에 놓였을 때 느껴
지는 낯섦과 기묘함이 그의 작품의 특징이다. 마그리트는 종종 그림 안에
또 다른 그림을 그려 넣거나 사물의 이름 혹은 기호를 포함시키기도 하여
실재 대상과 그려진 대상 사이의 관계에 대해 의문을 제기한다. 그의 작품
에서 보이는 논리를 뒤집는 이미지의 반란과 배신, 상식에 대한 도전은 사
물이 지니고 있는 본질적인 가치를 환기시킨다.

착시를 일으키는 가장 간단한 기하학적 도형

마그리트는 초현실주의 양식의 진수를 보여주듯 어느 한 곳에도 확실함

이라는 여지를 남겨두지 않고 있다. 특히 〈인간의 조건〉에서 우리는 수평선과 해변의 평행선, 이젤의 평행선, 문의 평행선 등을 볼 수 있다. 마그리트는 이 작품에서 평행선을 이용한 착시를 만들어 마치 공간의 경계를 무너트린 듯 표현한 것이다.

평행선은 착시를 만드는 가장 간단한 기하학적 도형이다. 기하학적 착시는 보통 발견한 사람의 이름을 따서 부르는데 그들은 대부분 심리학 분야에서 커다란 공헌을 한 학자들이다. 평행선을 이용한 몇 가지 착시에 대하여 간단히 알아보자.

오른쪽 그림은 '포겐도르프 효과(Poggendorf Effect)'라고 하는 착시로, 명칭에서 알 수 있듯이 독일의 과학자 포겐도르프 Johann Christoff Poggendorff, 1796~1877가 발견했다. 이 그림에서 눈으로만 직선 *l*을 연장하여 직선 AB와 만나는 점을 찾아 연필로 표시해보자. 그런 후에 자를 이용하여 직선 *l*을 연장하여 미리 찍어놓은 점과 일치하는지 살펴보자. 여러분이 미리 찍어 놓은 점은 직선 *l*을 연장하였을 때 직선 AB와 만나는 점과 다른 위치에 있을 것이다.

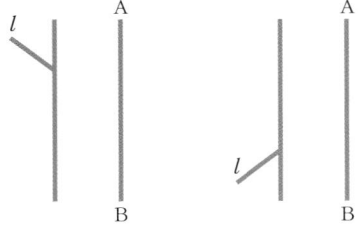

'뮐러-라이어 착시(Müller-Lyer illusion)'는 1899년 독일의 심리학자 프란츠 뮐러-라이어 Franz Carl Müller-Lyer, 1857~1916가 고안

한 것으로, 동일한 두 개의 선분이 화살표 머리의 방향 때문에 길이가 달라져 보이는 것이다. 아마도 평행선 착시 중에서 가장 잘 알려진 것이다.

이탈리아 출신 심리학자 마리오 폰조 Mario Ponzo, 1882~1960가 발견한 '폰조 착시

(Ponzo Illusion)'는, 오른쪽 그림과 같이 사다리꼴 모양에서 기울어진 두 변 사이에 같은 길이의 수평 선분 두 개를 위아래로 배치하면 위의 선분이 더 길어 보이는 현상이다(그림 A).
독일의 심리학자 에발트 헤링Ewald Hering, 1834~1918이 발견한 '헤링 착시(Hering Illusion)'는 평행선이 가운데가 볼록한 곡선으로 보인다(그림 B).
독일의 심리학자 루디마르 헤르만 Ludimar Hermann, 1838~1914이 발견한 '헤르만 격자(Hermann Grid)'는 검은색 사각형들을 가까이서 보면 사각형들을 보는 동안 검은 사각형에 의해 생기는 흰색 평행선들의 교차점에서 검은 점들이 나타나는 것을 볼 수 있다(그림 C).

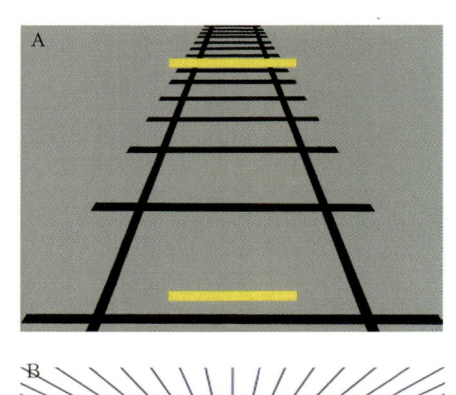
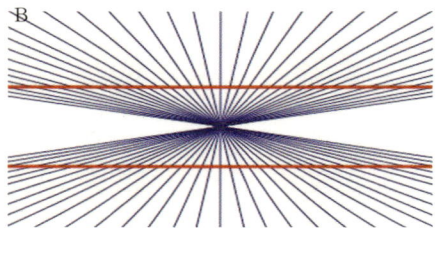
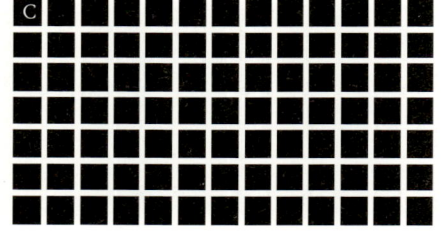

유클리드의 정의를 반박한 화가

마그리트는 평행선뿐만 아니라 원근법을 이용하여 착시를 일으키는 작품을 발표하기도 했다. 특히 마그리트의 〈유클리드의 산책〉은 대표적인 원근의 착시이다. 고대 그리스의 수학자 유클리드Euclid Alexandreiae, BC330~BC275는 "아무

마그리트, 〈유클리드의 산책〉, 1939년, 캔버스에 유채, 162.5×130cm, 미네소타 미니애폴리스 미술관

리 연장해도 절대 만날 수 없는 직선"을 평행선이라고 정의했는데, 마그리트는 원근법을 이용하여 유클리드의 정의가 옳지 않을 수도 있음을 표현했다. 그림의 왼쪽 원뿔 모양의 탑과 오른쪽 도로를 한 화면에 그린 것은 평행선으로 이뤄진 도로도 원뿔처럼 한 점에서 만날 수 있다는 것을 표현하기 위해서다.

이 작품에서 찾아볼 수 있는 착시로는 두 사람이 걷고 있는 도로의 끝이 멀리서 만나 원뿔처럼 보이는 것이다. 실제로 도로의 양쪽 끝은 평행하여 만나지 않지만 그림에서는 원근법을 이용하여 만나는 것처럼 표현했다.

두 번째 착시는 실내의 이젤에 그려져 있는 그림이 창밖 풍경과 정확하게 일치해 그림을 보는 사람들로 하여금 마치 투명 이젤을 통해 밖을 내다보는 느낌을 받게 했다. 그런데 이젤, 뾰족탑, 원뿔, 길 위의 두 사람, 평행선 등에 시선을 빼앗기고 신경을 집중하다 보면 창밖을 관찰하고 있는 '그림 속의 자신'을 발견하게 되는 착각을 일으키기도 한다.

세 번째 착시는 창밖에 있는 원뿔 뾰족탑과 함께 도로도 하나의 원뿔 뾰족탑으로 보여 그림 속에 두 개의 뾰족탑이 존재하는 것처럼 보이는 것이다. 특히 마그리트는 이 작품에서 원뿔을 가장 아름다운 모양이 되도록 황금삼각형 모양으로 그렸다.

화가와 건축가, 수학자에게까지 큰 영감을 일으킨 비율

황금비율은 잘 알려진 대로 가장 아름다운 비율로, 역사적으로 건축가와 예술가뿐만 아니라 수학자들에게도 큰 영향을 미쳤다. 마그리트의 〈유클리드의 산책〉에서 구현된 두 원뿔은 황금삼각형으로, 두 밑각의 크기가 각각 $72°$이고, 밑변의 길이와 빗변의 길이의 비가 약 1:1.6으로 황금비를 이루는 이등변삼각형이다. 삼각형 내각의 합은 $180°$이므로 황금삼각형의 꼭지각의 크기는 $180° - (2 \times 72°) = 36°$이다. 즉 꼭지각의 크기는 밑각의 절반이므로 밑각을 반으로 나누면 새로운 황금삼각형 두 개를 만들 수 있다. 새로운

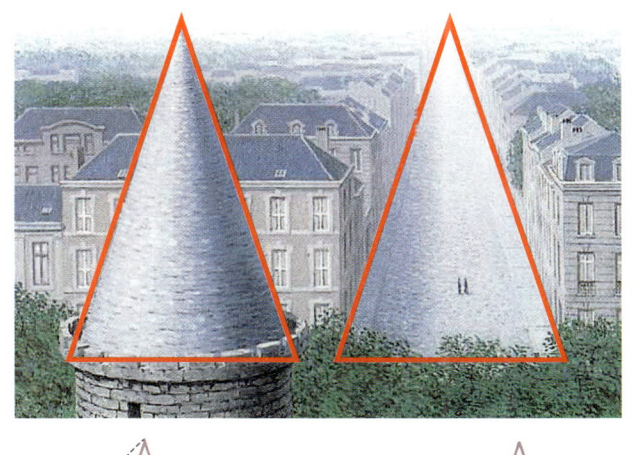

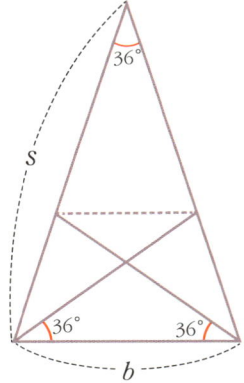
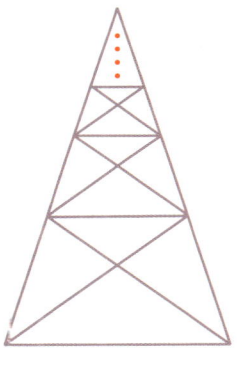

황금삼각형 두 개는 꼭지각이 원래 삼각형의 아래 모퉁이에 있다. 이와 같은 과정을 무한히 반복하면 지그재그 형태의 황금삼각형으로 이루어진 탑이 나온다. 그림에서 알 수 있듯이 황금삼각형의 밑각이 72°이므로 삼각형의 긴 변의 길이 s와 b사이에서, $\frac{s}{b} = \frac{1+\sqrt{s}}{2} \approx 1.618$인 황금비율을 얻을 수 있다.

황금삼각형은 마그리트의 작품 말고도 다른 작품에서도 찾아볼 수 있다. 다음 그림은 16세기 플랑드르 출신 화가인 브뢰헬Pieter Bruegel the Elder, 1525~1569이 그린 〈바벨탑〉이다. 성서에 나오는 바로 그 바벨탑을 그린 것이다. 브뢰헬은 거

브뢰헬, 〈바벨탑〉, 1563년, 패널에 유채, 155×114cm, 비엔나 미술사 박물관

대한 탑이 막 무너져 내리는 긴박한 순간을 묘사했다. 이 그림에 그려진 바벨탑 역시 황금삼각형을 바탕으로 설계되었는데, 바벨탑을 캔버스 밖으로 연장해서 상상해 보면, 오른쪽과 같은 도형을 얻을 수 있다.

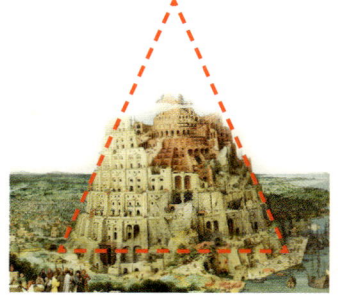

바벨탑은 무너지지 않았을 수도 있었다?!

성경에 따르면, 창조주의 권위에 도전하여 하늘에 도달하려고 탑을 쌓기 시작한 인간들의 오만함에 신은 인간의 언어를 모두 뒤섞어 의사소통이 되지 않게 만들었다. 그러자 서로 무슨 말을 하는지 알지 못하게 되었고, 결국 탑을 쌓는 공사는 중단되었으며 탑은 무너지고 말았다. 그 이후에 인간들은 세계 각지로 흩어져 살게 되었으며 서로 알아들을 수 없는 언어를 사용하게 되었다.

그런데 아무리 모래로 탑을 쌓는다고 하더라도 무너지지 않게 탑을 쌓을 수 있다. 모래를 담은 상자 안에 돌멩이를 넣고 흔들면 무거운 돌멩이는 떠오르고 가벼운 모래는 가라앉아 마치 중력 법칙을 무시하는 듯한 결과가 나타난다. 이런 현상은 고체와 액체에서 볼 수 없었던 알갱이의 특이한 현상으로 '알갱이 역학'이라고 한다. '알갱이 역학' 중에서 '멈춤각(angle of repose)'이라는 각이 있다. 일정한 속도로 모래를 계속 부어주면 쏟아지는 모래와 밑으로 굴러 떨어지는 모래의 양이 평균적으로 균형을 이루면서 모래 더미가 일정한 각도의 더미를 이루게 된다. 이때 만들어진 각도를 멈춤각이라 부르는데, 신기하게도 이 각은 모래의 특성에 따라 모래 더미의 크기와는 상관없이 항상 일정한 값을 가진다. 정확히 말하면, 모래 더미는 스스로 일정한 각도의 모래 더미를 계속 유지하려고 한다. 멈춤각은 마른 모래의 경우 34°, 젖은 모래의 경우 45°, 흙의 경우 30°~45°, 자갈의 경우 45°, 모래를 섞은 자갈의 경우 35°~48°라고 한다.

만약 고대인들이 바벨탑을 세울 때, 이 각도를 알고 있었다면 멈춤각이 72°인 황금삼각형 탑을 쌓지는 않았을 것이다. 멈춤각은 창조주가 설계한 자연의 성질이므로 아무리 창조주라고 하더라도 멈춤각을 지켜서 쌓은 탑을 무너트리지는 못했을 것이다.

방정식을 그린 화가들

등식의 성질과 비례관계

                      17세기에 접어들면서부터 유럽은 구교인 가톨릭과 신교인 프로테스탄트가 서로 대립하여 혼란한 시기를 맞이했다. 두 진영의 대립은 유럽의 변방이라고 할 수 있는 네덜란드와 같은 조그만 나라에까지 영향을 미쳤다. 네덜란드의 북쪽 지방 사람들 중에서 부유한 상업도시에 사는 주민들은 대부분 신교를 믿었다. 그런 이유로 당시 그들을 지배하는 스페인의 가톨릭 군주와 부딪히는 일이 잦았고 때로는 반란으로 이어지기도 했다.

네덜란드의 신교도들은 영국의 청교도와 비슷하여 경건하고 근면 절약하며 호사와 허식을 멀리하는 사람들이었다. 이와 같은 경향은 미술에까지 영향을 미쳐, 많은 화가들이 청교도적인 느낌의 작품을 발표했다. 그 가운데 매우 섬세한 화가였던 요하네스 베르메르$^{Johannes\ Vermeer,\ 1632\sim1675}$는 평생 동안 많은 수의 작품을 남기지는 않았지만, 대부분의 작품은 전형적인 네덜란드

베르메르, 〈저울질을 하는 여인〉, 1662~1665년경, 캔버스에 유채, 39.7×35.5cm, 워싱턴 내셔널 갤러리

가옥 안을 배경으로 순박한 인물들을 소재로 한 것들로서 지금까지도 호평을 받고 있다.

베르메르의 작품 가운데 수학자인 필자를 매료시킨 그림이 하나 있다. 바로 〈저울질을 하는 여인〉이란 것인데, 그 속에는 수학적인 상상력을 불러 일으킬만한 흥미로운 요소들이 가득 담겨 있다.

여인이 저울의 양쪽 접시에 올려놓은 것이 무엇인지는 정확하게 알 수 없지만 여인의 배가 부른 것으로 보아 임신한 상태임을 알 수 있다. 진주를 달아 태어날 아기가 아들인지 딸인지 점치는 당시 풍습이 있었기 때문에 이 여인이 달고 있는 것이 진주라는 주장이 있다.

하지만 그림을 자세히 살펴보면 여인이 들고 있는 저울의 양쪽 접시에는 아무것도 올려져 있지 않다. 그런데 저울이 이 작품의 중심점이고, 여인 뒤에 걸려있는 그림은 그리스도의 최후의 심판이다. 그림의 소실점은 여인의 손가락 끝에 위치하고 있고, 여인 앞쪽의 탁자에는 진주와 금줄 같은 세속적인 보물들이 놓여 있다.

벽에는 일반적으로 덧없음 혹은 속됨을 상징하는 거울이 걸려있으며, 부드러운 빛이 그림 전체를 감싸면서 영적인 분위기를 자아내기도 한다. 이 모든 것들 가운데 성모 마리아처럼 고귀해 보이는 여인이 저울을 이용해 정신적인 것과 반대되는 세속적이고 덧없는 것의 무게를 조용히 달고 있는 것이다. 베르메르는 저울에 비치는 섬세한 반사광부터 여인의 노란색 모직옷의 거친 질감까지 그림 전체에 그려진 실내풍경에서 명상적인 분위기를 풍겨 매우 신비한 느낌이 들도록 했다. 실제로 베르메르는 이 그림에서 치밀하게 계획된 구성을 통해 삶의 근원적인 조화를 찾고자 하는 자신의 주요 관심사를 표현하고자 했다.

참과 거짓을 구분 짓는 공식

자, 지금부터는 수학의 눈으로 베르메르의 걸작을 감상해 보자. 베르메르가 이 작품에서 저울을 정확히 화면의 중심점과 투시원근법 상의 소실점이 겹치는 부분에 그린 것은, 진리를 상징하는 물건을 측량하는 도구인 저울의 특성을 선명하게 드러내기 위함이다. 실제로 캔버스를 직사각형이라고 하면, 저울은 이 직사각형의 대각선의 교점에 위치한다. 즉 직사각형의 무게중심에 해당한다. 더욱이 저울의 속성을 좀 더 깊이 생각한다면, 고대 그리스의 수학자 유클리드 Euclid Alexandreiae, BC330~BC275가 자신의 책 『원론』에서 처음 주장한 공리(公理)를 떠오르게 한다. 공리란 모든 분야에서 '참'이라고 알려진 것으로 다음과 같은 다섯 가지가 있다.

공리1. 같은 것과 같은 것은 또한 서로 같다.
공리2. 같은 것에 같은 것을 더하면, 그 전체는 서로 같다.
공리3. 같은 것에서 같은 것을 빼면, 그 나머지는 서로 같다.
공리4. 서로 겹치는 둘은 서로 같다.
공리5. 전체는 부분보다 크다.

이 중에서 공리 1, 2, 3이 바로 저울과 관련이 있고, 다음과 같이 표현할 수 있다.

공리1. $a=b$일 때 $a=c$이고 $b=d$이면 $c=d$이다.
공리2. $a=b$이고 $c=d$이면 $a+c=b+d$이다.
공리3. $a=b$이고 $c=d$이면 $a-c=b-d$이다.

그리고 이것은 수학에서 저울의 원리를 그대로 적용하여 진리를 찾아내는 기본적인 방법인 등식의 성질의 일부이다. 평형을 이루고 있는 저울의 양쪽 접시에 같은 무게의 추를 올려놓으면 저울은 평형을 이룬다. 양쪽 접시에서 같은 무게의 추를 내려놓아도 마찬가지다.

또 평형을 이루고 있는 저울의 양쪽 접시의 추의 무게를 두 배로 늘리거나 반으로 줄여도 저울은 여전히 평형을 이룬다. 저울이 평형을 이루는 것은 양쪽의 무게가 같다는 것을 뜻하므로 두 식이 같음을 나타내는 등식에서도 이와 같은 성질이 성립한다. 일반적으로 등식은 다음과 같은 '등식의 성질'을 갖는다.

❶ 양변에 같은 수를 더해도 등식은 성립한다.
$a=b$이면 $a+c=b+c$
❷ 양변에서 같은 수를 빼도 등식은 성립한다.
$a=b$이면 $a-c=b-c$
❸ 양변에 같은 수를 곱해도 등식은 성립한다.
$a=b$이면 $ac=bc$
❹ 양변을 0이 아닌 같은 수로 나누어도 등식은 성립한다.
$a=b$이면 $\dfrac{a}{c}=\dfrac{b}{c}$ (단, $c\neq 0$)

이와 같은 등식의 성질은 방정식의 해를 구하는 기본적인 방법이다. 방정식은 변수를 포함하는 등식으로, 변수의 값에 따라 참 또는 거짓이 되는 식이다. 방정식은 실생활에서 마주칠 수 있는 여러 가지 현상을 해석하고 예측하기 위해 필요한 것을 식으로 나타낸 수학적 표현이다.

비례관계, 그리고 지렛대의 원리

저울을 소재로 하는 작품은 베르메르의 그림 말고도 여럿 있다. 다음 두 그림은 〈환전상과 그의 아내〉라는 같은 제목의 작품이다. 15세기와 16세기에 걸쳐 활동했던 플랑드르(지금의 벨기에) 출신의 화가 쿠엔틴 마시스 Quentin Massys, 1465~1530 와 네덜란드 출신의 마리누스 반 레이메르스바엘 Marinus van Reymerswaele, 1493~1567 이 그린 것이다.

두 작품은 약 25년의 시차를 두고 제작된 것으로, 레이메르스바엘의 그림은 마시스의 작품을 참고하여 그린 것으로 추정된다. 지금은 환전이 은행의 고유 업무이지만 과거에는 돈을 사고팔면서 이익을 챙기는 환전상이 많았다. 마시스의 그림에서는 환전상이 동전을 저울로 달고 있는 사이에 돈을 쳐다보고 있는 아내의 묘한 눈초리가 인상적이다. 테이블에는 각종 동전이 널려있고 저울과 환전 업무에 사용되는 도구들도 보인다. 과거에는 금으로

마시스, 〈환전상과 그의 아내〉, 1514년경, 캔버스에 유채, 74×68cm, 파리 루브르 박물관

레이메르스바엘, 〈환전상과 그의 아내〉, 1539년, 캔버스에 유채, 83×97cm, 마드리드 프라도 미술관

만든 동전도 금의 함량이 달라 겉모습만으로는 정확한 가치를 알 수 없었다. 그래서 동전에 포함된 금의 비율이 낮으면 돈의 액면가치보다 실제 가치는 낮아지므로 환전상은 저울을 이용하여 동전의 가치를 측정하고 있는 것이다. 즉, 동전의 개수보다는 무게가 중요한 가치를 지녔다.

마시스의 작품에서 테이블 가장 자리에 놓여있는 작은 오목거울을 자세히 살펴보면, 거울에 비친 창문 옆에 누군가가 이들을 지켜보고 있음을 알 수 있다. 터번을 쓰고 있는 이 사람의 정체에 대하여 어떤 사람은 창문을 통해 보는 도둑이라고도 하고, 어떤 사람은 환전상이 저울을 정확히 다는지를 쳐다보고 있는 손님이라고도 한다.

자, 이어서 레이메르스바엘의 그림을 살펴보자. 이 작품은 마시스의 그림을 그대로 모사했다고 해도 무방하다. 마시스의 그림에서 아내는 성경책을 펼쳐놓고 있는데, 레이메르스바엘의 그림에서는 성경책 대신 일종의 장부라고도 할 수 있는 노트 같은 것을 펼쳐놓고 있다. 그림을 자세히 보면 환전상의 손의 힘줄까지도 생생하게 묘사하고 있으며, 환전상이 재고 있는 동전도 매우 자세히 그려져 있다. 한 연구에 따르면, 이 동전들은 1520년 이전에 주조된 이탈리아 화폐라고 한다. 네덜란드와 이탈리아는 지중해 연안을 공유하는 국가가 아니므로 이 그림으로부터 먼 해상무역이 활발했음을 알 수 있다. 또 마시스의 그림에는 없던 주판이 레이메르스바엘의 그림에는 그려져 있다. 이로부터 르네상스시대의 이탈리아에서 발달한 회계 개념이 당시 네덜란드에도 전해져 환전상이 계산하는데 활용되었음을 알 수 있다.

그러면, 두 그림에 나타난 저울의 또 다른 수학적 의미는 무엇일까? 그것은 바로 저울에 지렛대의 원리가 숨어 있다는 것이다. 고대 그리스의 수학자 아르키메데스 Archimedes, B.C.287~B.C.212는 다음과 같이 말했다.

"나에게 지렛대와 지탱할 장소만 준다면 지구도 움직일 수 있다."

이 말은 지렛대의 원리를 이용하면 작은 힘으로도 아주 무거운 물체를 쉽게 움직일 수 있음을 비유한 것이다. 지렛대의 양 끝에 작용하는 힘의 크기와 받침점까지의 길이를 각각 곱한 값은 서로 같다. 예를 들어 아래 그림과 같은 지렛대에서 받침점으로부터 a, b만큼 떨어진 곳에 각각 무게가 A, B인 두 물체를 올려놓아 평형이 되면 Aa=Bb인 관계가 성립한다.

페티(Domenico Fetti, 1589~1623), 〈다르키메데스 초상화〉, 1620년, 캔버스에 유채, 3£.7×35.8cm, 드레스덴 알테 마이스터 회화관

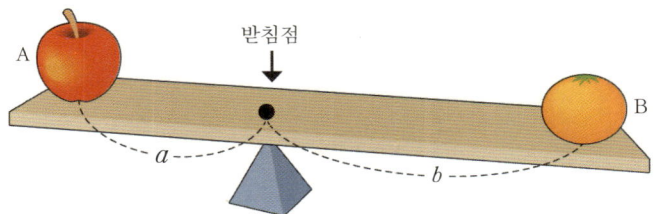

그런데 여기에는 두 가지 서로 다른 비례관계가 있다. 먼저 앞에서 살펴본 작품에 등장하는 저울에 대하여 알아보자. 저울의 손잡이로부터 10cm 떨어진 곳의 접시와 물건의 무게의 합이 yg인데, 손잡이로부터 $x$cm 떨어진 곳에 100g짜리 추를 매달았더니 오른쪽 그림과 같이 평형을 이루었다.

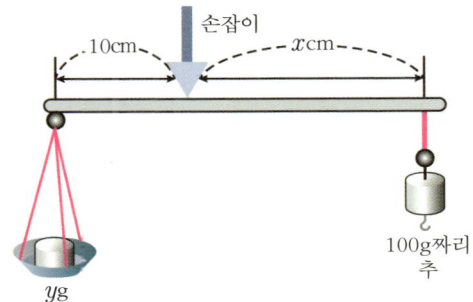

이때 x와 y 사이의 관계를 표로 나타내면 다음과 같다.

x(cm)	10	20	30	40
y(g)	100	200	300	400

위 표로부터 x의 값이 2배, 3배, 4배, 5배로 변함에 따라 y의 값도 2배, 3배, 4배, 5배로 변하므로 y는 x에 비례함을 알 수 있다. 일반적으로 정비례는 $y=ax$이고, 저울에서 x와 y 사이의 관계식은 $y=10x$이다.

한편, 지렛대의 받침점으로부터 아래 그림과 같이 10cm 떨어진 곳에 100g의 물체가 놓여 있는데, 받침점으로부터 $x$cm 떨어진 곳에 yg의 물체를 올려놓았더니 평형을 이루었다고 하자.

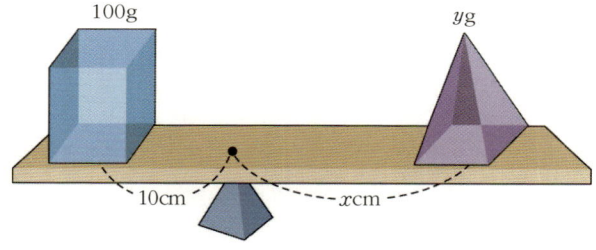

이때 x와 y 사이의 관계를 표로 나타내면 다음과 같다.

x(cm)	10	20	50	100
y(g)	100	50	20	10

위 표로부터 x의 값이 2배, 3배, 4배, 5배로 변함에 따라 y의 값은 $\frac{1}{2}$배, $\frac{1}{3}$배, $\frac{1}{4}$배, $\frac{1}{5}$배로 변하므로 y는 x에 반비례함을 알 수 있다. 일반적으로 반비례는 $y=\frac{a}{x}$이고, 지렛대에서 x와 y 사이의 관계식은 $y=\frac{10}{x}$이다.

저울에서 측정하려는 물체의 무게와 추에서 받침점까지의 거리는 정비례 관계이고, 지렛대에서 물체의 무게와 그 물체에서 받침점 사이의 거리는 반비례 관계임을 알 수 있다. 이와 같은 수학적 사실을 이용하여 앞에서 살펴본 두 작품 속의 환전상은 동전의 정확한 가치를 측정하고 있는 것이다.

두 작품이 완성될 당시 사람들에게 정비례와 반비례 관계는 매우 어려운 수학적 내용이었다. 따라서 이 작품들로부터 당시 화가들이 수학에 매우 조예가 깊었음을 짐작할 수 있다.

진리와 정의를 가늠하는 잣대

저울은 수학 말고도 다른 분야에서도 고유의 상징성을 가지고 등장한다. 로마신화에서 정의의 여신인 디케는 저울을 들고 옳고 그름을 판정하는 것으로 알려져 있다. 그래서 일반적으로 디케를 표현한 조각상은 눈을 가리고 칼과 저울을 들고 있는데, 이는 법의 어려움 및 사법(司法)의 권위와 권력을 나타내는 칼, 법의 공정함과 공평함을 상징하는 천칭, 그리고 법의 이상인 선입견이 없음을 나타내는 눈가리개를 한 모습으로 표현된다. 디케가 눈가리개를 하지 않은 경우에는 눈을 감고 있다. 우리나라 대법원에 있는 정의의 여신상은 칼 대신 법전을 들고 있고 눈을 뜨고 있다.

이처럼 저울은 분야에 따라 상징하는 의미를 달리 하지만, 결국 하나로 귀결됨을 알 수 있다. 베르메르의 그림에서는 진리를, 디케의 조각상에서는 정의를 상징하는 바, 진리와 정의는 모두 '공정함'이란 공통분모를 갖는다. 저울이라는 사물에서 진리와 정의를 구현한 예술가들의 혜안이 경이롭다.

미궁에 빠지는 즐거움

미궁과 미로 그리고 위상수학

당신은 혹시 미궁에 빠져 본 적이 있는가? 단언하건대 세상사람 누구도 미궁에 빠진 경험은 없을 것이다. 미궁에 빠지려면 일단 미궁이란 궁전에 들어가야 하는 데, 미궁은 신화 속에 나오는 현존하지 않는 궁전이기 때문이다.

'미궁(迷宮)'은 밖으로 나가는 문을 찾을 수 없도록 건물 속 통로가 설계된 궁전으로, 그리스신화에 나오는 '천재 장인(匠人)' 다이달로스가 지중해 크레타 섬 미노스 왕궁에 설계한 '라비린토스(labyrintos)'에서 유래한다.

라비린토스는 흔히 우리가 알고 있는 의도적으로 길을 찾지 못하게 만든 미로(迷路, maze)가 아니라 치밀한 계산 아래 설계된 미궁이다. 미로는 중간에 길을 잃을 수 있지만, 미궁에서는 그 원리만 파악하면 길을 잃을 염려가 없다. 미궁의 외길은 무조건 중심을 향하고 있기 때문이다. 만약 라비린토스가 여러 갈래의 길이 난 미로였다면 그 중심에 살고 있던 미노타우로스

오스트리아 잘츠부르크에서 발견된 고대 로마시대 '미궁도' 모자이크

는 굶어죽었을지도 모른다. 제물로 바쳐진 사람들이 중심으로 향하는 길을 찾지 못했을 테니까. 무슨 이야기인지 지금부터 미궁 속으로 들어가 보자.

미궁에 빠진 신화

49쪽 그림은 오스트리아 잘츠부르크에서 발견된 고대 로마시대 모자이크 '미궁도'의 일부분이다. 미궁 중앙에 미노타우로스와 싸우는 테세우스가 그려져 있다. 오른쪽 중간의 입구에서 출발한 빨간 선(아리아드네의 실)을 따라가면 중앙에 도착한다.

테세우스와 미노타우로스의 이야기는 지중해 크레타 섬에서 시작된다. 크레타 섬을 다스리고 있던 왕은 제우스의 아들인 미노스 왕이고, 왕비인 파시파에는 태양신 헬리오스의 딸이다. 미노스 왕은 올림포스의 신들에게 제물을 잘 바쳤지만 왕국이 섬나라임에도 불구하고 바다의 신 포세이돈에게만은 제물을 바치지 않았다.

화가 난 포세이돈은 삼지창으로 흰 파도를 몰고와 파도로 흰 소를 만들어 미노스 왕에게 건네며 이 흰 소를 제물로 바치라고 했다. 그런데 포세이돈이 만들어준 흰 소가 탐이 난 미노스 왕은 흰 소 대신에 마른 황소를 제물로 바쳤다.

그렇잖아도 미노스 왕에게 화가 나 있던 포세이돈은 더욱 분노했다. 포세이돈은 괘씸한 미노스 왕을 벌할 목적으로 왕비인 파시파에가 흰 소와 사랑에 빠지도록 만들었다. 흰 소와 깊은 사랑에 빠져버린 왕비는 무엇이든 만들 수 있는 손재주를 가진 천재 장인 다이달로스에게 자신이 들어갈 수 있는 암소 모양의 틀을 제작해 흰 소와 같이 지낼 수 있게 해 달라고 부탁했다. 결국 파시파에는 흰 소와의 사이에서 미노타우로스라는 괴물을 낳게 되었다.

사람과 소 사이에서 태어난 미노타우로스는 소머리에 사람 몸뚱이를 가진 괴물로, 성격까지 포악해 사람들을 마구 잡아먹고 다녔다. 미노스 왕은 미노타우로스를 없애고 싶었지만, 그랬다가 포세이돈에게 또 다른 벌을 받을까 두려워 이러지도 저러지도 못하다가, 다이달로스를 불러 이렇게 말했다. "아무도 빠져 나올 수 없는 미궁을 만들어라. 만약 누군가가 그 미궁에서 빠져 나온다면 너와 네 아들을 그 미궁에 가둘 것이다."

이리하여 솜씨 좋은 다이달로스는 아무도 빠져 나올 수 없는 미궁인 라비린토스를 만들었고, 그곳에 미노타우로스를 가뒀다. 그리고 왕은 이 괴물의 먹이를 마련하기 위해 아테네를 정복하여, 매년 젊은 남자와 여자를 각각 일곱 명씩 미궁에 바치라고 했다. 아테네의 죄 없는 젊은이들이 괴물의 먹잇감이 되고만 것이다.

하지만, 신화나 전설에서는 그런 괴물을 그냥 놔두질 않는다. 곧 괴물을 물리칠 영웅이 등장하는데, 그가 바로 테세우스라는 아테네 청년이다.

오른쪽 그림은 영국의 화가 에드워드 번 존스 경Sir. Edward Coley Burne Jones, 1833~1898이 그린 〈미궁 속의 테세우스〉다. 그림 속 테세우스는 미노타우로스를 처치하기

번 존스, 〈미궁 속의 테세우스〉, 1861년, 종이에 잉크, 25.6×26.1cm, 버밍엄 박물관 & 아트 갤러리

위하여 실타래를 들고 조심스럽게 미궁으로 들어가고 있다. 그런데 벽 뒤로 고개를 빠끔히 내밀고 테세우스의 움직임을 유심히 살피고 있는 미노타우로스가 보인다. 바닥에 마치 카펫 무늬처럼 꽃과 함께 어지럽게 흩어져있는 사람 뼈다귀로 보아 미노타우로스가 가까이 있음을 짐작한 듯 테세우스의 표정이 긴장돼 보인다. 흥미로운 점은, 화가가 친절하게도 그림 속 인물의 이름을 적어놓았다.

테세우스와 미노타우로스의 싸움 결과는 프랑스 조각가 앙투안 루이 바리Antoine-Louis Barye, 1796~1875가 만든 왼쪽 조각상으로 짐작할 수 있다. 조각상을 보면, 오른손에 칼을 들고 쓰러져가는 미노타우로스를 곧 찌를 것 같이 당당하게 서 있는 테세우스의 모습이 생동감 있게 묘사되었다.

싸움은 테세우스의 일방적인 승리로 끝났고 이제 미궁을 빠져나가는 일만 남았다. 물론 테세우스는 미궁을 무사히 빠져나왔다. 테세우스가 미궁에서 길을 잃지 않고 나올 수 있었던 것은 아테네의 공주인 아리아드네 덕분이다. 그녀는 테세우스를 끔찍이 사랑하고 있었는데, 다이달로스에게 미궁의 탈출방법인 '실타래'를 테세우

바리, 〈미노타우로스와 싸우는 테세우스〉, 1846년, 청동, 일리노이 체이즌 미술관

스에게 전해주었다.

번 존스의 그림을 보면, 테세우스는 왼손에 실타래를 마치 생명줄처럼 꼭 쥐고 미노타우로스를 찾기 위해 미궁을 헤매고 있다. 테세우스의 뒤쪽에 보이는 미궁의 길을 자세히 보면 바닥에 길게 늘어져 있는 실이 있고, 이 길을 따라 테세우스가 미궁으로 들어왔음을 알 수 있다. 이로부터 '아리아드네의 실타래'라는 말이 유래했는데, 이는 복잡하게 얽힌 일을 해결하는 '실마리'를 뜻한다.

미궁과 미로는 어떻게 다를까?

앞에서 언급했듯이, 엄밀하게 따지면 미로와 미궁은 다르다. 1420년 이탈리아 베네치아의 의사 지오반니 폰타나 Giovanni Fontana, 1395~1455는 전통적인 미궁의 개념을 깨뜨리는 그림을 그렸다고 한다. 그는 전쟁에 사용되는 기계와 관련된 메모 책자인 『전쟁도구에 관하여』에서 기존 미궁의 전통적인 형태에서 벗어난 미로를 그렸다. 전쟁에서 적에게 공격당하더라도 적이 중심부로 쉽게 접근할 수 없는 요새를 구상한 것이다. 오른쪽 폰타나의 그림을 살펴보면, 다양한 목적지를 가지면서 중심이 여러 개 존재하는, 말 그대로

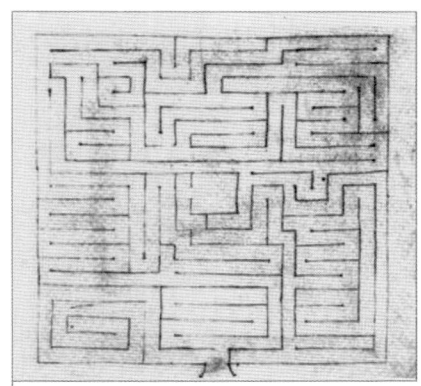

폰타나가 자신의 저서 『전쟁도구에 관하여』에 그려 넣은 미로. 위 이미지는 참고문헌 『우주의 자국 미궁이야기』 46쪽에서 발췌함.

| 프랑스 샤르트르 대성당 바닥에 그려진 미궁 그림.

미로인 것이다. 그런데 폰타나는 이 그림에 미로가 아닌 미궁이라는 글자를 적어 넣었다. 이로 인해 미로와 미궁이 같은 것으로 이해되기 시작했으며, 점차 미로가 미궁을 밀어내 지금에 이르렀다고 한다.

미궁과 미로의 차이점을 좀 더 비교해보자. 미궁은 단일한 원을 이루는 외줄기 길이고 무조건 중심을 향해 이끌어간다. 중심에서 밖으로 나올 때도 마찬가지다. 왼쪽 그림은 프랑스 샤르트르 대성당 바닥에 있는 미궁으로, 입구를 따라 계속 들어가면 중심에 도달하고 다시 길을 따라 계속 가면 밖으로 나오게 되어 있다. 이에 반해 미로는 중심에 이르는 것을 곤란하게 만들어 중심을 은폐한다.

미궁만의 특징을 좀 더 살펴보자. 미궁은 통로가 교차하지 않고, 방향에 대한 선택의 여지가 없으며, 항상 같은 형태로 방향 전환이 반복된다. 미궁의 내부 공간 중 어느 한부분도 빠뜨리지 않고 통로가 나있고, 미궁을 걷는 사람은 중심 옆을 몇 번이고 거듭해서 지난다. 미궁은 무조건 중심을 향해 있기 때문에 그 원리만 알면 길을 잃을 가능성이 없다. 또 중심에서 외부로 나올 때 중심을 향해 들어왔던 통로를 다시 지나가야 한다.

미궁의 이런 특징을 감안하건대, 그리스신화에서 테세우스는 굳이 아리아드네의 실타래를 들고 미궁으로 들어갈 필요가 없었다. 이것은 후대인들이 미궁과 미로를 혼동해 전달했기 때문이다. 고대 로마시대의 철학자이자 역사학자인 플루타르코스Plutarchos, 46~120의 『영웅전』에는 다음과 같은 구절이 있다.

"크레타의 미궁에서 처녀총각들이 길을 잃고 죽음에 이르렀다."
이는 미궁과 미로의 개념이 고대 로마시대부터 혼재해 사용되었음을 짐작하게 하는 대목이다.

미궁에 얽힌 수학 문제

미궁에 얽힌 신화 이야기를 잠시 접고, 이제 '신화보다 더 재미있는(!)' 수학 속 미궁에 대해서 살펴보자.

수학에서 미궁은 '위상수학'이라는 매우 흥미로운 분야를 개척하는 모티브가 됐다. 수학에서 '위상(位相)'이란 말은, 어떤 사물이 다른 사물과의 관계 속에서 가지는 위치나 상태로, 수학에서는 어떤 도형을 자르거나 없애지 않고 구부리거나 늘려서 만들 수 있는 것을 다루는 분야를 말한다. 이러한 도형을 가리켜 모양과 길이는 달라도 '위상(位相)이 같다'고 표현한다.

수학에서 위상이 같은 지 다른 지를 찾는 문제 중에서 안과 밖을 구분하는 흥미로운 문제가 있다. 아래 두 그림 중에서 자동차가 안쪽에 있어서 경계

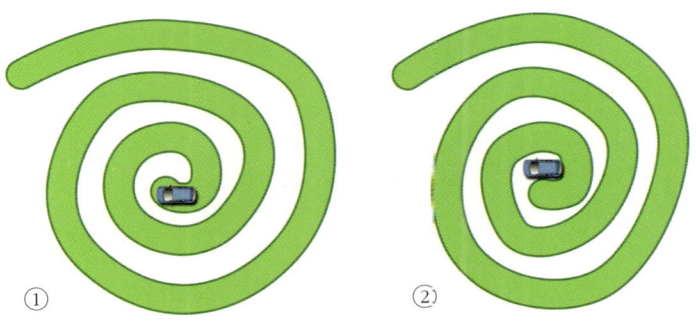

① ②

선 밖으로 나갈 수 없는 것은 어떤 것일까?

위의 문제에는 일정한 규칙이 있다. ①과 ② 각각의 그림에서 아래와 같이 자동차로부터 밖으로 직선을 긋고, 그려진 직선과 미궁의 경계선이 몇 번 만나는지 세어 보자.

아래 그림 ①′과 ②′에서 알 수 있듯이 직선과 미궁의 경계선이 홀수 번 만나는 경우에는 자동차가 미궁의 안쪽에 있기 때문에 미궁 밖으로 빠져나가지 못하고, 직선과 미궁의 경계선이 짝수 번 만나는 경우에는 처음부터 자동차는 미궁의 바깥쪽에 있었으므로 미궁 밖으로 빠져나갈 수 있음을 확인할 수 있다.

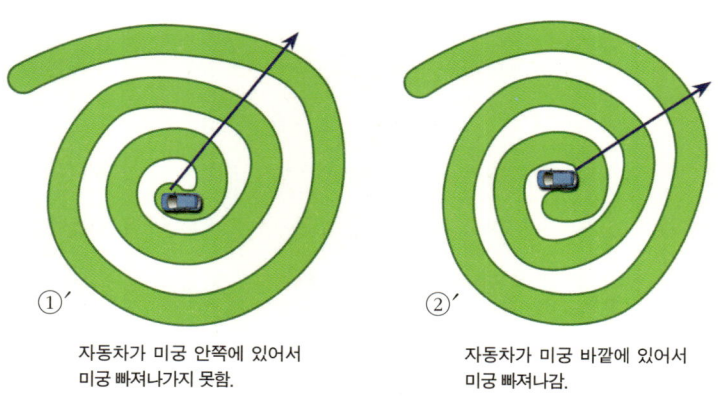

①′ 자동차가 미궁 안쪽에 있어서 미궁 빠져나가지 못함.

②′ 자동차가 미궁 바깥에 있어서 미궁 빠져나감.

위의 두 그림 ①′과 ②′는 다음과 같이 원 모양의 도형을 변형시켜 소용돌이 모양으로 바꾸어 그린 것과 같다. 이 그림으로부터 사실 두 소용돌이와 자동차의 위치관계는 원과 자동차의 위치관계와 같음을 알 수 있다. 즉, 각각 '위상'이 같음을 알 수 있다.

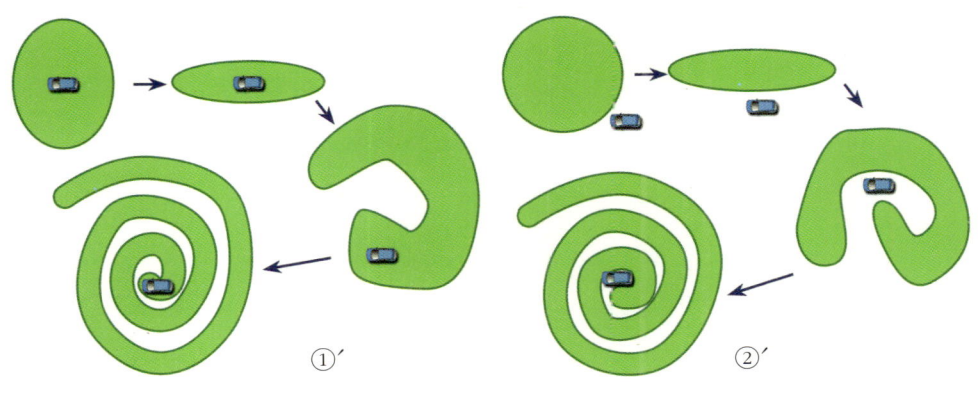

①′ 자동차는 처음부터 원 안에 있었고, 원을 변형시켜 소용돌이 모양의 미궁으로 만들었다. 따라서 자동차가 미궁 밖으로 나가기 위해서는 경계선을 홀수 번 통과해야 한다.

②′ 자동차가 처음부터 원 바깥쪽에 있기 때문에 미궁 밖으로 나가기 위해서는 경계선을 짝수 번 통과해야 한다.

고정관념을 깨는 다이달로스의 영민한 생각

자, 다시 신화의 미궁 속으로 들어가 보자. 테세우스에게 실타래를 전해준 아리아드네는 사랑하는 테세우스를 따라 나선다. 그러나 그들의 사랑은 이루어지지 않았다. 테세우스는 함께 길을 나선 아리아드네가 잠깐 잠이 든 사이 그녀를 버리고 가버렸다.

미궁을 설계한 다이달로스는 어떻게 되었을까? 테세우스의 탈출로 다이달로스와 그의 아들 이카로스는 미궁에 갇히게 된다. 미노스 왕이 누구든 미궁에서 나오는 자가 한 명이라도 있을 경우 다이달로스와 그의 아들을 미궁에 가두겠다고 했기 때문이다.

다이달로스는 본인도 탈출할 수 없을 정도로 매우 정교하게 미궁을 만들었기 때문에 이카로스와 꼼짝없이 갇히는 신세가 됐다. 탈출 방법을 고민하고 있던 다이달로스의 머리 위에는 그들이 죽기를 기다리며 새들이 맴돌고 있었다. 새들이 어지간히 배가 고팠던지 요란스레 날개 짓을 해대는 바람에 깃털들이 우수수 떨어져 내렸다. 그러자 무슨 생각이 났는지 다이달로스는 깃털들을 주워 모았다. 솜씨 좋은 재주꾼이었던 다이달로스는 하늘에서 떨어진 깃털과 미궁 안 모퉁이마다 꽂혀 있는 초를 녹여 깃털 하나하나를 붙여 자기와 아들 이카로스가 쓸 날개를 만들었다(날개를 만들 때 다이달로스가 초를 이용한 것이 아니라 벌집에서 밀랍을 채취하여 날개를 만들었다는 기록도 있다).

복잡한 미궁을 빠져나오는 방법으로 하늘 위로 나는 것보다 간단한 게 또 어디 있겠는가! 다이달로스는 손재주가 뛰어난 장인이었던 동시에 틀에 박힌 고정관념에서 벗어나는 두뇌의 소유자였던 것이다.

이로써 다이달로스와 이카로스는 테세우스 다음으로 미궁을 탈출한 사람들이 됐다. 이들은 테세우스처럼 걸어서 탈출한 것이 아니고 하늘을 날아서 탈출한 것이다.

왼쪽 조각상은 이탈리아 조각가 안토니오 카노바 Antonio Canova, 1757~1822의 〈다이달로스와 이카로스〉이다. 깃털로 만든 날개를 이카로스의 몸에 고정시켜주는 다이달로스의 모습이 생생하다.

카노바, 〈다이달로스와 이카로스〉, 1779년경, 석고, 200×97cm, 베니스 코레르 박물관

란도, 〈다이달로스와 이카로스〉, 1799년, 캔버스에 유채, 54×43.5cm, 프랑스 알랑송 미술관

다이달로스는 날기 전에 아들에게 이렇게 말했다.

"아들아. 고도를 잘 유지해라. 너무 낮게 날면 날개가 습기에 젖고, 너무 높게 날면 태양의 열기에 녹아 추락하게 된다. 내 곁에만 있으면 안전할 것이다."

위의 그림은 프랑스 화가 샤를 란도 Charles P. Landon, 1760~1826가 다이달로스와 이카로스가 미궁을 탈출하는 순간을 그린 것이다. 그림을 보면, 어린 아들이 무사히 하늘을 날기를 간절히 바라는 늙은 아비 다이달로스의 걱정스런 표정을 엿볼 수 있다. 아들은 마치 난생 처음으로 비행기를 타는 것처럼 하늘을 난다는 생각에 들떠있다. 아들의 손은 하늘을 향해 뻗어있고 발은 이미 땅을 박차고 뛰어 올랐다.

불행하게도 아버지의 걱정은 현실이 되고 말았다. 하늘을 날아서 미궁을 탈출한 다이달로스의 아들 이카로스는 비행에 취한 나머지 태양에 너무 가깝게 다가가 촛농이 녹아 떨어져 죽고 말았다. 이카로스처럼 자기의 분수를 모르고 지나치게 자만하는 경우를 가리켜 '이카로스의 날개'라고 하는 데, 바로 여기서 유래한 것이다.

하늘 높이 올라갈수록 태양에 가까워져 온도가 올라갈까?

서양미술사에는 추락하는 이카로스를 그린 작품들이 참 많다. 16세기 플랑드르를 대표하는 화가 브뢰헬(Pieter Bruegel the Elder, 1525~1569)과 바로크 미술의 대가 루벤스(Peter Paul Rubens, 1577~1640), 20세기의 거장 마티스(Henri Émile-Benoit Matisse, 1869~1954)의 작품이 특히 유명하다.

하지만, 여기서는 토마소 만추올리(Tommaso d'Antonio Manzuoli, 1536~1571)라는 이탈리아 화가가 그린 〈이카로스의 추락〉을 감상하도록 하자. 만추올리의 그림을 보면, 신화에서 다룬 대로 뜨거운 태양 빛에 촛농으로 만든 날개가 녹아 추락하는 이카로스의 모습이 잘 묘사되어 있다.

그런데 실제로 하늘 높이 날아 태양과 가까워지면 촛농이 녹을 정도로 뜨거워질까?

고대 그리스인들은 헬리오스가 태양마차를 몰고 하늘을 가로질러 가기 때문에 태양에 가까워질수록 뜨거워질 것이라고 생각했다. 하지만 과학적으로 규명해보건대, 이카로스가 하늘 높이 날아올라 촛농 날개가 녹아 떨어져 죽었다고 할 수 없다. 실제로 지표면에서 100m씩 올라갈 때마다 섭씨 0.6°씩 기온이 내려가기 때문이다. 그래서 여름에도 높은 산의 봉우리에는 하얀 눈이 있는 것이다. 예를 들어 에베레스트 산의 높이는 약 8800m이고, 100m 높아질 때마다 0.6°씩 낮아지므로 산 정상의 기온은 산 아래의 온도보다 0.6°×88≒53°가 낮다. 그러니까 산 아래

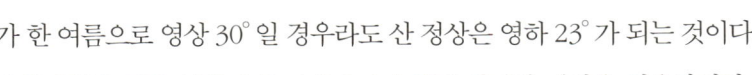
만추올리, 〈이카로스의 추락〉, 1571년경, 퍼널에 유채, 피렌체 베키오 궁전

가 한 여름으로 영상 30°일 경우라도 산 정상은 영하 23°가 되는 것이다. 수학자들은 종종 신화나 종교에까지 수학적 원리와 계산을 적용하지만, 그건 어디까지나 수학의 흥미를 더하기 위함일 뿐 신화를 부정하려는 의도는 아닐 것이다. 과학이나 수학으로 설명할 수 없는 게 바로 신화의 매력이기 때문이다.

예술과 수학은
단순할수록 위대하다!

황금직사각형의 원리

"미술관 전시실에 에어컨이 걸려 있는 줄 알았어."

십여 년 전 유럽에 여행을 다녀온 한국인 관광객이 한 말이다. 유럽여행을 가면 평소 미술에 관심이 없는 사람들도 미술관을 방문하게 된다. 유럽여행은 패키지 상품에 대부분 미술관 투어가 포함돼 있기 때문이다.

아무튼 미술관에 갔더니 전시실 안 그림들 사이에 에어컨이 걸려 있어서 놀랐다는 얘기에 무슨 영문인지 고개를 갸우뚱 했던 적이 있다. 물론 미술관 전시실에 생뚱맞게 에어컨이 걸려 있는 일은 없었다. 한국인 관광객은 화가 몬드리안의 작품을 보고 잠깐 착각해서 우스갯소리를 한 것이다. 그 당시 국내 굴지의 가전업체에서 출시한 벽걸이 에어컨 모양이 정사각형이었는데, 에어컨 표면 전체에 몬드리안의 그림을 입혔던 것이다. 몬드리안 작품으로 장식한 에어컨이 인기를 끌면서 도시의 카페마다 몬드리안 작품의 이미테이션 그림들을 거는 게 한동안 유행했었다.

몬드리안, 〈빨강, 검정, 파랑, 노랑, 회색의 구성〉, 1920년, 캔버스에 유채, 52.5×60cm, 암스테르담 시립 미술관

몬드리안이란 예술가의 명성을 모르고 그의 작품을 보는 사람들은 대개 "이게 무슨 그림이야?" 하고 반응하는 경우가 적지 않다. 오래 전 필자도 그랬으니까. 정물화나 풍경화, 인물화 등 정통 회화에 친숙한 사람들에게 몬드리안의 작품은 생소하다. 네덜란드의 화가 피에트 몬드리안[Piet Mondrian, Pieter Cornelis Mondriaan, 1872~1944]은 점, 선, 면만을 이용한 이른바 '차가운 추상'의 거장으로 꼽힌다. '차가운 추상'이란 말 자체도 참 어렵다. 이처럼 모호한 그의 작품 세계를 이해하기 위해서는 먼저 그의 삶부터 간략하게나마 알아둬야 한다.

점과 선, 면만으로 사물의 본질을 그리다

어린 시절 숙부에게서 그림을 배운 몬드리안은, 스무 살에 암스테르담 국립 미술 아카데미에 입학하면서 본격적으로 미술 공부를 시작했다. 그는 직업화가로 입문한 뒤 입체파의 그림에 매료되면서 파리로 건너갔다. 몬드리안은 처음에는 주로 풍경화 등 정통 회화를 그리다가 서서히 추상화로 경도되었다. 이후 몬드리안은 마치 수학의 공리처럼 미리 정한 원칙에 따라서 예술적 기하학과 색채에 대한 새로운 시도를 선구적으로 해나갔다. 그의 작품 속 단순한 패턴은 필자와 같은 수학자들의 관심을 끌기에 충분했다.

몬드리안은 1917년 네덜란드에서 동료 화가들과 함께 '스타일'(네덜란드어로는 '데 스틸(De Stijl)')이란 그룹을 만들고 같은 이름의 잡지를 창간했다. 그는 이 모임에서 자신의 작품을 '신조형주의'라 규정하고, 잡지에 자신의 신조형주의 이론에 대해 게재했다.

그는 수직선, 수평선, 원색, 무채색만으로 표현되는 자신의 작품들에 대해

진리와 근원을 추구한 것이라고 밝혔다. 이를 위해 그림을 기하학적으로 단순화했다는 것이다. 그는 모든 대상을 수평선과 수직선으로 극단화시켜 화면을 구성했다. 그는 사물을 있는 그대로 재현하는 방법을 버리고, 한 대상을 몇 가지 모티브로 단순화하기 위해 반복해서 연구했다.

몬드리안은, 우리가 사는 세상을 단순화해 바라보면 점과 선, 면으로 이루어져 있음을 깨닫게 되는데, 이로서 가장 기본적인 조형 요소만으로 사물의 본질을 드러낼 수 있다고 생각했다. 이를 바탕으로 그는 자신의 작품을 구성하는 창작의 기본 원리를 다음과 같이 정했다.

1. 빨강, 파랑, 노랑 3원색 혹은 검은색, 회색, 흰색의 무채색만을 사용한다.
2. 평면과 입체 형상에는 사각형의 판과 기둥만을 사용한다.
3. 직선과 사각형만으로 구성한다.
4. 대칭은 피한다.
5. 미적 균형을 이루기 위해 대비를 쓴다.
6. 균형과 리듬감을 부여할 수 있도록 비율과 위치에 각별히 신경 쓴다.

미술에서 수학적 균형을 이뤄내다

63쪽 〈빨강, 검정, 파랑, 노랑, 회색의 구성〉이라는 제목의 그림은 검정색 수직선과 수평선으로 구획을 나눈 단순한 구성에 빨강, 노랑, 파랑 등 3원색만을 사용한 것으로, 몬드리안의 대표작 중 하나다.

몬드리안은 수직선과 수평선이 만나는 부분을 적절하게 배치하면 감상자가 편안함과 역동성을 동시에 느낄 수 있다고 믿었다. 〈빨강, 검정, 파랑, 노랑, 회색의 구성〉은 무질서한 요소를 배재한, 수학적이고 건축적인 균형을 미술로 이뤄내고자 한 몬드리안의 이론에서 탄생한 작품이다.

언뜻 보면 대부분 비슷해 보이는 몬드리안의 작품들은 색과 선, 면 등이 하나하나 치밀하게 계산되어 완성되었다. 〈빨강, 검정, 파랑, 노랑, 회색의 구성〉을 자세히 살펴보자. 흰 바탕에 검정색선을 경계로 3원색을 칠한 것 같다. 하지만, 실제로 흰 바탕과 검정색 선은 정확하게 나누어진 부분으로 한 치의 오차도 없이 따로 색을 채워 넣은 것이다.

몬드리안은 자신의 창작 기본 원리에서 밝혔듯이, 화면 안에 있는 모든 직사각형들이 대칭이 되는 것을 피했다. 그리고, 그림 속 검정 수직선과 수평선은 서로 교차하며 사각형의 격자 구조를 이룬다. 이 격자 구조에 사용된 황금비율 $\frac{1+\sqrt{5}}{2} \approx 1.618$은 몬드리안의 다른 작품에서도 볼 수 있다.

오른쪽 그림은 몬드리안 작품의 일부분으로, 직사각형 ACDF의 가로의 길이와 세로의 길이의 비가 1:1.618로, 이른바 '황금비'를 이루고 있다. 또 직사각형 BCDE도 세로의 길이와 가로의 길이가 1:1.618이다. 이와 같이 가로의 길이와 세로의 길이가 황금비인 직사각형을 '황금직사각형'이라고 하는데, 몬드리안의 작품들에는 황금직사각형이 자주 등장한다.

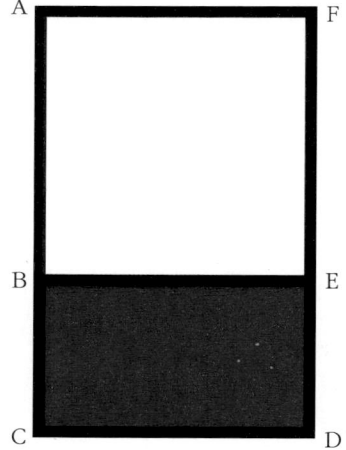

자, 그러면 황금직사각형을 만드는 황금비의 정확한 개념을 알아보자. 다음 그림에서 보듯이 선분 AC에서 짧은 선분 AB의 길이를 S라 하고 긴 선분 BC의 길이를 L이라

할 때, 다음과 같은 식으로 나타낼 수 있다.

```
A————————B————————————————C
    S              L
```

$$\frac{\overline{AB}}{\overline{BC}} = \frac{\overline{BC}}{\overline{AC}}, \text{ 즉 } \frac{S}{L} = \frac{L}{S+L}$$

다시 말하면 짧은 선분의 길이 S와 긴 선분의 길이 L의 비는 L과 전체의 길이 $S+L$의 비와 같게 되는데, 이와 같은 비로 분할하는 것을 '황금분할(Golden Section)'이라고 하고, 이때 $S:L$을 황금비라고 한다.

몬드리안의 황금직사각형 그려보기

몬드리안의 작품 속 황금직사각형을 직접 작도해 보자.
먼저 한 변의 길이가 2인 정사각형을 그린다. 그 다음 변 AB의 중점 E를 잡고, 그 점 E에서 꼭짓점 C로 직선을 그린다. 그러면 그 길이는 피타고라스 정리(356쪽)에 따라 $\sqrt{5}$가 된다. $\sqrt{5}$는 약 2.236이다.
그 다음 변 AB를 F까지 연장하는데 이 때 점 E에서 점 F까지의 거리는 $\sqrt{5}$가 되도록 점 F를 잡는다. 그러면 직사각형 AFGD의 변의 비율은 $2:(\sqrt{5}+1)$이다. 이렇게 완성된 직사각형의 세로의 길이와 가로의 길이의 비는 $1:\frac{1+\sqrt{5}}{2} \approx 1.618$인 황금비이고, 직사각형 AFGD는 몬드리안의 작품 속 황금직사각형이 된다.
그런데 다음과 같은 순서로 보다 간단하게 황금직사각형을 만들 수도 있다.

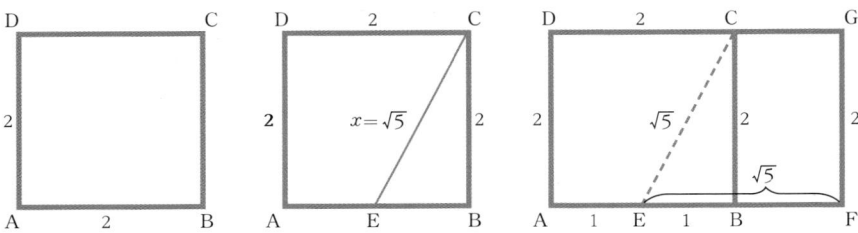

① 한 변의 길이가 1인 정사각형 두 개를 붙여서 그린다.
② 한 변의 길이가 2인 정사각형을 '①'에서 그린 정사각형에 접하게 그린다.
③ '①'과 '②'에서 그린 한 변의 길이가 1과 2인 정사각형과 접하게 한 변의 길이가 3인 정사각형을 접하게 그린다.
④ '②'와 '③'에서 그린 한 변의 길이가 2, 3인 정사각형과 접하게 한 변의 길이가 5인 정사각형을 접하게 그린다.
⑤ '④'와 같은 방법으로 정사각형을 계속 그린다.
위와 같은 차례로 정사각형을 그려나가면 오른쪽 그림과 같은 황금직사각형을 만들 수 있다.

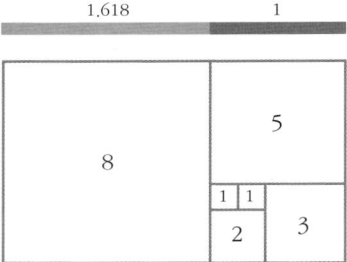

〈모나리자〉에도 황금직사각형이!

황금직사각형은 레오나르도 다빈치Leonardo da Vinci, 1452~1519의 대표작 〈모나리자〉에서도 찾을 수 있다. 〈모나리자〉를 그린 다빈치는 더 이상 설명이 필요 없는 화가이자 과학자이고 수학자였다.

상복처럼 보이는 검은 베일을 걸친 여인이 먼 산과 강을 배경으로 신비로운 미소를 지으며 조용히 앉아 있다. 상체를 약간 옆으로 돌리고 얼굴은 정면으로 바라보는 포즈 자체가 종래의 옆얼굴 초상화와 확연히 구별된다. 두 손을 교차하여 의자의 팔걸이에 올려놓은 표현은 매우 절묘하다. 또 배경의 공기원근법(空氣遠近法)이 구사된 아련한 산악 풍경도 독특하다. 공기는 아무 것도 없는 것이 아니라 무게와 밀도를 지니고 있어서, 멀리 있는 것은 공기에 의하여 흐릿해진다는 원리가 바로 공기원근법이다.

다빈치, 〈모나리자〉, 1506년, 패널에 유채, 77×53cm, 파리 루브르 박물관

〈모나리자〉에는 비록 정확한 황금비는 아니지만, 수학적으로 충분히 근거가 있는 황금비가 숨어 있다. 먼저 여인의 손에서 머리까지가 아래 그림과 같이 황금직사각형 안에 들어가 있다. 또 여인의 얼굴 가로의 길이를 1이라

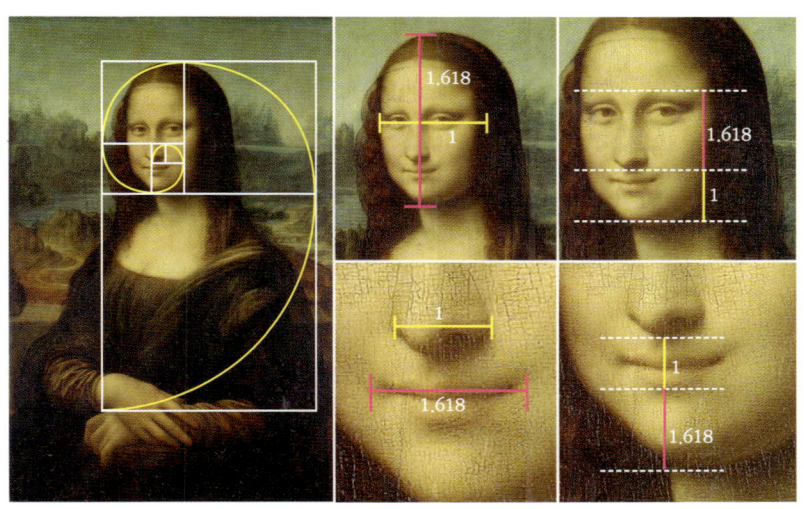

예술과 수학은 단순할수록 위대하다! 069

 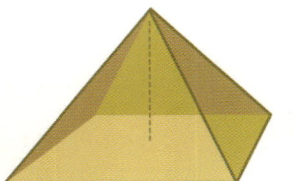 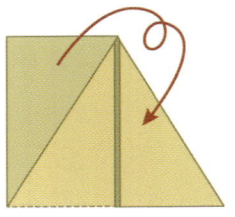

고 하면 세로의 길이는 1.618, 턱에서 코 밑까지의 길이를 1이라고 하면 코 밑에서 눈썹까지의 길이는 1.618, 코의 너비를 1이라고 하면 입의 길이는 1.618, 인중의 길이를 1이라고 하면 입에서 턱까지의 길이는 1.618이다. 즉 그림 속 여인이 앉아있는 모습과 얼굴은 온통 황금비로 그려진 것이다.

황금비는 미술 작품뿐 아니라 건축에도 사용되었다. 기원전 약 2000년에 지어진 이집트 기자의 피라미드는 대표적인 황금비 건축물이다. 피라미드 밑면의 정사각형의 한 변에 대한 높이의 비는 약 5:8로 1:1.6이다. 더욱이 피라미드 옆면을 이루고 있는 삼각형을 반을 잘라 붙이면 황금직사각형이 된다.

이밖에도 많은 예술품과 건축물에서 황금비를 발견할 수 있지만, 이들은 대체로 황금비와 비슷한 값을 가질 뿐 황금비를 정확히 이루지 않는다는 것이 최근 밝혀졌다.

미술이란 자연과 인간을 소거(消去)해 나가는 것

몬드리안은 가장 단순한 요소인 직선과 원색으로 그림을 완성하고자 했다. 그는 우주의 객관적인 법칙을 느낄 수 있게 해주는 명료하고 절도 있는 회화를 그리길 열망했다. 몬드리안은 끊임없이 변화하는 것으로 보이는 형태들 속에 감춰진 불변하는 실재(實在)를 예술로 밝혀내려고 노력했다.

몬드리안은 몇 개 되지 않는 형태와 색채를 결합하여 그것들이 잘 어울려 보일 때까지 다양한 방식으로 연결시키는 작업을 끊임없이 해내갔다. 몬드리안의 작품세계를 알게 되면, 단순한 선과 면 분할 및 채색만으로 완성되는 작품일수록 깊은 사고와 성찰이 요구됨을 깨닫게 된다.

몬드리안은 직선과 반듯한 면 그리고 몇 가지 컬러로만 이루어진 대단히 금욕적인(!) 작품들처럼 수도자에 비유되는 검소한 삶을 살았다. 세계적인 예술가로 명성을 얻었지만, 일부러 재산을 최소한으로 유지하며 삶의 본질을 궁구(窮究)하는 데 몰두했다. 이러한 몬드리안의 삶의 철학은 그의 작품에 고스란히 반영되었다. 평소 그가 되뇌었던 금언(金言)은 이를 방증한다.

"미술이란 자연과 인간을 점차적으로 소거(消去)해 나가는 것이다"

사실 수학에서도 가장 단순한 도형만을 연구하는 분야는 오히려 다양한 조건과 모양이 주어진 기하를 연구하는 분야보다 더 어렵고 깊은 사고력을 필요로 한다. 수학의 양대 부류인 '기하'와 '대수'에 있어서, '논증기하'와 '수론'('정수론'이라고도 함)은 모든 수학의 기본이자 가장 심오한 분야라 할 수 있다. 또한 이 둘은 수학에서 가장 아름다운 분야로 꼽힌다. 수학의 황제로 일컬어지는 독일의 수학자 가우스 Carl Friedrich Gauss, 1777~1855는 정수론을 가리켜 다음과 같은 유명한 말을 남겼다.

"과학의 여왕은 수학이며, 수학의 여왕은 수론이다!"

옌센, 〈가우스의 초상화〉, 1840년, 캔버스에 유채

수학자의 황금비율 감상법

인체비례론

　　　　　　　　　　　수학에서와 마찬가지로 예술에서도 비율은 매우 중요하다. 화가나 조각가는 명작을 남기기 위해 황금비와 같은 아름다운 비율을 이용해왔다. 특히 예술가들은 인체의 아름다움을 표현하기 위하여 비율뿐만 아니라 자세에도 많은 관심을 가지고 있었다.

고대 그리스인들은 인물상을 조각할 때나 그림을 그릴 때, 작품 속의 사람이 몸무게를 한쪽 다리에 싣고 다른 쪽 다리는 무릎을 약간 구부리고 있는 자세를 자연스럽다고 생각했다. 이런 자세를 하면 몸무게가 이동함에 따라 둔부·어깨·머리는 신체 내부의 유기적인 움직임을 나타내듯이 기울어지게 된다. 이와 같이 몸의 무게 중심을 한쪽 다리에 두면 몸은 S자 곡선을 그리게 되는데, 이 곡선을 가리켜 인간의 신체를 가장 아름답게 표현한다는 '콘트라포스토(contrapposto)'라고 부른다.

미술사에는 일일이 나열할 수 없을 만큼 수많은 화가들이 콘트라포스토를

뒤러, 〈아담과 이브〉, 1504년, 동판화, 25×19cm, 프랑스 랭스 르 베르제르 박물관

그렸다. 그 가운데서도 가장 유명한 작품을 꼽는다면 독일의 화가 알브레히트 뒤러 Albrecht Dürer, 1471~1528가 1504년에 제작한 〈아담과 이브〉가 아닐까 싶다.
뒤러는 이 작품에서 키의 반은 다리 길이고, 상반신의 반은 젖꼭지, 하반신의 반은 무릎이 되도록 하였다. 또 키는 머리 길이의 8배가 되고, 키 전체를 3:5로 나누는 위치에 사람의 중심이라고 할 수 있는 배꼽을 그렸다. 이것은 뒤러가 그림 속의 두 주인공을 황금비인 1:1.6을 만족하는 8등신이 되도록 그린 것이다. 또 아담과 이브의 몸무게 중심이 한쪽 다리에 있게 함으로써 전체 몸이 S자 곡선을 이루도록 그렸다.

아담 옆의 나뭇가지에 조그마한 명판이 달려 있는데, '알브레히트 뒤러가 1504년에 완성했다'라고 서명되어 있다. 뒤러는 이전 시대 화가들과 달리 자신의 작품에 서명을 남겼는데, 그만큼 그는 화가로서 자의식이 강했다. 뒤러의 서명이 전범이 되어 후대 화가들도 자신의 작품에 서명을 남겼다.

"나는 수(數)를 가지고 남자와 여자를 그렸다!"

뒤러가 그린 대형 누드화인 〈아담〉과 〈이브〉는 앞에서 소개한 판화를 완성하고 3년 뒤에 그림 작품이다.
이 작품에서는 아담과 이브가 8등신임을 판화에서보다 좀 더 정확히 알 수 있다. 아담은 곱슬곱슬한 금발머리에 적당히 잔 근육이 보이는 아름다운 몸매를 가진 미남으로 묘사됐으며, 이브는 창백하고 매끈한 피부에 긴 머리칼과 작고 붉은 입술을 가진 미녀로 그려졌다.
그런데 이브를 좀 더 자세히 살펴보니 약간 어색한 부분이 관찰된다. 바로

뒤러, 〈아담〉, 〈이브〉, 1507년, 패널에 유채, 각각 157×61cm, 마드리드 프라도 미술관

이브의 목과 어깨인데, 목은 너무 길며 어깨는 처져서 승모근이 굉장히 커 보인다. 뒤러가 활동할 당시 북유럽 사람들이 생각하는 미인의 조건은 이브와 같이 생긴 목과 어깨, 창백하고 매끈한 피부, 작고 붉은 입술, 넓은 이마였다고 한다. 즉, 뒤러는 당시에 북유럽에서 미인으로 여기는 조건에 신체의 비율까지 고려하여 이브를 완벽한 미를 갖춘 여인으로 그린 것이다.

이브 옆의 나뭇가지에 조그마한 명판이 달려 있는데, 판화에서와 같이 '알브레히트 뒤러가 1507년에 완성했다'라고 서명되어 있다. 이 시기의 독일에서는 뒤러처럼 아름다우면서도 해부학적으로 흠잡을 데 없는 인체를 그릴 줄 아는 화가가 드물었다. 그 당시 뒤러는 이미 이탈리아를 두 번이나 여행하면서 이탈리아 르네상스의 이상적인 아름다움과 해부학적으로 정확히 인체를 표현하는 법을 배우고 익힌 뒤였다고 한다. 그는 〈아담〉과 〈이브〉를 그리고 나서 이렇게 말했다.

"나는 수(數)를 가지고 남자와 여자를 그렸다!"

뒤러가 이탈리아에서 배워온 것은 인간의 몸이 수의 규칙과 비례로 이루어져 있다는 인체비례론이었다. 인체비례론에 따르면 창조주가 인간을 아무렇게나 만든 것이 아니라, 창조주의 머릿속에 들어있던 인간을 만들기 위한 설계도는 조화로운 수의 관계로 이루어져 있다는 것이

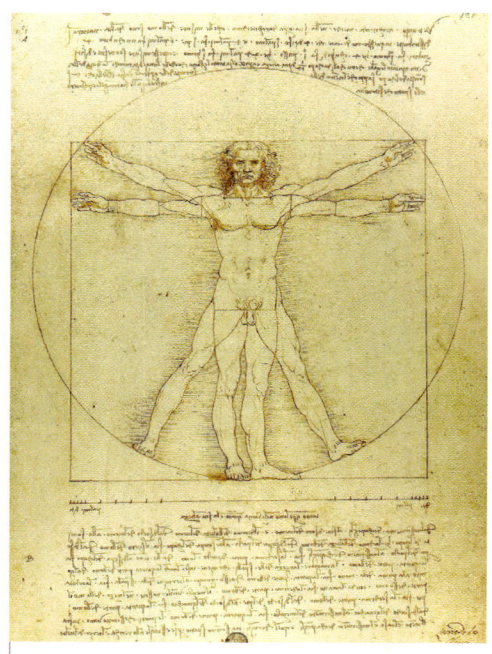

다빈치, 〈비트루비우스적 인간〉, 1490년, 종이에 잉크, 34.6×25.5cm, 베니스 아카데미아 미술관

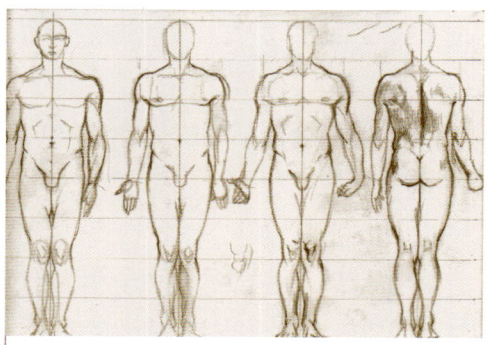

인체비례론을 설명할 때 황금비율의 예로 드는 '8등신'의 드로잉

다. 그래서 예술에서도 인간을 표현할 때는 창조주의 설계도와 마찬가지로 정확한 비례를 사용해야 한다는 인체비례론을, 뒤러는 이탈리아에서 배워 와 자신의 작품에 활용한 것이다.

인체비례론으로 가장 잘 알려진 것은 레오나르도 다빈치$^{Leonardo\ da\ Vinci,\ 1452~1519}$의 〈비트루비우스적 인간(Vitruvian Man)〉 또는 〈인체 비례도(Canon of Proportions)〉라는 소묘 작품이다. 다빈치는 이 작품에 대해, "두 팔을 벌린 길이는 신장과 같다. 만약 두 다리를 신장의 $\frac{1}{4}$만큼 벌리고 팔을 벌려 중지를 정수리 높이까지 올리면 뻗친 팔에 의해 형성된 원의 중심은 배꼽이 되며, 두 다리 사이의 공간은 정확한 이등변삼각형을 형성한다"고 설명했다. 인체비례론에 따르면 두 팔을 가로로 벌렸을 때 전체 길이는 그 사람의 키와 같고, 머리 길이의 여덟 배가 키와 같다. 또 손바닥의 폭을 키와 비교하면 1:24가 된다.

황금비율을 만드는 세 가지 조건

뒤러는 〈아담〉과 〈이브〉를 완성하기 위하여 무려 3백 명이나 되는 사람들을 모두 발가벗겨서 인체의 비례를 측정하였고, 마침내 모든 인류의 아버지와 어머니인 아담과 이브의 비례를 얻었다고 한다.

뒤러의 판화 〈아담과 이브〉와 유채화 〈아담〉과 〈이브〉를 다시 한 번 자세히 살펴보자. 작품 속 두 남녀는 거의 대칭에 가까운 이상적인 포즈를 하고 있다. 흥미로운 사실은, 판화 〈아담과 이브〉의 아담은 15세기 후반에 발굴된 헬레니즘 조각 〈벨베데레의 아폴론〉과 유사한 포즈를 하고 있다. 그리고 유

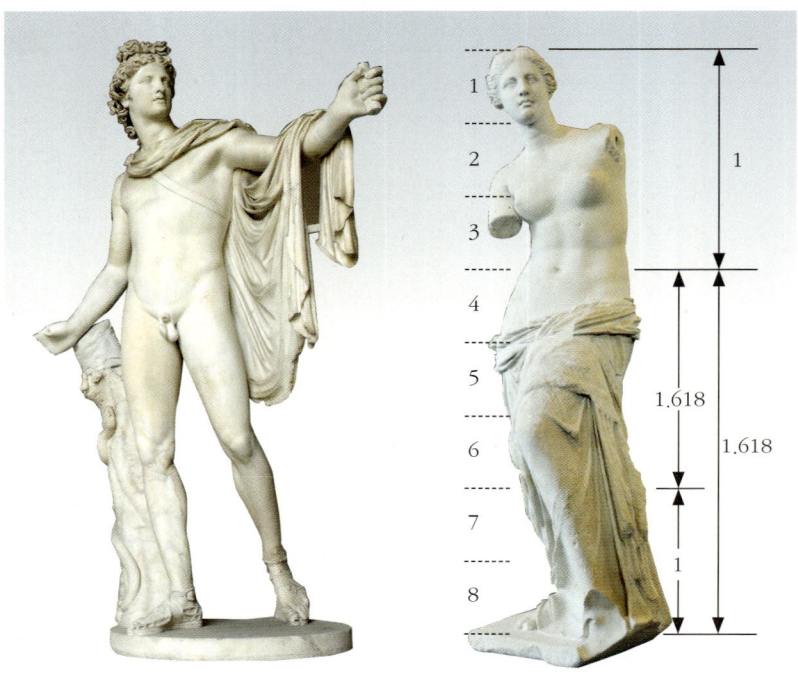

레오카레스(Leochares, BC 4세기에 활동한 아테네 출신의 조각가)가 BC350년경에 제작한 청동상 〈벨베데레의 아폴론〉을 로마시대에 모작한 것으로 추정. 높이 224cm, 바티칸 박물관(왼쪽), 〈밀로의 비너스〉, BC130~120년경, 대리석, 높이 202cm, 파리 루브르 박물관(오른쪽)

채화 〈이브〉에서의 이브의 모습은 〈밀로의 비너스〉와 유사한 포즈를 취하고 있다. 미술사가들은 뒤러가 자신의 작품을 구상할 때, 고대 조각상이나 조각을 그린 드로잉을 참고했을 것으로 추정한다. 뒤러가 참고했을 것으로 추정되는 두 조각상 모두 황금비에 맞춰 제작되었다.

특히 인체비례론을 소개할 때 빠지지 않고 등장하는 작품이 바로 〈밀로의 비너스〉다. 〈밀로의 비너스〉는 아름답고 완벽한 균형을 가진 몸매로 인해 '미'의 전형으로 알려져 있다. 이처럼 〈밀로의 비너스〉가 '미'의 전형으로 언급되는 데는 크게 세 가지 이유가 있다. 첫째, 조각상에 몸의 뼈대와 근육을 포함한 완벽한 해부학이 적용되었고, 둘째, 이 작품에서도 어김없이 몸의 무게중심을 한쪽 다리에 둠으로써 나타나는 S자 곡선, 즉 콘트라포스토가 나타난다. 셋째는 〈밀로의 비너스〉 역시 앞에서 이야기했던 8등신의 신체구조를 갖추고 있다는 점이다. 즉, 〈밀로의 비너스〉도 위에서 예시한 8등신도처럼 배꼽이 신장을, 어깨의 위치가 배꼽 위의 상반신을, 무릎의 위치가 하반신을, 코의 위치가 어깨 위의 부분을 각각 1:1.6으로 황금분할하고 있다.

인체조각상의 황금비율을 제대로 감상하기 위한
최적의 관람 지점 구하기

우리는 선대의 훌륭한 예술가들 덕택에 황금비율의 인체조각상을 감상할 수 있는 호사를 누리게 됐다. 물론 진품을 보기 위해서는 해당 작품이 전시된 해외의 미술관이나 박물관까지 가기 위해 시간과 비용을 들여야 하지만 말이다. 그런데, 시간과 비용을 들여 해당 작품이 전시된 해외의 미술관과 박물관에 갔다 하더라도 조각상의 황금비율을 제대로 감상하지 못하는 사람들이 대부분이다. 왜 그럴까?

그것은 바로 조각상 앞에 선 우리의 위치 때문이다. 즉, 조각상과 얼마나 떨어진 거리에서 어떤 각도로 바라보느냐에 따라 조각상의 황금비율이 보일 수도 그렇지 않을 수도 있다는 얘기다.

그렇다면 우리가 미술관이나 박물관에서 아름다운 조각상을 감상할 때 제대로 감상할 수 있는 자리는 조각상에서 얼마만큼 떨어진 지점일까? 조각

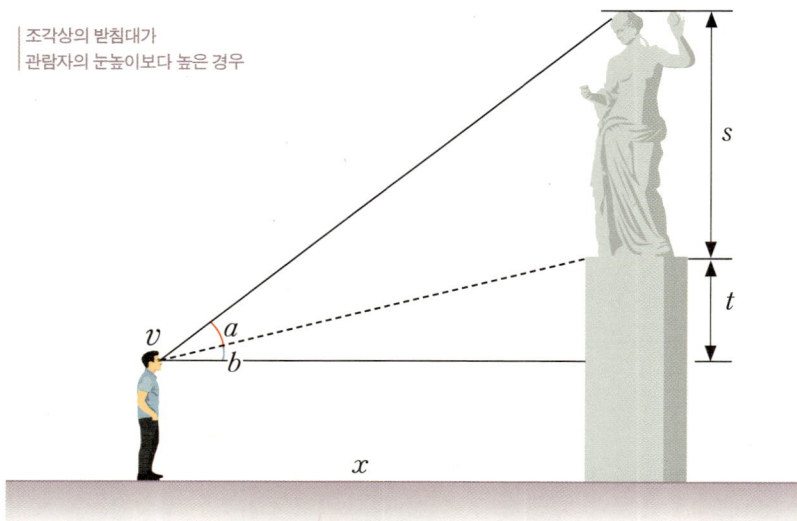

조각상의 받침대가
관람자의 눈높이보다 높은 경우

상에 아주 가까이 서 있을 경우 고개를 젖혀 하늘을 쳐다봐야 하고 너무 멀리 떨어지게 되면 받침대 위에 있는 조각상은 점점 작아 보여서 자세하게 감상할 수 없게 된다.

조각상의 크기에 따라 적정한 거리에서 관람해야만 작품 전체는 물론 황금비율까지 느낄 수 있는 것이다. 그래서 조각상을 감상할 때 최적의 관람 거리를 아는 것은 뜻밖에도 매우 중요하다.

위 그림과 같이 눈높이가 v인 관람자가 조각상으로부터 x만큼 떨어져서 눈높이보다 t만큼 높은 위치에 있는 높이가 s인 조각상을 관람한다고 하자. 이때 눈높이와 받침대 사이의 각의 크기를 b, 조각상 밑에서 위까지의 각의 크기를 a라 하자. 유감스럽게도 이제부터 약간 어려운 수학공식이 등장한다. 혹시 수학에 어려움을 겪고 있는 독자라면 자세한 계산은 건너뛰고 결과만 봐도 무방하다.

먼저 삼각함수 중에서 탄젠트함수를 이용하면 다음 식을 얻을 수 있다.

$$\tan b = \frac{t}{x}, \ \tan(a+b) = \frac{(s+t)}{x}$$

이를 탄젠트함수에 대하여 잘 알려진 다음 공식에 대입해보자.

$$\tan(a+b) = \frac{\tan a + \tan b}{1 - \tan a \cdot \tan b}, \ \frac{(s+t)}{x} = \frac{\tan a + \frac{t}{x}}{1 - \tan a \cdot \frac{t}{x}}$$

이 식을 정리하면 $\tan a = \dfrac{sx}{x^2 + t(s+t)}$ 를 얻을 수 있다.

이 식에서 조각상이 가장 잘 보이는 각 a가 되는 x를 구해야 하는데, x의 값에 따라서 각 a의 크기가 달라지므로 x의 변화율에 대한 a의 변화율을 구해야 한다. 즉, 주어진 식을 x에 대하여 미분한 후 $\dfrac{da}{dx}=0$인 값을 구하면 된다. $\tan a$를 미분하면 $\sec^2 a$이고 $\sec a = \dfrac{1}{\cos a}$이므로 위의 식을 x에 대하여 미분하면 다음과 같다.

$$\sec^2 a \frac{da}{dx} = \frac{-x^2 + st(s+t)}{(x^2 + t(s+t))^2}, \ \frac{da}{dx} = \frac{-sx^2 + st(s+t)}{(x^2 + t(s+t))^2} \cdot \cos^2 a = 0$$

이 식에서 $\cos^2 a$는 $\cos a$의 제곱이므로 a가 0°에서 90° 사이일 경우 양의 값을 갖는다. 따라서 위의 방정식은 분자 $-sx^2 - st(s+t)$가 0이어야 한다. 그런데 거리는 양수이므로 다음을 얻는다.

$$x^2 = t(s+t), \ x = \sqrt{t(s+t)}$$

예를 들어 미켈란젤로Michelangelo di Lodovico Buonarroti Simoni, 1475~1564의 〈다비드상〉은 $s=5.17$m이다. 받침대의 높이가 2.5m이므로 눈높이가 1.5m인 사람이 〈다

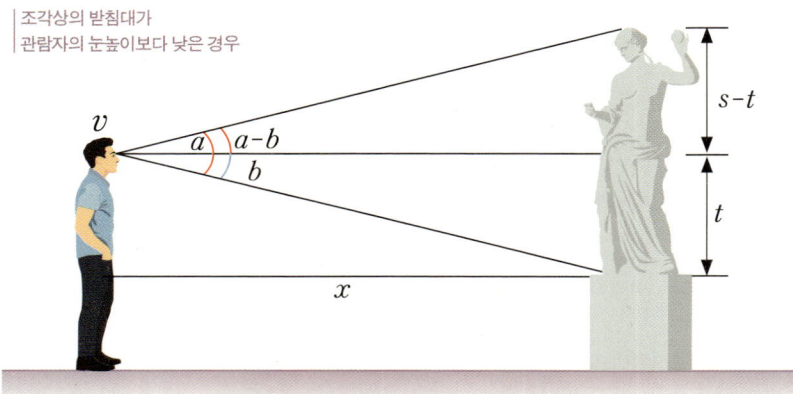

비드상〉을 가장 잘 관람하려면 $x=\sqrt{1(5.17+1)}=\sqrt{6.17}≈2.48$, 즉 조각상으로부터 약 2.48m 떨어진 지점에서 관람하면 된다. 또 신라시대의 대표적인 불상인 석굴암 본존불의 경우 높이가 약 3.3m이고, 좌대의 높이는 약 1.67m이므로 $t=1.67-1.5=0.17$이다. 따라서 $x=\sqrt{0.17(3.3+0.17)}≈0.78$, 즉 석굴암 본존불은 약 78cm 떨어진 지점에서 관람하는 것이 가장 좋다.

한편, 받침대의 높이가 눈높이보다 낮은 경우도 있다. 이때는 조각상을 바라보는 각도 a, b를 위의 그림과 같이 설정하고 앞에서와 마찬가지 방법으로 계산하면 $x=\sqrt{t(s-t)}$를 얻을 수 있다. 이를테면 〈밀로의 비너스〉는 높이가 약 2.03m인데, 약 1m 높이로 전시하고 있다면 $x=\sqrt{1(2.03-1)}≈1$이다. 따라서 〈밀로의 비너스〉는 약 1m 거리에서 관람하는 것이 가장 좋다.

수학과 미술이 만나는 지점?!

이쯤 되고 보니 왠지 여기저기서 탄성과 한숨이 들여오는 것만 같다. 아예

미켈란젤로, 〈다비드상〉, 1501~1504년경, 대리석, 높이 517cm, 피렌체 아카데미아 미술관

〈석굴암 본존불〉, 751년(경덕왕 10년), 높이 326cm, 국보 제24호

처음부터 황금비율을 감상하는 걸 포기하겠다는 푸념도 함께 들리는 것만 같다. 황금비율의 조각상을 감상하기 위해 삼각함수와 미분까지 동원해야 한다니 말이다.

생각건대 미술관이나 박물관에서 이러한 최적의 관람 거리를 구해서 해당 지점을 조각상 앞에 표시해 두면 어떨까? 그리고 최적의 관람 거리를 구한 과정을 작품 해설판 근처에 함께 밝혀놓으면 수학에 관심 있는 사람들이 한 번 더 눈여겨 볼 수 있지 않을까? 바로 그 최적의 관람 포인트야말로 수학과 예술이 가까워지는 지점 아닐까? 수학자가 미술관에서 할 수 있는 일이 하나 생겼다고 생각하니 왠지 뿌듯해진다.

러셀이 물고 있는 파이프는
과연 파이프인가?

패러독스와 딜레마

'난 절대 거짓말을 하지 않아.'

주변에 가끔 이런 말을 하는 사람이 있다. 과연 그의 주장은 사실일까? 일반적으로 모순되지는 않으나 특정한 경우에 논리적 모순을 일으키는 논증을 패러독스(paradox)라 한다. 패러독스는 우리말로 '역설'이라고 하는데, 헷갈리기 쉬운 개념인 딜레마(dilemma)와 다르다. 딜레마는 몇 가지 중 하나를 선택해야 하는 상황에서 판단을 내리지 못하는 경우를 가리킨다. 쉽게 말해 '선택장애'의 일종이다. 미술관을 다니다보면 패러독스와 딜레마를 떠올리는 작품들이 눈에 띈다. 먼저 패러독스부터 살펴보자.

미국 로스앤젤레스 카운티 아트 뮤지엄에 가면 르네 마그리트^{René Magritte, 1898~1967}의 유명한 파이프 그림을 볼 수 있다. 누구나 이 그림을 보는 순간 파이프임을 알지만, 화가는 파이프 밑에 프랑스어로 다음과 같이 썼다.

마그리트, 〈이미지의 배반〉, 1912년, 캔버스에 유채, 60.3×81.1cm, 로스앤젤레스 카운티 아트 뮤지엄

"이것은 파이프가 아니다(Ceci n'est pas une pipe)."
버젓이 파이프를 그려놓고 파이프가 아니라고? 괴팍한 화가의 억지라고 하기에는 왠지 수상하다. 마그리트가 파이프를 파이프가 아니라고 말한 이유는 이렇다. 그림 속 파이프는 이미지일 뿐 실제 파이프가 아니라는 얘기다. 이미지 속 파이프로는 담배를 피울 수 없으니 당연하다. 말장난 같지만 마그리트의 의도는 문자 혹은 이미지와 현실의 괴리를 설명하려는 것이다. 우리는 이 그림을 보는 순간 자연스럽게 파이프라고 생각하지만, 마그리트는 파이프 그림 밑에 파이프가 아니라는 문장을 표기해 우리가 눈으로 확인한 인식 자체를 의심하게 만든다. 우리가 사실 혹은 진실이라고 믿는 '표현(문자, 이미지)'의 신뢰성을 배격한 것이다. 어떤 사물(파이프)에 이름(파이프)을 붙인다고 해서 그것이 곧 실재(파이프)하는 건 아니라는 얘기다.

마그리트와 러셀의 역설

파이프를 그리고 나서 "이것은 파이프가 아니다"라고 한 마그리트의 주장은 참과 거짓의 경계를 허문다. 이해될 듯 이해하기 어려운 마그리트의 역설은 수학에도 존재한다. 기원전 6세기경 지중해 섬나라였던 크레타에서 활동했던 철학자이자 시인 에피메니데스Epimenides는 이렇게 말했다.
"모든 크레타 사람은 거짓말쟁이다."
그의 말을 사실이라고 믿어도 될 법하지만, 문제는 에피메니데스가 바로 크레타 사람이라는데 있다. 만일 그의 말이 사실이라면 에피메니데스도 거짓말쟁이이므로 그가 한 말은 거짓말이다. 즉 모든 크레타 사람이 거짓말쟁이란 그의 주장은 거짓말이다. 그런데 그의 주장이 거짓말이라면 모든 크레타 사람은 거짓말쟁이가 아니어야 한다. 그렇게 되면 에피메니데스의 주장도 사실이어야 하기에 그의 주장은 사실이 된다. 그럼 에피메니데스는 거짓말쟁이가 되어 위의 주장은 다시 거짓말이 된다.
수학에서 명제를 공부한 사람이라면 '모든'의 부정은 '어떤'임을 알 것이다. 따라서 위 주장의 부정은 "어떤 크레타 사람은 거짓말쟁이가 아니다"가 된다. 즉 '모든 크레타 사람은 거짓말쟁이가 아니다'라는 주장이 거짓일 경우에는 역설이 되지 않는다. 왜냐하면 크레타 사람 중 진실을 말한 사람이 한 명이라도 있다면, 이 주장은 거짓이 될 수 있기 때문이다.
파이프 그림 하나에서 시작한 참과 거짓의 논리게임이 머릿속을 뒤죽박죽 들쑤셔 놓은 느낌이다. 엉킨 실타래를 풀기 위해 영국의 철학자이자 수학자 버트런드 러셀Bertrand Russell, 1872~1970에게 도움을 청해야겠다. 러셀은 거짓말쟁이의 역설을 '집합론'의 관점에서 체계적으로 정리했다. 이른바 '러셀의 역설'이다. 그의 논리는 크레타섬 출신 철학자 에피메니데스의 주장에 얽힌 모순을 저격한다. 즉 '자기 자신을 원소로 포함하지 않는 모든 집합들의 집합'을 정의할 때 발생하는 모순이다. 가령 집합 R이 자기 자신을 원소로 포함하면 R의 정의에 위배되고, 포함하지 않으면 R의 원소가 되어야 하므로 모순이 발생한다는 얘기다.

'러셀의 역설'을 수식을 써서 간단히 알아보자. 한 집합은 자기 자신

만약 마그리트가 러셀에게 당신이 입에 문 것은 파이프가 아니라고 시비를 건다던 러셀은 뭐라고 답할까?

의 원소든지 아니든지 둘 중 하나다. A를 자기 자신의 원소가 아닌 집합 전체의 집합이라 하자. 즉,

$$A = \{x \mid x \notin x\}$$

이때 A가 A의 원소가 되는지 생각해 보자.

A가 A의 원소이면 $A \in A$이므로 $A \in \{\,x \mid x \notin x\,\}$이다. 그런데 A가 이 집합의 원소가 되려면 $A \notin A$이어야 한다. 따라서 다음과 같은 식이 성립한다.

$$A \in A \Leftrightarrow A \in \{x \mid x \notin x\} \Leftrightarrow A \notin A$$

즉 A가 A에 속하는 것과 A가 A에 속하지 않는 것이 같은 것이 되고, 이것은 모순이다.

러셀은 '이발사의 역설'이라는 우화를 통해 그의 이론을 좀 더 알기 쉽게 설

명했다. 어느 마을의 이발사는 다음과 같은 원칙을 써 붙였다.

"마을사람 중 스스로 면도하지 않는 사람만 면도해 주겠다."

그러자 어떤 마을사람이 이발사에게 물었다.

"당신은 스스로 면도하는가? 아니면 하지 않는가?"

만일 이발사가 스스로 면도를 한다면, 그는 원칙에 따라 스스로 면도해서는 안 된다. 왜냐하면 스스로 면도하지 않는 사람만 면도해 준다고 했기 때문이다. 그런데 이발사가 스스로 면도하지 않는다면 다시 그의 원칙에 따라 이발사는 자신이 스스로 면도해야만 한다. 과연 이발사는 스스로 면도해야 할까? 아니면 하지 말아야 할까?

기하학적 재배열과 인지적 착시

러셀은 '거짓말쟁이 역설'과 궤를 같이하는 '이발사의 역설'을 1901년에 집합론에서 발견했다. 그리고 이를 계기로 기호논리와 수리철학을 발전시키는 초석을 마련했다. 수학자들은 '러셀의 역설'로부터 수리적 이론에 깊은 철학적 사고가 필요하다는 것을 다시 한 번 깨달았다. 우리나라 대학에서는 수학을 이과로 철학을 문과로 나누지만, 두 학문은 논리학을 접점으로 밀접하게 맞닿아 있다. 수학이 철학의 활자라면, 철학은 수학의 의미를 깊이 새기는 인쇄기 같은 존재다. 둘의 관계는 마치 좌표평면의 x축과 y축처럼 서로의 연구 영역을 확장해준다.

역설 즉 패러독스를 기하학적으로 접근하는 시도는 철학과 수학이 얼마나 밀접하게 연관되어 있는지 방증한다. 물론 약간의 착시를 활용하지만 다양

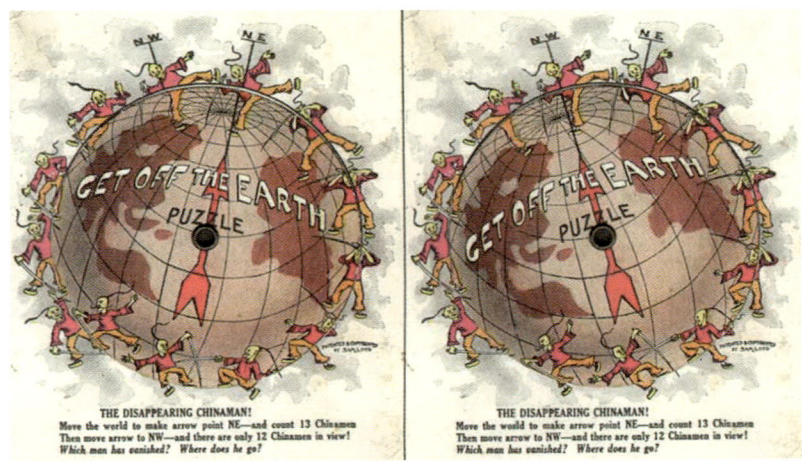

한 기하학적 패러독스가 존재한다. 위의 이미지는 수학퍼즐의 선구자 샘 로이드Sam Loyd, 1841~1911의 〈지구를 떠나라 : Get off the Earth〉이다. 사실 이 작품은 '사라지는 퍼즐(Vanishing Puzzle)'의 일종으로 패러독스라고 하기보다는 착시에 가깝다. 샘 로이드는 이 작품으로 1896년에 특허를 받았고, 이 퍼즐은 무려 천 만점 이상 판매될 정도로 선풍적인 인기를 끌었다.

위의 왼쪽 그림에서 북동쪽을 향하는 화살표가 가리키는 사람부터 시계방향으로 세어보면 모두 13명이 있다. 그런데 화살표를 북서쪽으로 돌린 뒤에 세어보면 12명이다(오른쪽 그림). 한 명이 감쪽같이 지구를 떠난 것이다.

사람이 사라진 수수께끼를 푸는 열쇠는 그림판이 회전가능한 구조로 되어 있다는 점에 있다. 한 명이 사라지거나 나타나는 것처럼 보이지만, 실제로는 그림의 일부가 미세하게 재배열되면서 사라진 사람의 신체 일부가 다른 이에게 흡수되거나 겹쳐진 것이다. 이로써 전체 인원수가 줄어든 것처럼 착시가 일어나는 것이다. 여기에는 정보의 왜곡과 공간의 재분배를 통해 시각적으로 사람이 사라진 것처럼 보이게 하는 '기하학적 재배열(Geometric Dissection Illusion)'의 원리가 담겨 있다.

이처럼 샘 로이드의 '사라지는 퍼즐'은 단순한 시각적 속임수를 뛰어넘는다. 우리 눈에 보이는 것이 항상 진실한 지에 대한 철학적 질문을 던짐으로서 수학적 사고의 틀을 확장시킨다. 우리의 뇌는 지구를 둘러싼 사람들의 얼굴, 팔, 다리 등 특징적인 요소를 기준으로 인물수를 빠르게 계산한다. 그런데 사람들의 자세와 위치가 미묘하게 바뀌면, 뇌는 이를 다른 사람으로 인식하지 못하거나 하나로 통합해버린다. 뇌가 시각 정보를 빠르게 해석하려는 경향으로 인해 실제보다 적은 수의 사람이 있는 것처럼 착시를 일으키는 것이다. 이를 가리켜 '인지적 착시(Cognitive Illusion)'라고 부른다(착시에 대해서는 28쪽 '당신의 시선을 의심하라!'에서 마그리트의 〈인간의 조건〉과 〈유클리드의 산책〉 등을 통해서 좀 더 자세히 다뤘다).

삶과 죽음의 딜레마 게임

패러독스에 이어 딜레마를 살펴볼 차례다. 오른쪽 그림은 영국 출신 화가 다니엘 맥라이즈Daniel Maclise, 1806~1870의 〈연극 '햄릿'의 한 장면〉이다. 맥라이즈는 역사나 문학의 중요한 순간을 회화로 묘사하는 데 탁월했다. 그림은 햄릿의 아버지가 유령의 모습으로 나타나 자신을 독살한 자가 바로 자신의 형제이자 햄릿의 삼촌이라며 억울함을 호소하는 장면이다. 아버지는 아들에게 자신을 대신해 복수해달라고 하면서도 마음까지 더럽히진 말라는 이율배반적인 요구를 한다.

맥라이즈, 〈연극 '햄릿'의 한 장면〉, 1842년, 캔버스에 유채, 152×274cm, 런던 내셔널 갤러리

"네 아비를 진정 사랑한 적이 있다면 이 흉악무도한 살인의 원수를 갚아다오. (중략) 하지만 어떤 식으로 이번 일을 추진하든 네 마음을 더럽히거나, 네 어미에 대한 계책을 꾸미지는 말아라."

꿈에서 아버지의 유령을 만나고 나서 햄릿은 분노와 복수 사이에서 갈등하며 다음과 같은 유명한 대사를 한다.

"사느냐 죽느냐, 그것이 문제로다."

누구나 알고 있는 이 대사에서 선택의 기로에 선 햄릿의 깊은 고뇌를 느낄 수 있다. 햄릿처럼 삶과 죽음의 사이에 놓일 만큼 극단적이진 않더라도 우리는 현실에서 매 순간 수많은 선택의 상황에 놓이게 된다. 이때 우리는 자신뿐만 아니라 다른 사람의 행동까지 고려해서 결정을 내려야 하는 '전략적' 상황에 처할 경우가 적지 않다. 사회구성원의 전략적 의사결정을 '게임'이라는 관점에서 수학적으로 설명한 원리가 바로 '게임이론(Game Theory)'이다. 게임이론은 게임의 결과가 자신의 선택과 기회뿐 아니라 함께 게임에 참여

하는 다른 사람의 선택에 의해서도 결정되는 경쟁 상황을 분석하는 데 이용된다. 대체로 게임의 결과는 해당 게임에 참여한 이들의 선택에 달려 있기 때문에 각각의 참여자는 자신에게 유리한 선택을 하기 위해 다른 참여자가 선택할 수 있는 경우를 예측하려고 한다. 이처럼 상호의존적인 전략적 계산을 어떻게 하면 합리적으로 할 수 있는지가 게임이론의 핵심이다.

게임이론이라는 말은 수학자 존 폰 노이만 John von Neumann, 1903~1957과 경제학자 오스카 모르겐슈테른 Oskar Morgenstern, 1902~1977이 1944년 〈게임이론과 경제행동 : Theory of Games and Economic Behavior〉이란 논문을 발표하면서 세상에 알렸다. 게임이론은 경제학에서 활용되는 응용수학의 한 분야로 발전했으며, 정치학과 군사학, 생물학과 컴퓨터공학에 이르기까지 다양한 학문에서 활용되고 있다.

게임이론에서 자주 회자되는 것으로 '제로섬 게임(Zero Sum Game)'과 '치킨 게임(Chicken Game)', '죄수의 딜레마(Prisoner's Dilemma)'가 있다. 제로섬 게임은 두 사람이 경쟁하는 게임에서, 한 사람이 게임에 이겨서 하나를 얻으면 다른 한 사람은 필연적으로 하나를 잃는 경우를 가리킨다. 얻는 것과 잃는 것을 합치면(Sum) 0(Zero)이 되는 원리다. 주식시장에서 짧은 시간에 누군가 싸게 사고 비싸게 팔아 이득을 보면, 또 다른 누군가는 손해를 보는 이른바 '단타매매'가 대표적인 제로섬 게임으로 꼽힌다.

치킨 게임은 어떤 사안을 두고 대립하는 두 집단이 있을 때, 그 사안을 포기하면 상대방에 견줘 손해를 보지만 양쪽 모두 포기하지 않을 경우 가장 나쁜 결과가 초래되는 상황을 가리킨다. 가령 어떤 기업 두 곳이 가격을 계속해서 낮추며 고객을 유치하려고 경쟁할 때, 어느 한쪽이 먼저 포기하지 않으면 둘 다 손실이 커지면서 파산에 이를 수 있다. 예컨대 경쟁관계에 있는

라면업체 2곳이 시장점유율을 높이려고 할인판매 경쟁에 돌입하는 경우 끝내 어느 한쪽도 할인판매를 중단하지 않으면, 결국 양사 모두 큰 손실을 감수해야 한다. 치킨 게임에서 치킨은 닭튀김이 아니라 '겁쟁이'를 뜻하는 속어로, 1950년대 미국 청년들 사이에서 유행하던 자동차 게임에서 유래한다. 두 대의 차가 서로를 향해 전속력으로 돌진하다가 먼저 핸들을 꺾는 사람을 '치킨(=겁쟁이)'이라 조롱하는 위험천만한 놀이(?)다.

죄수의 딜레마는 2명이 참가하는 非제로섬 게임의 일종이다. 공범 혐의로 잡힌 두 사람이 서로 격리되어 취조를 받는데 한쪽이 다른 한쪽의 범죄를 자백하면 그 사람은 형이 경감되고, 자백하지 않은 사람은 가중처벌을 받게 되는 상황에 있다고 하자. 이 상황에서 둘 다 자백하지 않으면 범죄 혐의가 입증되지 않아 석방될 수 있는데, 이기적 특성을 갖는 개인이 자신의 이익만을 추구한 결과 2명 모두 자백함으로써 중형을 받게 되는 상황을 가리킨다.

공범관계에 있는 죄수는 감옥문의 창살에 옥죄는 공포 앞에서 묵비권과 자백 사이에서 깊은 번뇌에 빠지게 된다. 바로 죄수의 딜레마다. 그림은 에곤 쉴레(Egon Schiele, 1890~1918)가 그린 〈열린 공간으로 향한 감옥문〉, 1912년, 종이에 채색, 48×32cm, 비엔나 알베르티나 미술관

만일 햄릿이 죄수의 딜레마 원리를 알았다면

세 가지 게임이론 중에서 죄수의 딜레마에 담긴 수학적 원리를 살펴보자.

강도사건을 예로 들어보자. 경찰은 공범관계에 있는 용의자 A와 B를 체포하지만, 강도가 아닌 징역 1년 형만큼의 혐의만 밝혀냈을 뿐이다. 강도사건의 진상을 밝히기 위해 경찰은 이들을 각각 다른 방에 가두고 심문한다. 이 사건에 대해 두 사람 모두 침묵을 지키면 둘 다 경미한 죄를 저지른 혐의로 1년 형을 선고받지만, 범죄 사실을 자백하는 경우 5년 형을 선고받는다. 여기서 용의자 한쪽이 자백했는데 다른 한쪽은 사실을 숨기고 말하지 않으면, 자백한 쪽은 불기소로 석방되지만 숨긴 쪽은 10년 형을 받게 된다. 두 용의자는 묵비권을 행사할 것인지 자백할 것인지를 선택해야만 한다.

감옥에 갇혀 있는 기간으로 이득표를 만들고 두 용의자의 전략을 비교해 보자. 앞의 숫자가 용의자 A가 얻는 이득이고, 뒤의 숫자는 B가 얻는 이득이다. 이때 형기는 마이너스로 표시한다.

		B	
		묵비권 행사	자백
A	묵비권 행사	-1, -1	-10, 0
	자백	0, -10	-5, -5

2명 모두 자백하는 것은 둘 다 합리적으로 냉정하게 생각한 끝에 내리는 결론이다. 그러나 그렇게 되면 A와 B 모두 5년 형을 받는다. 이때 "만약 둘 다 묵비권을 행사하면 1년으로 끝날 텐데……"라는 딜레마에 빠지게 된다.

우선 A의 입장에서 생각해 보자. A가 세운 전략에는 '묵비권 행사'와 '자백'이 있다. B가 묵비권을 행사할 경우 A가 침묵하면 이득은 -1이고 자백하면 0이다. B가 자백한다면 A가 묵비권 행사로 얻는 이득은 -10이고 자백하면 -5이다. A의 묵비권 전략과 자백 전략의 이득을 비교하면, B가 어떤 전략을 취하든 자백하는 쪽이 이득이 크다. 이 경우 자백이 묵비권의 지배 전략이 되기 때문에 A는 자백 전략을 취하는 것이 합리적이다. 그렇다면 B는 어떻게 생각할까? B 또한 마찬가지일 것이다. 그래서 둘 다 자백한 결과 A와 B는 징역 1년이 아닌 5년 형을 받게 된다.

죄수의 딜레마는 미국의 수학자 존 내시 John Nash, 1928-2015가 발표해서 그의 이름을 붙여 '내시 균형(Nash Equilibrium)'이라 부른다. 상대의 대응에 따라 최선의 선택을 하면 균형이 형성되어 각자가 한 선택을 바꾸지 않게 된다. 상대의 전략이 바뀌지 않으면 자신의 전략 또한 바꿀 필요가 없다. 결국 적절한 균형 상태가 이뤄지는데, 이것이 내시 균형이다. 내시 균형은 오늘날 정치적 협상이나 경제 분야에서 전략적으로 널리 활용된다.

전략적 조합이 서로에게 최적인 상태인 내시 균형은 다음과 같이 구한다.

① B의 전략을 고정하여 그 전략에 대해 A의 이득이 최대가 되는 전략을 구한다. 이것이 A의 최적 반응이다.

② ①에서 구한 A의 전략에 대해 최적 반응이 되는 B의 전략을 구한다.

③ ①과 ②의 전략적 조합이 내시 균형이 된다.

이 방법으로 앞에서 예를 든 A와 B의 경우를 살펴보자.

먼저 B가 묵비권 전략을 선택했다고 가정해보자. 이때 A의 이득은 묵비권을 행사한다면 -1, 자백한다면 0이다. 따라서 A의 최적 반응은 자백이 된다. 이어서 A의 자백 전략에 대한 B의 최적 반응을 구해보자. B가 묵비권을 행사한다면 B의 이득은 -10, 자백하면 -5가 된다. 따라서 이때 B의 최적 반응은 자백 전략을 취하는 것이다. 이와 같이 [자백, 묵비권] 전략적 조합은 내시 균형이 아니다.

한편 B가 자백 전략을 취했을 때 A의 최적 반응을 구해보자. A가 묵비권 전략을 취하면 A의 이득은 -10, 자백 전략을 취하면 -5가 된다. 따라서 A의 최적 반응은 자백 전략이다. A가 자백 전략을 택했을 때 B의 최적 반응을 구하면 역시 자백 전략이 되는 것을 알 수 있다. [자백, 자백]으로 서로 최적 반응일 때, 이것이 내시 균형이다.

좀 더 현실적인 사례를 들어 내시 균형을 살펴보자.

H사의 인기 차는 소나타이고, K사의 인기 차는 K5라 하자. H사의 한 판매점 조사에 따르면 소나타와 K5 모두 판매가가 3,000만 원일 때 주말에 팔리는 대수는 각각 15대다. 그러나 경쟁사인 K사의 K5가 3,000만 원일 때 소나타의 가격을 2,800만 원으로 인하하면, K5가 3대 소나타가 30대 팔린다고 한다. 반대로 소나타가 3,000만 원일 때 K5가 2,800만 원이면, 소나타가 3대 K5가 30대 팔린다고 한다. 둘 다 2,800만 원으로 하면 각각 10대가 팔린다고 한다. 제조하는 데 드는 비용은 둘 다 2,500만 원이라고 할 때, 소나타를 판매하는 딜러 H는 주말에 두 가지 가격 중 어느 쪽을 선택해서 판매해야 할까?

두 회사의 순이익을 판매 대수에 곱한 경우의 이득표를 만들면 다음과 같다.

		딜러 K	
		3,000만 원 전략	2,800만 원 전략
딜러 H	3,000만 원 전략	7,500만 원, 7,500만 원	1,500만 원, 9,000만 원
	2,800만 원 전략	9,000만 원, 1,500만 원	3,000만 원, 3,000만 원

이 또한 죄수의 딜레마와 같다. 2,800만 원 전략이 가장 합리적인 전략이다. 물론 두 회사가 협조하여 가격을 인하하지 않고 3,000만 원으로 판매하는 쪽이 가장 이득이 높다는 것을 이득표에서도 알 수 있다. 그러나 상대가 어떻게 나올지 모를 경우, 손해를 보지 않으려면 지배 전략을 취해야 한다. 따

라서 두 회사 모두 2,800만 원으로 가격을 인하하게 된다.
[H사, K사]가 [2,800만 원, 2,800만 원]과 [3,000만 원, 3,000만 원]으로 판매하는 경우 이득은 각각 [3,000만 원, 3,000만 원]과 [7,500만 원, 7,500만 원]이 되므로, 두 회사 모두 3,000만 원의 가격 전략을 취하면 최선의 결과를 얻을 수 있다. 그래서 두 회사는 자동차의 가격을 3,000만 원으로 하자고 몰래 담합을 할 수도 있다.

햄릿의 경우로 돌아가 보자. 햄릿은 죽을 것인지 살 것인지 결정해야 하고, 복수를 할 것인지 하지 않을 것인지도 결정해야 한다. 죽음을 선택할 경우를 -1, 삶을 택할 경우를 +1, 햄릿 입장에서 복수를 하지 않는 경우를 -1, 복수를 하는 경우를 +1이라 했을 때, 햄릿이 어떤 결정을 내리는 것이 가장 좋은지를 앞에서와 비슷한 이득표로 나타내면 다음과 같다.

		복수	
		하지 않음	함
생명	죽음	-1, -1	-1, +1
	삶	+1, -1	+1, +1

햄릿 입장에서 가장 좋지 않은 결정은 죽음을 택하며 복수를 하지 않는 경우로 -2의 이득이 있다. '죽음을 택하고 복수를 하는 경우'와 '삶을 택하고 복수를 하지 않는 경우'는 이득이 0이다. 햄릿의 입장에서 가장 좋은 선택은 '삶을 택하며 복수를 하는 경우'로 +2의 이득이 있다. 하지만 희곡에서 햄릿은 복수를 하고 죽음을 택하므로, 가장 좋은 선택을 했다고 할 수 없다. 만약 햄릿이 죄수의 딜레마를 알고 이해관계를 따져 본인에게 유리한 방향으로 실행에 옮겼다면 셰익스피어 William Shakespeare, 1564~1616는 플롯을 바꿔야만 했을 지도 모르겠다.

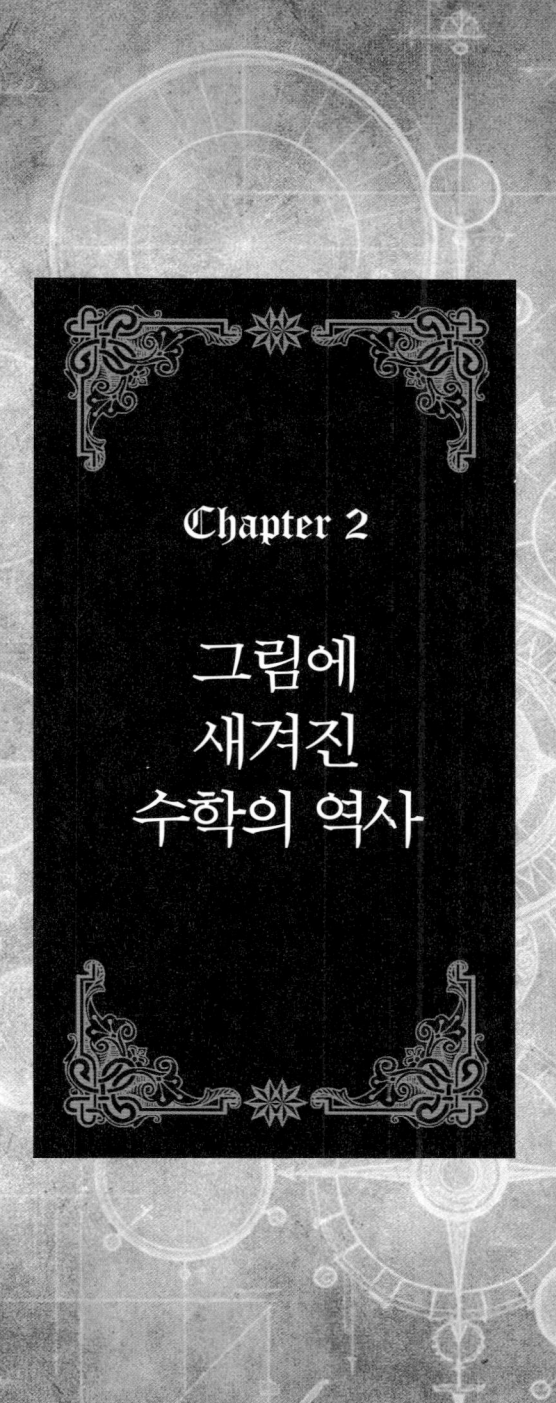

Chapter 2

그림에 새겨진 수학의 역사

한 점의 그림으로 고대 수학자들과 조우하다

아테네학당의 수학자들

프랑스어로 '부활' '재생'을 뜻하는 르네상스(renaissance)는 14세기에 시작된 문예부흥 운동을 총칭한다. 아울러 유럽의 암흑기로 일컬어지는 중세의 끝을 알리는 유럽문명의 한 시기를 뜻하기도 한다. 이 시기에 유럽에서는 신대륙의 발견과 탐험이 이루어지는 대항해가 시작되었고, 지동설이 천동설의 자리를 대신했으며, 봉건제도가 몰락하면서 상업이 번성했다. 또 중국으로부터 종이제조법, 인쇄술, 항해술, 화약과 같은 혁신적인 신기술이 도입되었다.

르네상스를 이끈 이탈리아는 지중해를 벗어나 동양을 포함하여 세계 여러 나라와 활발한 교역으로 많은 돈을 확보하게 되었고, 막대한 자금을 바탕으로 유럽의 문화적 쇠퇴와 정체를 끝내고 인간 중심의 고전학문과 지식을 '부활'시켰다.

르네상스는 예술, 문학, 철학, 자연과학 등 다방면에 걸쳐 전개되었는데, 그

라파엘로, 〈아테네학당〉, 1510~1511년, 프레스코, 500×770cm, 바티칸 박물관

중에서도 특히 가장 만개한 분야는 미술이었다. 그 당시 사람들에게 미술은 인간 본성에 대한 통찰뿐만 아니라 신과 그 피조물의 형상을 표현하는 하나의 학문영역이었다. 예술가들은 눈으로 볼 수 있는 세계의 관찰에 바탕을 두고, 자신들의 작품에 당시에 발달하기 시작한 균형과 조화, 원근법 등의 수학 원리를 적용하기 시작했다.

이탈리아 사람들은 르네상스가 한창이던 15세기를 '400년대'라는 뜻의 '콰트로첸토(Quattrocento)'라고 부른다. 콰트로첸토는 숫자 '400'을 뜻하는 이탈리아어로, '4'를 뜻하는 '콰트로(Quattro)'와 '100'을 뜻하는 '첸토(cento)'를 합성한 말이다. 콰트로첸토는 일반적으로 서양미술사의 시대 구분에서 1400년대, 즉 15세기 이탈리아의 문예 부흥기를 지칭하는 고유명사가 되었는데, 그렇게 되기까지는 이름만 들어도 고개가 끄덕거리는 르네상스의 거장들이 한몫했다. 레오나르도 다빈치 Leonardo da Vinci, 1452~1519, 미켈란젤로 Michelangelo di Lodovico Buonarroti Simoni, 1471~1564, 라파엘로 Raffaello Sanzio, 1483~1520, 티치아노 Tiziano Vecellio, 1488~1576, 조르조네 Giorgione, 1477~미상 등이 그 주인공으로, 콰트로첸토를 '거장의 시대'로 바꿔 불러도 지나치지 않을 정도로 이들의 역할은 위대했다.

그를 생각하면 입체도형이 떠오른다

이탈리아 르네상스의 거장들은 다양한 소재와 주제로 창작 활동을 했는데, 필자에게 더 없이 인상적인 점은 수학과 관련된 작품이 많았다는 사실이다. 수학과 관련된 작품들을 모두 소개하려면 책 한 권 분량으로도 모자랄 정도이니 필자에게는 르네상스라는 말만 들어도 가슴이 벅차올 따름이다.

르네상스의 걸작 중 수학과 관련 깊은 작품 단 하나만 꼽으라면 필자는 주저하지 않고 라파엘로의 대작 〈아테네학당〉을 떠올린다. 이유는 간단하다. 하나의 작품 속에서 수학을 발전시켰던 여러 선인들과 조우할 수 있기 때문이다.

〈아테네학당〉은 라파엘로가 바티칸 궁에 있는 네 개의 방의 천장과 벽에 그렸던 그림들 중 하나로, 가로 길이가 무려 7.7m에 이르는 대작이다. 이 그림은 플라톤Plato, BC427~BC347과 아리스토텔레스Aristoteles, BC384~BC322는 물론 소크라테스Socrates,

플라톤과 아리스토텔레스

BC470~BC399의 모습까지 담고 있어 (지금 전시되어 있는) 바티칸 박물관을 방문하는 수많은 관람자들에게 매우 인기가 높다. 하지만, 〈아테네학당〉에서 '수학'을 포착해내는 이들은 많지 않다. 지금부터 필자는 〈아테네학당〉 앞에서 수학 전문 도슨트가 되어 볼까 한다.

〈아테네학당〉의 한가운데에 두 사람이 서 있다. 왼쪽에 있는 사람은 손으로 하늘을 가리키고 있는 이상주의자 플라톤이고, 손을 아래로 향한 오른쪽 사람은 현실주의자였던 아리스토텔레스다.

플라톤은 손에 『티마이오스』를, 아리스토텔레스는 『윤리학』을 들고 있는데, 이 책들은 각각 그들의 중심 사상이 담겨 있는 중요한 저서다. 특히 라파엘로는 플라톤의 얼굴은 자기가 존경했던 레오나르도 다빈치를, 아리스토텔레스의 얼굴은 나이 든 미켈란젤로를 모델로 해서 그렸다.

『티마이오스』는 플라톤이 기원전 360년경에 쓴 책으로, 소크라테스와 대화 상대자들인 티마이오스Timaios, 생몰연도 미상, 크리티아스Kritias, BC460~BC403, 헤르모크라테스Hermokrates, BC450~BC408 그리고 익명의 한 사람이 우주와 인간, 영혼과 육체 등에 대해 토론하는 형식으로 집필됐다. 플라톤은 이 책에서 과학과 수학적 주제에 대해 말하고 있다. 특히 그는 당시 물질의 궁극적 원소로 간주되었던 물·불·흙·공기인 이른바 4원소의 수학적 구조에 대해 설명했다. 플라톤은 불에는 정사면체, 공기에는 정팔면체, 물에는 정이십면체가 해당되고, 흙에는 정육면체가 해당된다고 주장했다. 또 이들을 포함하는 우주는 정십이면체에 해당된다고 했다.

고대인들은 우주가 물·불·흙·공기의 네 가지 기본 원소로 이루어져 있다고 여겼다. 이 네 가지를 물질의 기본 원소라고 여기는 4원소설을 최초로 주장한 사람은 엠페도클레스Empedocles, BC493~BC433다. 고대인들은 지구는 움직이지 않고 태양이나 달 그리고 별들이 움직인다는 천동설을 믿었기 때문에, 모든 우주 현상은 지구를 중심으로 해석되었다. 그래서 당연히 이들 네 원소 역시 지구를 중심으로 무거운 것부터 차례로 쌓여 있다고 생각했다. 이들 중 가장 무거운 흙이 맨 아래에 있고, 흙 위에 바다와 강 등의 물이 있으며, 물 위에 공기가, 다시 공기 위에 태양으로 상징되는 불이 있다고 생각했다. 그런데 여기에 신의 존재를 개입시키면서 불보다 더 높은 하늘 위에 신의 세계가 존재하고 이를 표현하는 다섯 번째 원소를 생각하게 되었는데, 이 다섯 번째 원소를 정십이면체로 연결시켰다.

플라톤은 네 가지 기본 원소의 입자는 모두 정다면체 꼴을 가지고 있다고 생각했다. 가장 가볍고 날카로운 원소인 불은 정사면체, 가장 무거운 원소인 흙은 정육면체, 가장 유동적인 원소라고 생각한 물은 가장 잘 구르는 정이십면체, 마지막으로 정팔면체는 뾰족한 두 모서리를 손가락으로 잡고 입으로 바람을 불면 바람개비처럼 돌아가기 때문에 공기라고 생각했다. 그리고 플라톤은 정십이면체가 우주 전체의 형태를 나타낸다고 주장하면서, 이런 말을 남겼다.

"신은 이것을 전 우주를 위하여 쓰셨다."

이러한 이유로 정다면체들을 '플라톤의 입체도형'이라고 부른다.

고대 그리스시대부터 정다각형과 정다면체를 작도하는 것은 흥미로운 일이었다. 그 당시는 정다각형과 정다면체를 눈금 없는 자와 컴퍼스만으로 작도할 수 있을지에 대해서 관심이 컸지만, 지금은 컴퓨터를 이용하여 아주 쉽게 작도할 수 있다.

하지만, 우리가 알고 있는 모든 방법을 동원하여 그릴 수 있는 정다면체에는 정사면체, 정육면체, 정팔면체, 정십이면체, 정이십면체 다섯 종류밖에 없다. 이 가운데 정사면체, 정육면체, 정팔면체는 이미 고대 이집트인들도 알고 있었지만, 수학적으로 이것을 연구하기 시작한 것은 고대 그리스인들이었다. 정사면체, 정육면체, 정팔면체는 피타고라스[Pythagoras, BC580~BC500]와 그의 제자들에 의하여, 그리고 정십이면체와 정이십면체는 테아이테토스[Theaitetos, 생몰연도 미상]에 의하여 이론적으로 밝혀졌다.

정다면체를 면의 모양에 따라 분류하면 다음과 같다.

❶ 면이 정삼각형인 경우

 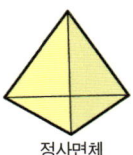 

정사면체 정팔면체 정이십면체

❷ 면이 정사각형인 경우

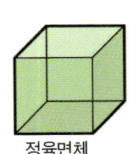

정육면체

❸ 면이 정오각형인 경우

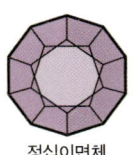

정십이면체

다면체의 한 꼭짓점에 모이는 각의 크기의 합이 360°이면 평면이 되므로 360°보다 작아야 한다. 각 면이 정삼각형인 정다면체는 한 꼭짓점에 모인 면이 세 개인 정사면체, 네 개인 정팔면체, 다섯 개인 정이십면체뿐이다.

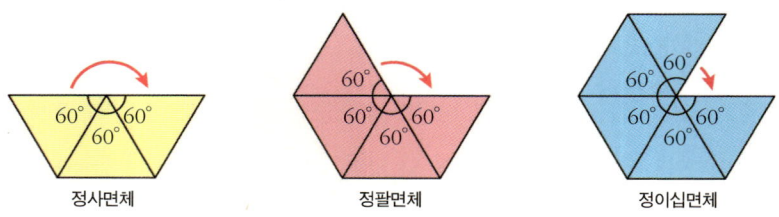

또 각 면이 정사각형인 정다면체는 한 꼭짓점에 모인 면이 세 개인 정육면체뿐이고, 각 면이 정오각형인 정다면체는 한 꼭짓점에 모인 면이 세 개인 정십이면체뿐이다.

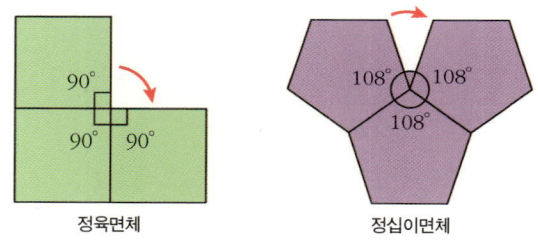

인류 최초의 여성 수학자를 만나다

〈아테네학당〉의 왼쪽 아래에 한 팔을 괴고 홀로 앉아 있는 사람은 철학자 헤라클레이토스Heraclitus of Ephesus, BC540~BC480로, 라파엘로는 자신이 존경한 젊은 미켈란젤로를 모델로 그렸다. 서판을 들고 서 있는 사람은 기원전 5세기 철학자인 파르메니데스Parmenides, BC515~BC445다. 그리고 그 옆에 흰 옷을 입고 서 있는 사람은 인류 최초의 여성 수학자 히파티아Hypatia, 생몰연도 미상다. 그녀는 수학·의학·철학 분야에서 이름을 떨쳤으며, 그리스의 수학자 디오판토스Diophantos, 246~330의 『산학』, 아폴로니우스Apollonius, 생몰연도 미상의 『원추곡선론』에 대한 주석집을 쓴 것으로 기록돼 있다.

히파티아, 파르메니데스, 헤라클레이토스

400년경 이집트의 알렉산드리아에 살던 히파티아는 높은 학식뿐만 아니라 아름다운 외모로 학문의 여신인 '뮤즈' 또는 '뮤즈의 딸'이라고 불렸다. 알렉산드리아에 새로 부임한 키릴 대주교는 당시 무제이온(mouseion: 박물관을 뜻하는 'museum'의 기원)에서 강의와 연구를 하던 히파티아를 본 순간 사랑에 빠졌고, 마침내 그녀에게 청혼했다. 하지만 히파티아는 대주교의 청혼을 거절했다. 그러자 질투심에 가득 찬 대주교는 폭도를 동원하여 그녀를 살해했다. 히파티아는 폭도가 던진 돌에 맞아 쓰러졌고, 머리채를 마차에 묶인 채 이리저리 끌려 다니다가 처참하게 죽임을 당했다. 과학사를 연구하는 학자들은 그녀가 당시 키릴 대주교와 정치적으로 대립하고 있던 오레스테스하고 가깝게 지냈던 것이 그녀의 운명을 재촉했다고 보고 있다. 그리고 이 사건을 계기로 히파티아의 모든 저작이 소실됨으로써 그녀의 생애 대부분이 미스터리로 남게 되었다. 히파티아가 죽은 뒤 알렉산드리아는 학문의 중심지로서의 위상을 점차 상실해갔다. 알렉산드리아의 쇠퇴는 고대 과학의 전반적인 쇠퇴로 이어졌다.

제논의 역설을 뒤집은 순환소수

히파티아 주변을 다시 살펴보자. 그녀의 왼쪽에서 책을 펴 들고 무언가 열심히 쓰고 있는 사람이 보인다. 그가 바로 피타고라스다. 그리고 등 뒤에서 피타고라스가 쓰고 있는 것을 엿보면서 적고 있는 사람은 탈레스Thales, BC624~BC545의 제자로 알려진 밀레토스 학파의 아낙시만드로스Anaximandros, BC610~BC546다. 피타고라스의 뒤쪽 기둥에서 무엇인가를 적고 있는 사람은 데모크리토스Democritos, BC460~BC370이고, 녹색 모자를 쓰고 아기를 안고 있는 노인은 제논Zēnōn, BC490~BC430이다. 데모크리토스는 디오판토스와 함께 나이를 맞히는 방정식 문제로 유명하다.

여러 가지 역설로 잘 알려진 제논은 피타고라스학파의 주장을 반박하기 위하여 다양한 역설을 만들어냈는데, 그중에서 가장 유명한 것은 '아킬레스와 거북이의 경주'이다. '아킬레스와 거북이의 경주'는 달리기를 무척 잘하는 아킬레스와 거북이를 경주시킬 때, 거북이를 일정 거리 앞에서 출발시키면 아킬레스는 절대 거북이를 따라잡을 수 없다는 역설이다. 아킬레스가 거북이의 처음 출발점에 도착했다면, 거북이는 그사이에 느린 속도지만 앞으로 나아갔으므로 아직도 아킬레스보다 앞에 있다. 다시 아킬레스가 거북이가 있었던 그다음 위치까지 가는 동안 거북이는 계

제논, 데모크리토스, 아낙시만드로스, 피타고라스

속해서 움직이므로 아킬레스보다 앞서 있다. 이런 식으로 계속하면 아무리 발이 빠른 아킬레스라고 해도 결코 느림보 거북이를 따라잡을 수 없다는 것이다.

제논의 역설로 유명한 '아킬레스와 거북이의 경주'

제논의 역설 중 하나인 '아킬레스와 거북이의 경주'는 유감스럽게도 오늘날 중학교 수학 과정에 등장하는 순환소수로 사실이 아님이 증명됐다.

편의상 아킬레스가 거북이 속력의 10배 빠르기로 달린다고 가정하자. 처음 거북이가 있던 곳에 아킬레스가 도달하는 데 1분이 걸렸다고 하자. 그러면 그다음에 아킬레스가 거북이가 있던 곳에 도달하는 데에는 $\frac{1}{10}$분, 그다음에는 $\frac{1}{100}$분, 그다음에는 $\frac{1}{1000}$분이 걸리므로 이 과정을 한없이 반복하는 데 소요되는 시간의 합계는 다음과 같다.

$$1+\frac{1}{10}+\frac{1}{100}+\frac{1}{1000}+\frac{1}{10000}+\cdots (분)$$

여기서

$$\frac{1}{10}=0.1, \ \frac{1}{100}=0.01, \ \frac{1}{1000}=0.001, \ \frac{1}{10000}=0.0001\cdots$$

이므로 다음이 성립한다.

$$1+\frac{1}{10}+\frac{1}{100}+\frac{1}{1000}+\frac{1}{10000}+\cdots =1+0.1+0.01+0.001+0.0001+\cdots$$
$$=1.1111\cdots$$

그런데 1.1111…는 소수점 아래에 숫자 1이 무한히 반복되는 순환소수이므로 중학교에서 배운 표기법을 이용하면 1.1111…=1.$\dot{1}$와 같이 나타낼 수 있다. 그리고 이 순환소수를 분수로 바꾸면 1.$\dot{1}$=$\frac{10}{9}$이다. 즉, 아킬레스는 $\frac{10}{9}$분만에 거북이와 같은 지점에 있게 되고, 그 다음에 바로 추월할 수 있게 된다. 아무튼 이와 같은 제논의 역설은 훗날 미분과 적분을 탄생시키는 기초가 되었다.

소크라테스가 죽을 수 밖에 없는 이유

자, 다시 그림 속으로 들어가 보자. 이제 소크라테스가 나올 차례다. 그림의 왼쪽 구석에 상체를 벗고 있는 사람은 시인 디아고라스$^{Diagoras, 생몰연도 미상}$, 그 뒤에 머리만 살짝 보이는 사람은 소피스트이자 웅변가였던 고르기아스$^{Gorgias, BC483~BC376}$, 그 옆에 있는 사람은 플라톤의 사촌으로 소크라테스의 제자였던 크리티아스다. 앞쪽에서 그들을 향해 손짓하는 사람은 소크라테스의 열성적인 제자로, 스승이 독배를 마실 때도 함께 있었던 아이스키네스$^{Aischines, BC390~BC314}$다. 그 앞에 투구를 쓴 사람은 마찬가지로 소크라테스의 제자이자 군인이며 정치가인 알키비아데스$^{Alkibiades, BC450~BC404}$이고, 모자를 쓰고 무언가를 열심히 듣고 있는 사람 역시 소크라테스의 제자이자 역사 저술가인 크세노폰$^{Xenophōn, BC430~BC355}$이다. 그리고 이들 앞에서 열심히 강의하고 있는 인물이 바로 소크라테스다. 한편, 소크라테스 옆에 녹색 옷을 입고 강의를 듣는 둥 마는 둥 하고 있는 사람은 마케도니아의 왕인 알렉산드로스$^{Alexandros the Great, BC356~BC323}$다.

소크라테스와 그 제자들

"모든 사람은 죽는다 / 소크라테스는 사람이다 / 그러므로 소크라테스도 죽는다."

소크라테스가 수학자인 필자에게 유독 특별하게 다가왔던 까닭은 바로 위 문장 때문이다. 이는 연역법을 설명할 때 공식처럼 등장하는 것이기도 한데, 문장에 소크라테스가 나오는 이유는 연역법이 그의 주장에서 비롯했기 때문이다.

연역법을 설명할 때 단짝처럼 등장하는 것이 귀납법이다. 이 둘은 모두 논리적으로 이미 알고 있는 사항에서 미지의 사항이 올바르다는 것을 이끌어내기 위한 추론 방법이다. 하지만 연역법과 귀납법의 접근 방법은 정반대이다. 먼저 연역법은 전체에 성립하는 이론(가정)을 부분에 적용하는 것이다. 눈앞에 아름다운 벚꽃이 흐드러지게 피어 있는 모습을 보고 "모든 벚꽃은 시든다. 그러므로 이 벚꽃도 언젠가는 시들 것이다"라고 추론하는 것이 연역법이다. 반면 귀납법은 부분에 적용되는 것을 가지고와서 전체에 통하는 이론을 이끌어내는 것이다. 벚꽃을 다시 예로 들면, "작년에도 재작년에도 그 전년에도 벚꽃은 시들었다. 그러므로 벚꽃은 반드시 시든다"와 같이 추론하는 것이다.

수학에서 비롯된 '학문의 왕도'

〈아테네학당〉의 오른쪽 아래 한 무리의 사람들 틈에서도 수학자가 관찰된다. 먼저 허리를 숙인 채 컴퍼스로 무언가를 작도하고 있는 사람은 고대 그리스의 수학자인 유클리드Euclid Alexandreiae, BC330~BC275이고, 유클리드 뒤편에 천구의를 든 사람이 인류 최초로 유일신을 주장했고 우리에게 '차라투스트라'로 알려진 조로아스터Zoroaster, BC630~BC553이다. 그 앞에 뒤통수만 보이는 사람은 『수학대계』라는 천문학 책을 쓴 프톨레마이오스Ptolemaeus, 85~165다. 나중에 『수학대계』는 아라비아 사람들에 의해 '위대한 책'이라는 뜻의 『알마게스트』라는 제목으로 번역되었다. 『알마게스트』는 바로 앞에서 소개한 히파티아가 주석을 달아 새롭게 해설서를 펴낸 책이기도 하다.

유클리드가 쓴 『원론』은 모든 수학책의 표준이 되었는데, 오늘날 우리가 중학교와 고등학교 수학시간에 배우는 많은 내용이 지금으로부터 약 2300년 전에 저술된 『원론』에서 비롯한 것들이다. 지구상에서 성경 다음으로 많이 읽힌 책이라는 의미에서 일명 '수학의 성서'라 불리기도 한다.

그 당시 『원론』은 출간되자마자 대단한 화제를 불러일

유클리드, 조로아스터, 프톨레마이오스

으켰다. 심지어 이 책이 출간되기 전에 나온 수학에 관한 책들은 한동안 자취를 감추었을 정도였다. 이로 인해 유클리드 이전의 수학적 업적이 누구의 것인가를 밝히는 작업은 지금까지 계속되고 있다. 그러나 정작 유클리드의 개인 신상에 대해서는 알려진 것이 그리 많지 않다.

유클리드는 기원전 323년 알렉산드로스 대왕이 죽고 이집트를 통치하게 된 프톨레마이오스시대에 살았던 인물로 추정된다. 그러한 추정을 뒷받침하는 것이 유클리드와 프톨레마이오스 1세 소테르$^{Ptolemy\ Soter\ I,\ BC367~BC283}$ 사이에 주고받은 '기하학의 왕도' 이야기다.

두 사람의 대화를 소개하기에 앞서 '왕도'라는 말의 유래부터 살펴보도록 하자. 여기서 왕도(王道)는 말 그대로 왕의 길을 의미하는 데, 중요한 역사적 배경을 담고 있다.

메소포타미아 지방은 기원전 1530년경에 고대 바빌로니아 왕국이 망하게 되자 혼란기에 접어들었다. 혼란기는 당시 아시리아인이 기병과 전차를 동원해 정복전쟁을 일으키는 기원전 900년경까지 이어졌다. 정복자들의 가혹한 지배로 인하여 끊임없이 반란이 이어졌고 결국 기원전 610년경에 왕국이 다시 멸망하면서 네 개의 나라로 쪼개지고 말았다. 그리고 얼마 지나지 않은 기원전 525년에 페르시아가 이 지역을 통일하게 되는데, 이것이 바로 유럽, 아시아, 아프리카에 걸친 '아케메네스 페르시아 제국'이다. 페르시아 제국은 최대 판도였을 당시 세 개 대륙에 걸친 대국이었다. 동쪽으로는 아프가니스탄과 파키스탄의 일부에서부터 이란, 이라크 전체 흑해 연안의 대부분의 지역과 소아시아 전체, 서쪽으로는 발칸 반도의 트라키아, 현재의 팔레스타인 전역과 아라비아 반도, 이집트와 리비아에 이르는 광대한 지역을 모두 차지했다.

페르시아 제국은 정복한 다른 민족에 대하여 풍습과 신앙의 자유를 인정했다. 그리고 수도를 정치 중심지인 '수사', 겨울 궁전인 '바빌론', 여름 궁전인 '에크바타나' 등 세 개의 도시로 정했다. 고대 그리스의 역사가 헤로도토스Herodotos, BC484~BC425는 페르시아의 수도인 수사와 소아시아의 사르데스를 잇는 약 2400km의 길에 관해 언급하면서 상인이 3개월 걸리는 길을 왕의 사자(使者)는 1주일 만에 주파했다고 기록했다. 이 길이 바로 '왕도'이다.

자, 다시 유클리드와 프톨레마이오스 1세 소테르의 대화를 들어보자. 워낙 오래된 사건이라서 출처를 정확하게 밝히는 것은 사실상 불가능하다. 그러

기원전 525년 오리엔트를 통일했던 아케메네스 페르시아 제국의 지도. 정치 중심지인 수사에서 사르데스까지 놓인 길이 바로 '왕도'이다.

나 대부분의 학자들은 유클리드가 당시 이집트의 왕인 프톨레마이오스 1세 소테르에게 다음과 같이 말했다고 여기고 있다.

프톨레마이오스 1세 소테르는 알렉산드리아 대학교로 유클리드를 초빙하여 그에게서 기하학을 배우고 있었는데, 왕은 기하학이 너무 어려워 유클리드에게 물었다.

"기하학을 쉽게 배울 수 있는 방법이 없겠소?"

유클리드는 곰곰이 생각하다가 이렇게 말했다.

"왕이시어. 길에는 왕께서 다니시도록 만들어 놓은 왕도가 있지만 기하학에는 왕도가 없습니다."

유클리드의 말은 후대에 "학문에는 왕도가 없다"는 격언으로 설파되었다. 유클리드의 말을 되씹어 읽어보니, 어쩌면 그는 왕에게 이런 말을 하고 싶었는지도 모르겠다. 권력으로 세상의 모든 것을 얻을 수 있다 하더라도 단 하나 구할 수 없는 게 있다면 그건 바로 '학문'이라고. 아무리 화려하고 거대한 왕궁이라도 결코 아테네학당보다 위대할 수 없는 이유가 여기에 있는가 보다.

보이지 않는 수의 존재를 증명하는 힘

시간과 수의 기원

우주는 언제 탄생했을까? 많은 천문학자들은 우주가 100억~150억 년 전 대폭발인 빅뱅(Big Bang)에 의하여 탄생했다는데 동의한다. 빅뱅은 물리학자 가모브[George Anthony Gamov, 1904~1968]가 제창한 우주진화론에 힘입어 하나의 이론으로 재정립되었다. 우주진화론에 따르면, 높은 밀도 상태에 있던 우주 이전의 거대한 공간이 대폭발을 일으켜 팽창을 시작한 후 현재의 모습에 이르렀다는 것이다. 따라서 우주에 존재하는 원자핵이나 천체는 모두 대폭발이 있던 시기에 만들어진 것이라고 주장했다. 물론 우주의 탄생이 빅뱅에서 비롯했음을 반대하는 사람들도 있었다. 실제로 '빅뱅'이라는 말은 가모브의 주장을 반박했던 프레드 호일[Fred Hoyle, 1915~2001]이라는 학자가 이를 조롱하는 의미에서 처음 사용했다.

2009년 2월 미국 항공우주국(NASA)에서는 우주의 나이를 137억 년, 지구의 나이를 약 45억 년이라고 발표했다. 137억 년이라는 세월은 결국 시간의

카라바조, 〈우라노스를 거세하는 크로노스〉, 17세기, 판화(에칭), 11.4×12.3cm, 개인 소장

범주로 설명되기에, 우주의 탄생은 곧 시간의 탄생을 의미하기도 한다. 즉, 우주의 탄생으로 시간이 시작된 것이다. 시간과 떼려야 뗄 수 없는 것이 바로 공간(space)이라는 사실은 고개를 끄덕이게 한다. 우주는 곧 무한한 공간이기 때문이다.

신들의 '시간'

우주와 시간은 종종 과학을 초월해 존재의 근원을 묻는 차원으로 논의된다. 그런 까닭에 신화 속 이야기의 단골 소재가 되기도 한다. 그리스신화에서도 시간을 만날 수 있다.

시간은 크로노스가 그의 아버지인 하늘의 신 우라노스를 몰아내면서 시작되었다. 창조의 여신이자 땅의 신인 가이아는 하늘의 신 우라노스와 결혼하여 크로노스뿐만 아니라 여러 가지 이유로 괴물 같은 신들을 낳았다. 가이아가 이런 괴물들을 낳는 것이 못마땅했던 우라노스는 자식들을 땅 속 깊은 감옥인 타르탈로스에 가뒀다. 하지만 땅은 가이아이므로 결국 가이아의 몸속에 이 괴물자식들을 가둔 것이고, 이들이 땅속에서 몸부림칠 때마다 가이아가 괴로움에 몸을 웅크리자 돌과 바위로 이루어진 웅장하고 험준한 산맥이 솟아나기 시작했다. 이들의 소동을 더 이상 견딜 수 없었던 가이아는 몸속을 흐르는 무쇠의 맥에서 무쇠 덩어리를 하나 꺼내어 큰 낫을 만들었다. 가이아는 이 낫을 크로노스에게 주며 더 이상 자식을 낳지 않도록 우라노스를 몰아내라고 부탁했다. 크로노스는 아버지인 우라노스의 성기를 그 커다란 낫으로 베어내어 하늘과 땅을 영영 분리했고, 바다에 떨어진 우라노스의 성기로부터 미의 여신 아프로디테가 탄생했다. 이로써 아프로디테는 성적인 아름다움을 대표하는 미의 여신이 되었다.

한편 크로노스가 아버지를 해친 사건은 앞으로 권력의 이동이 폭력을 수반할 것임을 상징하고 있으며, 비록 어머니의 요청을 받기는 했지만 자식이 아버지에게 해를 가했다는 원죄의식이 생기게 되었다. 아버지를 몰아내고 크로노스가 권력을 잡자 비로소 시간이 흐르기 시작했다. 그러자 세상 만물은 시간에 따라 점점 변해갔다. 결국 크로노스도 아들인 제우스에게 권력을 빼앗기고 외딴 섬으로 쫓겨나 그곳에서 시간을 관장하며 지내게 되었다. 제우스는 세상을 다스리기 위하여 프로메테우스로 하여금 인간을 만들게 하였다.

이처럼 그리스신화에서는 시간이 인류가 탄생하기 전인 '신들의 세계'에서부터 존재했음을 이야기 한다. 그렇다면, 인간은 언제부터 시간의 존재를 알게 된 것일까?

시간의 흐름을 감지하기 시작한 인간

인류가 시간의 존재를 지각하기 시작한 것은 현생 인류의 조상으로 알려진 호모사피엔스부터라는 주장이 꽤 설득력 있다. 약 20만 년 전에 등장한 우리의 조상은 원시인류보다 머리가 크고 도구를 사용했으며 불을 피우는 방법을 알고 있었다. 또 동굴에 그림을 그려 서로의 감정을 소통하기도 했다. 무엇보다도 그들에게는 시간의 흐름을 표시하는 방법이 있었다. 뾰족한 도구를 이용해 나뭇가지나 동물의 뼈에 새김 눈을 표시하는 방법으로 수(數)나 시간을 표시한 것이다.

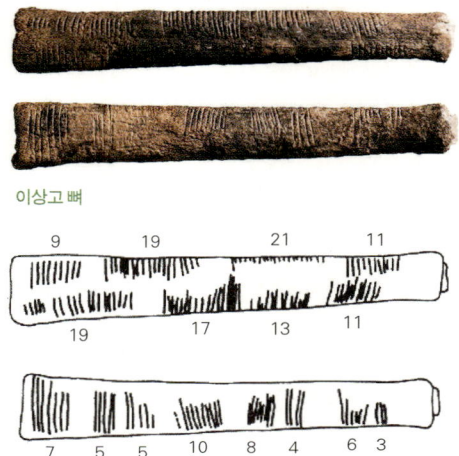

이상고 뼈

새김 눈으로 가장 유명한 유적은 1960년 아프리카 나일 강의 발원지 부근인 콩고의 비궁가 국립공원 이상고(Ishango)에서 발견된 '이상고 뼈'이다. 이상고 뼈는 구석기시대인 기원전 20000~18000년 사이에 제작된 것으로 추정되는데, 계산하기 위한 도구로 사용되었다는 주장과 날짜를 가늠하기 위한 달력으로 사용되었다는 주장이 제기됐다. 이상고 뼈의 그림을 잘 살펴보면 앞뒤에 모두 세 줄의 수가 새겨져 있음을 알 수 있다. 그 밑의 그림은 이 수들을 알아볼 수 있도록 새김 눈을 다시 그린 다음 수로 나타낸 것이다.

이 뼈의 뒷면에 새겨진 수열을 보면 뒤에서부터 3과 6, 4와 8, 10과 5 같이 배수 관계인 수들로 나열되어 있는데, 이를 통해 이상고 뼈가 그 당시 계산도구였다는 주장이 제기됐다. 아울러 그림의 위에 나타난 수열 9, 19, 21, 11과 밑에 나타난 수열 19, 17, 13, 11은 이를 뒷받침하는 근거로 봤다. 먼저 수열 9, 19, 21, 11은 각각 (10-1), (20-1), (20+1), (10+1)이고, 수열 19, 17, 13, 11은 10과 20 사이의 소수이다. 아울러 세 수열의 합은 각각 48, 60, 60으로 모두 12의 배수이므로 이 도구를 제작한 사람이 곱셈과 나눗셈을 이해하고 있었다고 학자들은 추측했다.

이상고 뼈는 긴 시간을 측정하는 달력이라는 의견도 있다. 뼈에 새겨진 새김 눈을 모두 합하면 60+48+60=168이고, 이것은 음력으로 6개월의 일수에 해당하므로 이 뼈가 달력이라는 얘기다.

이밖에도 이상고 뼈가 달의 위상과 여성의 월경 주기를 기록한 것이라고 주장하는 학자도 있다.

최근에는 이상고 뼈와 같이 막대나 뼈에 특별한 수열을 표기한 도구가 세계 도처에서 발견되고 있다. 아프리카 스와질랜드에서 발견된 레봄보(Lebombo) 뼈는 이상고 뼈와 같이 비비의 비골에 새김 눈이 새겨져 있는데, 약 37000년 전에 만들어진 것으로 추측된다.

이상고 뼈는 생활에 필요한 사물이나 시간의 측정 단위를 그림으로 나타낸 것이다. 이와 같이 원시 인류에게 그림은 감상용이 아닌 실용적인 용도로 그려졌다. 고대 인류가 그려 놓은 그림 중에서 가장 유명한 것은 프랑스 남부 라스코 동굴에서 발견된 벽화이다. 라스코 동굴 벽화 가운데는 '말'을 묘사한 그림이 특히 유명하다. 이 그림이 처음 발견되었을 당시 고고학자들은, 빙하시대에 이처럼 생동감 있고 살아 있는 것 같은 동물 그림을 인간이 그렸다는 사실을 믿지 않았다. 하지만 점차 이 지역에서 돌과 뼈로 만든 유물들이 발견되면서, 들소와 순록 같은 짐승들을 사냥하던 사람들이 라스코 벽화를 그렸다는 것이 확인되었다.

라스코 벽화는 당시 주술적인 목적으로 그려진 것이었다. 구석기인들은 동굴 벽면에 짐승을 그려놓고 창을 던지면 실제 짐승이 죽는다고 믿었던 것이다. 사냥에 앞서 이런 주술적인 의식을 통해

라스코 벽화

사냥에 대한 두려움을 없애고 사기충천하여 사냥에 임했던 것이다. 이런 주장은 벽화의 그림에 창을 던졌을 때 생기는 흠집들을 통해 추론한 것이다. 한편, 라스코 벽화에서도 점과 빗금 들이 관찰되는데, 일부 학자들은 구석기인들이 점과 빗금으로 수를 표시했을 것이라고 주장한다.

숫자의 기원

구석기시대의 벽화는 눈으로 관찰한 형상을 세밀하고 정교하게 재현하는 것이 목표였다. 실용적인 측면에서 정밀하고 사실적인 이미지를 추구한 인간의 행위는 시간이 흘러 고대 그리스와 이집트 시대로 접어들면서 철학적 의미를 지닌 상형문자로 바뀌게 되었다.

이집트 미술은 파라오의 절대왕권을 상징할 뿐만 아니라 사후세계에서도 삶이 지속된다는 믿음을 담고 있다. 이집트인들에게 있어서 미술은 시간을 초월해 영속적인 세상으로 이끄는 역할을 했다. 아울러 미적 표현보다는 영원성을 담는 것을 중요하게 여겼다.

이집트 벽화에서 역시 수를 나타내는 다양한 그림들을 볼 수 있다. 그 당시 벽화를 통해 이집트인들이 십진법을 사용했으며, 다음과 같은 기호를 통해 수를 표현했음을 알 수 있다.

이집트인들의 수 표현방식은 바빌로니아인들과는 다르게 혼동할 염려가 없는 분명한 특징을 지니고 있다. 예를 들면 다음 그림은 1000이 하나, 100이 4개, 10이 9개, 1이 2개이므로 1492를 나타낸다. 이집트인들은 글씨를 쓸 때 우리와는 반대로 오른쪽에서 시작하여 왼쪽으로 썼기 때문에, 숫자를 쓸 때도 오른쪽에서부터 왼쪽으로 표기했다. 그래서 아래 그림을 반대로 읽어야 1492라는 숫자가 읽힌다.

$$2+90+400+1000=1492$$

인류의 문명이 발전할수록 수는 점점 더 추상화되어 간단한 기호로 바뀌게 되었다. 500년경 인도에서는 십진법에 기초한 '위치 수체계(positional numeral system)'가 사용되기 시작했다. 인도의 '위치 수체계'의 가장 큰 장점은 바로 '0'과 '1부터 9까지' 10개의 기호로 모든 수를 나타낼 수 있다는 것이다.

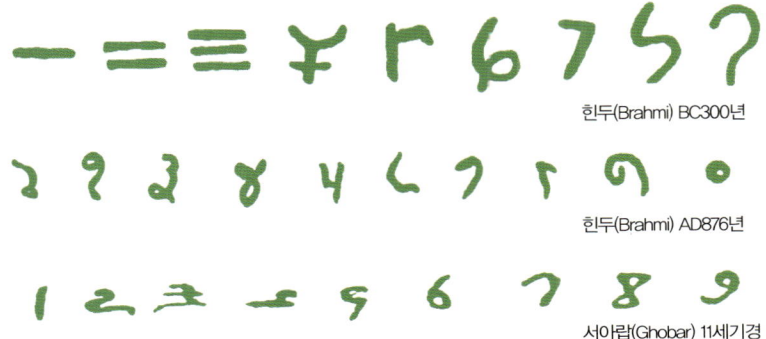

힌두(Brahmi) BC300년

힌두(Brahmi) AD876년

서아랍(Ghobar) 11세기경

숫자 0부터 9에 대한 기원은 확실치는 않지만, 기원전 500년대 초기에 중앙 인도에서 처음 사용된 것으로 추정된다. 처음에 아라비아인들은 인도와 무역을 하면서 인도인들로부터 이 숫자를 쓰고 계산하는 방법을 배웠다. 인도의 숫자가 스페인에 처음 전해진 것은 11세기경 고바르 숫자(Ghobar numerals)였다. 그 당시에는 인쇄술이 발명되지 않았기 때문에 숫자의 모양을 본떠서 이 책에서 저 책으로 옮겨 적었다. 결국 사람의 손을 거쳐서 써지고 복사되면서 그 형태가 조금씩 변하게 되었고, 1450년경 인쇄술의 발명으로 그 모양이 오늘날 우리가 사용하고 있는 인도-아라비아 숫자와 비슷한 형태를 갖추게 된 것이다.

예술이 된 숫자

많은 사람들이 숫자를 수학의 고유언어로 이해하고 있지만, 숫자가 수학의 전유물이 아니란 사실은 너무 당연해서 굳이 설명할 필요가 없을 듯하다. 물리학을 비롯한 다양한 자연과학에서도 숫자는 빈번하게 등장한다. 아울러 숫자는 학문 말고도 다양한 분야에서 없어서는 안 될 중요한 기호와 약속 체계로 사용된다.

심지어 숫자는 많은 예술가들의 작품 소재로 활용되기도 한다. 그 가운데 특히 필자에게 깊은 인상을 남긴 작품이 있다. 바로 폴란드의 예술가 로만 오팔카 Roman Opalka, 1931~2011의 작품이다. 그는 1965년부터 숫자 1부터 한 단위씩 더해 나가 무한대로 이어지는 작업을 진행했다. 이것은 검정 바탕에 흰색 물감으로 좌측 상단에서부터 숫자 1을 그리기 시작해 무한대로 이어지

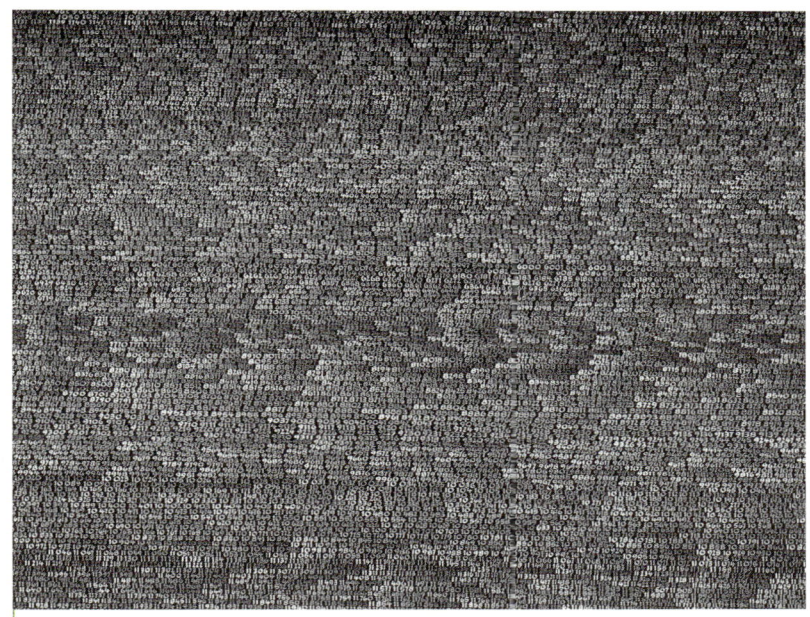

오팔카, 〈1965/1-∞(Detail 1~35327)〉, 1965년, 캔버스에 아크릴

는 일련의 숫자를 차례로 배열하는 작업이었다.

겉으로 보기에는 단순히 숫자 나열처럼 보이지만 이면에는 엄격한 조형적 질서가 있다. 우선 이 연작에 사용된 모든 캔버스는 196×135(cm)인 동일한 규격이다. 또 작품마다 캔버스의 검정바탕에 흰색을 1%씩 추가하는데, 이렇게 반복하다보면 결국 바탕색과 숫자를 그린 색이 모두 흰색이 되어가기 때문에 캔버스에 그려지는 숫

위 오팔카의 작품 일부분을 확대한 것

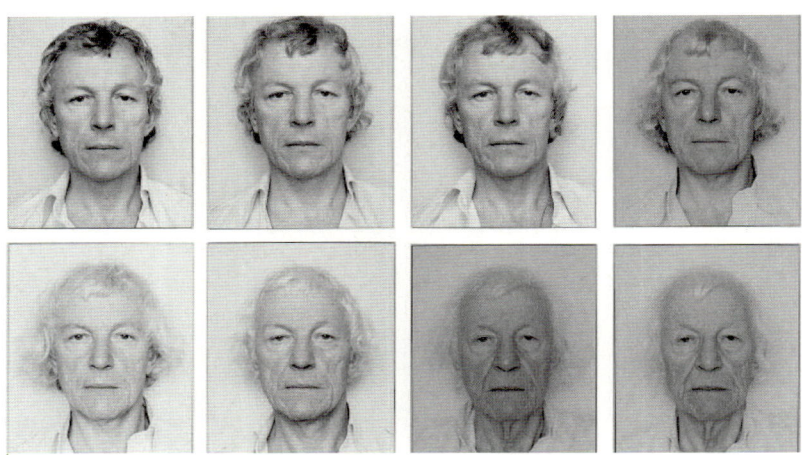

'시간의 흐름'을 묘사하기 위해 작품을 완성할 때마다 똑같은 셔츠를 입고 같은 표정으로 찍어둔 오팔카의 얼굴 사진

자는 점점 희미해진다. 그의 작품은 〈1964/1-∞〉라는 제목으로 모두 동일하며, 각각의 작품은 시작하는 숫자와 마치는 숫자로 이루어진 '부분(detail)'으로 표시된다. 여기서 소개한 작품은 1965년 완성한 〈1965/-∞ (Detail 1~35327)〉이다.

이와 같은 방법으로 숫자를 나열하는 것 이외에도 오팔카는 특이하게도 캔버스에 숫자를 채워가며 그 숫자를 모국어인 폴란드어로 낭송하는 자신의 음성을 녹음했고, 하나의 작업이 끝날 때마다 작품을 배경으로 자신의 모습을 사진으로 찍었다. 그는 사진을 찍을 때 늘 같은 셔츠를 입고 같은 표정을 지었는데, 이것은 '시간의 흐름'을 묘사하기 위함이라고 한다. 즉, 그는 작업을 마친 뒤 자신의 얼굴을 늘 사진으로 남겨 변해가는 모습을 통해 시간의 흐름을 직접 느낄 수 있도록 하고자 했다. 마찬가지로 작품의 창작 활동이 계속될수록 시간의 흐름은 검정 바탕이 점점 숫자를 그린 흰색과 같아지는 것으로부터도 미루어 짐작할 수 있다.

보이는 수와 보이지 않는 수

시간과 수가 처음 등장할 당시 구석기인들은 동굴의 벽에 동물의 모습을 있는 그대로 재현하기 위해 노력했다. 왜냐하면 아직 그들에게는 추상적인 개념이나 고정 불변성을 지닌 형상에 대한 인식이 없었기 때문이다. 신석기 시대에 이르러 동물의 모습이 간결해지고 추상화되면서 동물의 실제 모습이 점차 사라졌다. 이후 인류는 어떤 의미를 지닌 표시로 문자와 숫자를 사용하게 되었고, 오늘날과 같이 완전히 추상화된 기호를 갖게 되었다. 이에 대해 영국의 수학자이자 철학자인 버트런드 러셀Bertrand Russell, 1872~1970은 다음과 같은 말을 남겼다.

"인류가 닭 두 마리의 '2'와 이틀의 '2'를 같은 것으로 이해하기까지는 수천 년이 걸렸다."

즉, 닭의 마릿수 '2'는 눈으로 확인할 수 있는 수인데 반해, 해가 두 번 뜨고 지는 이틀의 '2'는 보이지 않는 수이다. 인간으로서는 이 보이지 않는 수를 표시하고 계산할 수 있는 능력이 필요했고 이런 능력을 끌어내어 발전시켜 왔다. 그것이 바로 수학의 힘인 것이다.

디도 여왕과 생명의 꽃

케플러의 추측, 등주문제, 매듭이론

오른쪽 정물화는 폴 세잔 Paul Cézanne, 1839~1906의 대표작 〈사과와 오렌지〉다. 그의 정물화는 매우 독특한데, 이 작품을 보면 왼쪽에 놓인 과일 접시와 중앙에 높이 솟아오른 과일그릇, 오른편에 화려하게 장식된 포트의 시점이 각기 다르다. 한 시점에서 대상을 포착해야 한다는 전통적인 원근법에서 벗어나 여러 시점에서 대상을 묘사하는 이와 같은 방법은 현대미술에 큰 영향을 끼쳤다.

세잔은 정물화를 그릴 때 사물을 보이는 대로 그리지 않고 창조적인 그림을 그리려고 노력했다. 그는 사과와 오렌지 등 정물의 위치를 자기 마음대로 바꾸고 구성하면서 대상의 질서 자체를 파괴하는 것이 미술의 진정한 힘이라고 생각했다. 또 사물의 본질을 찾으려 애썼고, 과일의 색조가 서로 보색을 이루도록 초록색 과일은 붉은색 옆에 노란색 과일은 푸른색 옆에 배치하여 자신이 원하는 구도가 나올 때까지 과일을 다양한 각도로 놓고

세잔, 〈사과와 오렌지〉, 1900년, 캔버스에 유채, 94×93cm, 파리 오르세 미술관

바라보면서 최고의 위치를 찾아내는 작업을 계속했다.

〈사과와 오렌지〉에서 흰색 식탁보는 사과와 오렌지의 싱싱함을 더욱 빛나고 도드라지게 만드는 역할을 한다. 이 작품에는 대상들이 여러 모양과 색의 조화를 이루며 빼곡하게 들어차 있기 때문에 마치 한 폭의 풍경화처럼 느껴지기도 한다. 기존 정물화의 구성에서 안정감을 주던 테이블의 직사각형 틀이나 정물 뒤에 위치한 벽이 주는 평면감은 사라지고 없다. 대신에 자연스럽게 접힌 식탁보와 소파의 천이 공간 전체에 드리워져 있다. 그래서 전통적으로 정물화의 수직·수평적 구성에서 볼 수 있는 안정된 느낌을 찾을 수는 없지만 정물이 화면 중심으로 쏠리는 듯한 역동성을 느낄 수 있다. 이런 불안정한 구도에도 불구하고 각각의 과일들과 그 배치는 매우 견고해 보여 세잔이 추구했던 상대적 운동감과 견고한 체계가 반영되어 있음을 느낄 수 있다. 상징주의 화가이자 미술학자 모리스 드니Maurice Denis, 1870~1943는 다음과 같이 말했다.

"세잔의 사과는 그의 미술세계를 엿보게 하는 단초를 제공한다."

하찮은 과일 몇 알이 시대를 뒤흔든 위대한 화가를 탄생시키는 순간을, 드니는 목도한 것이다.

짐 쌓기에서 비롯한 케플러의 추측

세잔은 후기 인상파 화가였지만 빛의 변화에 따라 화려하게 꾸며내는 채색법에 반발하여 물체가 지닌 변하지 않는 고유의 색과 형태를 극단적으로 추구하는 독자적 화풍을 완성했다. 세잔에게 사과의 둥근 형태와 여러 색이

세잔, 〈사과〉, 1890년, 캔버스에 유채, 38.5×46cm, 개인 소장

조합된 색채는 색을 표현하는데 가장 적합한 주제였다.

129쪽에서 살펴본 그림과 위의 또 다른 세잔 작품인 〈사과〉에서 모두 둥그런 과일들을 정사면체 모양으로 쌓아 올린 것을 볼 수 있다. 과일을 쌓을 때 이런 모양으로 쌓는 것이 가장 좋다는 것은 누구나 알고 있다. 과일을 정사면체 모양으로 쌓아 올리는 것이 가장 좋다는 것이 바로 '케플러의 추측'이라는 유명한 수학문제다.

이 문제는 영국의 항해 전문가인 월터 랠리 경 Sir Walter Raleigh, 1552~1618 으로부터 시작되었다. 그는 1590년대 말 항해를 위해 배에 짐을 싣던 중, 자신의 조수였던 토머스 해리엇 Thomas Harriot, 1560~1621 에게 배에 쌓여 있는 포탄 무더기의 모양만 보고 그 개수를 알 수 있는 공식을 만들라고 했다. 뛰어난 수학자이기도 했던 조수 해리엇은 특별한 모양의 수레에 쌓여 있는 포탄의 개수를 알 수 있는 간단한 표를 만들었다. 해리엇은 특정 형태로 쌓여 있는 포탄의 개수를 계산하는 공식을 고안했을 뿐만 아니라, 배에 포탄을 최대한 실을 수 있는 방법을 찾으려고 했다. 그러나 그는 자신이 이 문제를 해결할 수 없다고 생각하여, 당시 최고의 수학자이자 천문학자인 요하네스 케플러Johannes Kepler, 1571~1630에게 이 문제에 대한 편지를 보냈다.

케플러는 이것과 관련된 문제를 1611년 자신의 후원자인 존 와커John Wacker에게 헌정한 「눈의 6각형 결정구조에 관하여」라는 논문에서 처음으로 거론했다. 케플러는 눈송이에 대하여 언급한 이 논문에서 평면을 일정한 도형으로 채우는 문제를 생각했다. 평면을 완전하게 채울 수 있는 가장 간단한 도형이 정삼각형이라는 사실로부터 케플러의 문제를 들여다보자.

백 원짜리 동전 여러 개를 평평한 탁자 위에 올려놓고 이리저리 움직여 붙여보자. 동전의 밀도 즉, 전체 공간에 대해 동전이 차지하는 공간의 비율을 가장 높게 배열하는 방법은 여섯 개의 동전들이 하나의 동전을 둘러싸도록 하는 것이다. 따라서 동전들을 정육각형 형태로 규칙적으로 배열하면 평면을 덮을 수 있다.

동전을 정육각형 모양으로 배열했을 때, 이 배열의 밀도를 수학적으로 계산하면 0.907, 즉 평면의 약 90.7%를 덮을 수 있다는 것이다. 참고로 동전을 정사각형 모양으로 배열하여 평면을 덮을 때의 밀도는 약 0.785이므로 평면의 약 78.5%를 덮을 수 있다는 것을 알 수 있다.

케플러는 물질을 구성하는 작은 입자들의 배열 상태를 연구하던 중에 부피를 최소화 시키려면 입자들을 어떻게 배열시켜야 할지를 생각했다. 모든 입자들이 공과 같은 구형이라고 한다면 어떻게 쌓는

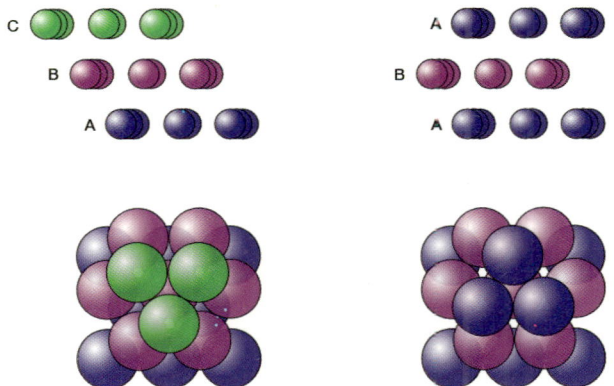

다 해도 사이사이에 빈틈이 생긴다. 문제는 이 빈틈을 최소한으로 줄여서 쌓인 공이 차지하는 부피를 최소화 시키는 것이다. 이 문제를 해결하기 위해 케플러는 여러 가지 다양한 방법에 대하여 그 효율성을 일일이 계산해 보았지만, 끝내 결론을 내리지 못하고 추측만을 남겨 놓게 되었다. '케플러의 추측'은 약 400년 동안이나 수학자들을 괴롭히다가, 결국 1998년경 미시건 대학교 수학교수 토머스 할스(Thomas Hales)에 의해 증명되었다. 즉, 3차원 공간에서 여러 개의 구를 가장 밀집하게 배열하는 방법은 위의 그림과 같은 '육방최밀격자' 혹은 '면심입방격자' 구조로, 케플러가 처음 제안했던 모양과 같다는 것이다.

'디도의 문제'에 봉착한 수학자들

자, 이제 케플러의 추측에서 한 걸음 더 들어가 보자. 입자의 배열에 빈틈이 생기는 원인은 바로 입자가 구형이기 때문이다. 그래서 처음 세잔의 정물화로 돌아가 이런 질문을 던져 보자.

'그런데 사과를 비롯한 거의 모든 과일은 왜 둥근 모양일까?'

자연은 항상 뛰어난 수학자이다. 자연이라는 수학자는 과일이 과육에 품고 있는 수분을 빼앗기지 않으려면 어떤 모양을 하고 있어야 할지를 알고 있었다. 어떤 물체의 수분 손실은 그 물체의 겉넓이에 비례한다. 즉, 물체를 덮고 있는 표피가 넓으면 넓을수록 증발로 인해 더 많은 수분을 빼앗긴다. 따라서 모든 과일은 번식을 위하여 과육의 부피를 최대로 하며 겉넓이를 가장 작게 하는 쪽으로 진화했다. 그 답이 바로 지금과 같은 둥근 공 모양의 과일이다. 이 문제를 우리는 '디도의 문제(Dido's Problem)'라고 한다. 디도의 문제를 이해하기 위해서는 그리스신화에 나온 디도 이야기를 알고 있어야 한다.

게랭, 〈디도에게 트로이 전쟁을 이야기하는 아이네이아스〉, 1815년, 캔버스에 유채, 292×390cm, 프랑스 보르도 미술관

그리스신화는 많은 화가들에 의하여 명화로 재탄생되었다. '엘리사'라고도 하는 카르타고의 여왕 '디도'에 관한 이야기도 화가들이 즐겨 그린 그리스신화 가운데 하나다. 로마를 세운 그리스의 영웅 아이네이아스(Aeneias)와 디도의 비극적인 사랑은 많은 화가들이 즐겨 그린 단골 소재가 되었다.

왼쪽 그림은 프랑스 화가 게랭Pierre-Narcisse Guérin, 1774~1833이 그린 〈디도에게 트로이 전쟁을 이야기하는 아이네이아스〉다. 이 그림은 디도가 페니키아를 탈출하여 카르타고를 세운 이후의 이야기를 그린 것이다.

디도 이야기는 지금부터 약 2800년 전 고대 그리스시대로 거슬러 올라간다. 페니키아의 폭군 피그말리온의 여동생 디도는 오빠의 폭정을 피해 자신의 추종자와 몇몇 원로원 의원을 데리고 북아프리카의 해안에 도착한다. 디도는 그곳 원주민의 통치자였던 얍(Yarb)에게 자신이 가져온 황금을 줄 테니 땅을 팔라고 요청한다. 얍은 땅을 팔 생각이 없었지만 디도의 설득에 넘어가 황소 한 마리의 가죽으로 최대한 둘러쌀 수 있는 만큼만 팔겠다고 한다. 디도는 언덕을 둘러쌀 수 있도록 가늘게 쇠가죽을 잘라 영역을 정하였고, 이 언덕은 가죽이라는 뜻의 '비르사(Byrsa)'라고 불리게 되었다. 디도는 비르사에 요새를 만들고 백성들을 잘 다스려 조그마한 지역을 도시로 번성시켰다. 나중에 이 도시는 '카르타고'라고 불리게 되었다. 오른쪽 그림은 스위스의 판화가 마티아스 메리안Mathias Merian the Elder, 1593~1650이 그린 삽화로,

메리안, 〈카르타고에 정착할 땅을 구매하는 디도〉, 1630년, 종이에 잉크

디도 여왕이 쇠가죽을 잘라 땅을 사고 있는 순간을 묘사한 것이다.

이 신화 속 이야기에는 중요한 수학문제가 담겨 있는데, '디도의 문제'로 불리는 등주문제(isoperimetric problem)가 바로 그것이다. 등주문제는 둘레의 길이가 L인 단일폐곡선으로 넓이가 최대가 되는 도형을 만드는 문제다. 공간에서는 곡면의 겉넓이 S가 주어졌을 때 부피 V가 최대가 되는 입체를 구하는 것이다.

등주문제에 대한 엄밀한 증명은 19세기에 들어서 스위스 수학자 슈타이너 Jacob Steiner, 1796~1863에 의해 우여곡절 끝에 이뤄졌다. 스타이너는 둘레의 길이가 일정할 때 가장 넓은 넓이를 갖는 것이 '원'임을 밝혔다.

과일 쌓기나 디도의 문제에서 살펴보았듯이, 원은 단순하게 보이지만 매우 다양한 특성을 지닌 도형이다. 여러 개의 원을 겹쳐서 그리면 '생명의 꽃'이라는 문양을 만들 수 있는데, 이는 뉴에이지 작가인 드룬발로 멜키체덱 Drunvalo Melchizedek이 고안해 이름을 붙인 패턴이다.

꽃 모양 패턴에서 이름이 유래한 '생명의 꽃'은 열아홉 개의 합동인 원으로 만든다. '생명의 꽃'은 가장 바깥쪽에 있는 큰 원 안에 서로 접하게 여섯 개의 원을 그리고, 원이 접하는 점을 중심으로 다시 같은 크기의 원 여섯 개를 그린다. 열두 개의 원이 만나는 점을 중심으로 다시 여섯 개의 원을 그리고, 마지막으로 가운데에 하나를 그리면 '생명의 꽃'이 완성된다.

'생명의 꽃'을 완성한 뒤, 문양이 있는 책의 페이지를 비스듬하게

멜키체덱이 고안한 '생명의 꽃' 패턴과 이를 응용해 만든 펜던트

아래쪽에서 올려보면 가운데에 여섯 개의 물방울이 보이고, 대칭적으로 다섯, 넷, 세 개의 물방울이 늘어서 있는 것을 볼 수 있다. 마찬가지 각도에서 책을 서서히 돌리면 네 모둠의 물방울로 된 줄들을 볼 수 있다. 그림을 경사지게 보면 점들과 선들 사이의 거리가 달라지고 눈이 점을 연결하는 가장 가까운 거리도 달라져 보이는 것이다.

'생명의 꽃'의 고리에 얽힌 수학적 맥락을 밝히다

'생명의 꽃'의 기초가 되는 것은 '생명의 삼각대'라고도 불리는 '보로메오 고리(Borromean Ring)'이다. 세 개의 고리가 서로 엉켜 있는 모양으로, 르네상스시대 그 모양을 가문의 문장으로 사용한 이탈리아 가문의 이름을 따서 보로메오 고리라고 한다. 흥미로운 것은 이 고리 세 개 중에 하나만 잘라도 세 개 모두 흩어져 버린다는 점이다.

스코틀랜드의 수학자이자 물리학자인 피터 거스리 테이트Peter Guthrie Tait, 1831~1901는 1876년에 이 고리들을 수학적 맥락에서 검토하기 시작했다. 각 고리의 교차에 대해서는 위 또는 아래 두 가지 선택이 가능하기 때문에, $2^6=64$가지나 가능한 교차 패턴이 존재한다. 대칭성을 고려한다면, 이 패턴들 중 기하학적으로 서로 다른 것은 열 개뿐이다. 그리고 이 고리는 오늘날 수학의 한 분야인 '매듭이론'과 깊은 관련이 있다. 수학에서 매듭을 학문적으로 연구하게 된 계기는, 분자의 화학적 성질이 이를 구성하는 원자들

이 어떻게 꼬여서 매듭을 이루고 있는가에 달려 있다는 켈빈^Kelvin의 볼텍스 (vortex)이론에서 비롯했다. 본명이 윌리엄 톰슨^William Thomson, 1st Baron Kelvin, 1824~1907 으로, 그의 다른 이름인 켈빈은 스코틀랜드 글래스고 대학교 캠퍼스 앞에 흐르던 강 이름인 켈빈 강을 따 남작 작위를 받으면서 지은 것이다. 수리물리학자인 그는 절대온도의 단위인 켈빈(K)으로 유명하다.

수학에서 매듭이론은, 간단히 말하면 매듭의 교차점의 수에 따라 매듭을 분류하는 것이다. 매듭을 분류하기 위해서 가장 먼저 해야 할 일은 두 매듭이 어떤 경우에 같은 매듭인지 정의하는 것이다. 매듭이론에서 가장 간단한 매듭은 꼬인 곳이 없는 매듭으로, 아래의 왼쪽 그림과 같은 원형매듭(또는 풀린매듭)이다. 아래 그림에서 원형매듭 이외의 나머지 매듭은 모두 끈을 조금씩 움직이면 원형매듭과 같은 매듭이 되므로 사실 이들은 모두 원형매듭이다. 매듭에서 두 번째로 쉽게 생각할 수 있는 것은 일반적으로 한 번 묶었을 때 나타나는 모양의 매듭의 양 끝을 연결한 매듭이다. 그런데 이 매듭은 다음

그림과 같은 왼세잎매듭과 오른세잎매듭 두 종류가 있다. 얼핏 보기에는 단순해 보이는 두 매듭이 같은 매듭인 것처럼 보이지만 두 매듭은 서로 다르다는 것이 이미 증명되었다.

여러 가지 방법으로 분류된 매듭은 교차점의 개수에 따라 다음 그림과 같이 분류하는데, 예를 들어 그림에서 6_3은 교차점이 여섯 개인 매듭의 세 번째 모양이라는 뜻이다. 분류된 매듭의 이름은 3_1은 세잎매듭, 4_1은 8자매듭, 5_1은 오엽매듭 등과 같이 보통 그들의 모양에 따라서 붙여진다.

오늘날 매듭이론은 DNA의 구조나 바이러스의 행동방식을 연구하는데 중요하게 활용되고 있다. 세잔이 몇 알의 사과를 보고 커다란 예술적 성과를 거뒀듯이 수학과 과학도 하찮아 보이는 일상에서 위대한 발견을 이뤄낸 것이다. 예술가와 수학자 그리고 과학자의 창의적인 눈과 두뇌가 하나의 매듭으로 이어질 때 세상이 보다 아름답게 진화할 수 있음을 깨닫게 된다.

디도 여왕과 생명의 꽃 139

수의 개념에 관한 역사

일방향함수와 일대일 대응 원리

고대 시인 호메로스_{Homeros, BC800~BC750,} 생몰연도 추정가 쓴 대서사시 〈일리아스〉와 〈오디세우스〉로도 많이 알려져 있는 트로이 전쟁은 신화시대를 통틀어 가장 위험하고 긴 싸움이었으며, 많은 영웅들을 희생시킨 격전이었다.

트로이 전쟁 이야기는 트로이 왕의 막내아들인 파리스가 스파르타에 외교 사절로 갔다가 스파르타의 왕 메넬라오스의 아름다운 아내 헬레네와 트로이로 달아나면서 시작된다. 아가멤논을 총사령관으로 하는 그리스 동맹군은 지중해를 건너 트로이와 전쟁을 시작했다. 쉽게 끝날 것 같았던 전쟁은 양쪽의 전력이 팽팽해서 무려 10년 동안이나 계속되었다.

너무 길어진 전쟁에 그리스 동맹군은 점점 지쳐갔고 군대를 철수시키자는 이야기가 오갔다. 이때 지혜로운 전사 오디세우스는 커다란 목마 속에 그리스 군대를 숨겨 놓는 위장 전술로 마지막 승부수를 띄웠다. 목마만 놓고 철

티에폴로, 〈트로이 목마〉, 1773년, 캔버스에 유채, 67×39cm, 런던 내셔널 갤러리

수했다가 트로이군이 방심하는 틈을 타 불시에 공격하려는 속셈이었다. 오디세우스는 스파이를 시켜 그리스 군대가 아테나 여신을 위해 목마를 남겨놓고 철수했다는 거짓 소문을 트로이에 퍼트렸다. 스파이의 말을 믿은 트로이 사람들은 목마를 아무런 의심 없이 성문 안으로 끌고 들어갔다. 이윽고 트로이 사람들이 모두 잠든 밤에 목마 안에 몰래 숨어 있던 그리스 군대가 기습을 펼치며 트로이의 성문을 열어젖혔다. 결국 트로이는 전쟁에 패해 역사 속으로 사라지고 말았다.

141쪽 그림은 목마를 트로이 사람들이 성 안으로 들여놓고 있는 장면을 묘사한 것이다. 이 작품은 이탈리아 화가 지오반니 바티스타 티에폴로Giovanni Battista Tiepolo, 1696~1770가 그린 〈트로이 목마〉다. 티에폴로의 작품 중에는 베네치아 로코코 회화의 전형을 보여주는 것들이 많다.

'로코코(rococo)'라는 말은 프랑스어 '로카유(rocaille)'에서 유래한다. 로카유는 조개껍질 세공(細工)이나 모양을 뜻하는 데, 당시 프랑스에서 유행한 화려한 장식의 패턴과 닮았다. 로코코는 주로 바로크 양식과 대비된다. 바로크의 풍만하고 장중한 이미지가 로코코에서는 화려한 세련미로 바뀌게 된다.

로코코 양식에 기반한 티에폴로의 작품들은 가볍고 들떠 있는 분위기를 자아내며, 화면 곳곳이 환상적인 세부 묘사로 채워져 있다. 〈트로이 목마〉를 보면, 승리에 취해 들떠 있는 트로이 사람들의 흥분한 모습에서 목마 속에 숨어 있는 그리스 군대에 대한 생각은 전혀 없어 보인다. 밧줄로 목마를 끌고 있는 트로이 사람들의 오른쪽을 어둡게 표현하여 그들에게 곧 닥칠 것이 죽음임을 암시하고, 상대적으로 목마는 밝게 채색해 승리의 도구임을 짐작하게 한다.

트로이 목마의 침투를 막는 일방향함수

오늘날 트로이 목마는 상대방이 눈치 채지 못하게 몰래 침투하여 무너뜨릴 때 사용하는 관용구이기도 하지만, 컴퓨터의 악성코드(malware)로 더 유명하다. 악성코드 중에는 마치 유용한 프로그램인 것처럼 위장하여 사용자들로 하여금 거부감 없이 설치를 유도하는 프로그램들이 있는데, 이들을 '트로이 목마'라고 한다.

트로이 목마는 해킹 기능을 가지고 있어 인터넷을 통해 감염된 컴퓨터의 정보를 외부로 유출하는 것이 특징이지만 바이러스처럼 다른 파일을 전염시키지 않으므로 해당 파일만 삭제하면 치료가 가능하다. 그런데 트로이 목마의 가장 위험한 점은 감염된 컴퓨터를 사용할 때 누른 자판 정보를 외부에 알려주기 때문에 신용카드 번호나 비밀번호 등이 유출될 수 있다. 다행히 트로이 목마와 같은 악성 프로그램을 막아내고 치료할 수 있는 백신 프로그램들이 많이 개발되어 있다. 백신 프로그램들에는 대부분 '함수'를 활용한 덫이 설치되어 있다.

트로이 목마와 같은 악성코드를 막기 위해서는 일종의 '덫(trapdoor)'이 필요한데, 여기서 말하는 덫은 정보를 한쪽 방향으로 보내기는 쉽지만 그 반대 방향으로 보내는 것은 매우 어렵도록 만든 것이다. 이를테면 인터넷을 사용하는 사람들이 원하는 사이트에 접속하여 필요한 정보를 얻을 때, 필요한 정보를 사용자의 컴퓨터로 쉽게 다운받을 수 있지만 악성코드는 침입하기 어렵게 하는 안전장치가 바로 덫이다. 이런 덫을 가리켜 수학에서 '일방향함수(one-way function)'라고 한다.

수학에서 두 유한집합 A, B 사이에 정의된 일대일 대응 $f:A \to B$에 대

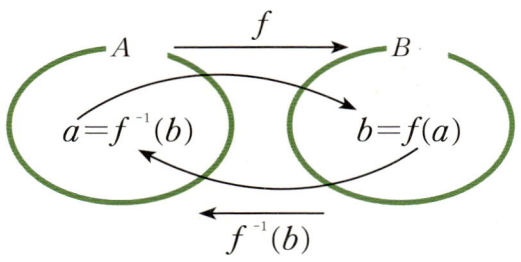

하여 각 원소 $a \in A$의 함숫값 $f(a)$는 쉽게 계산해낼 수 있지만, f의 역함수 $f^{-1}:B \to A$를 얻기가 상당히 어려울 때, 즉 각 원소 $b \in B$에 대하여 $f^{-1}(b)=a$인 원소 $a \in A$를 구하기가 어려울 때, 함수 f를 일방향함수라고 한다.

특히, 일방향함수 $f:A \to B$에 대하여 추가적인 정보(덧문)를 가지고 있는 경우에만 역함수 $f^{-1}:B \to A$를 쉽게 구할 수 있을 때, f를 '덧문 일방향함수(trapdoor one-way function)'라고 한다.

일방향함수의 가장 간단한 예는 소인수분해인데, 어떤 자연수의 소인수분해는 그 자연수를 소수의 곱으로 나타내는 것이다. 예를 들어 두 소수 137과 149를 곱한 결과 $137 \times 149 = 20413$을 얻기는 쉽지만, 반대로 20413이 주어졌을 때 이 수가 어떤 두 소수의 곱인지 아는 것은 쉽지 않다. 즉, 두 소수의 곱은 쉽지만 반대로 소인수분해는 쉽지 않으므로 소인수분해는 일방향함수이다.

비밀번호 안에 담긴 비밀스런 원리

오늘날 거의 모든 암호는 이와 같은 일방향함수를 사용하여 정보를 암호화하여 보호한다. 컴퓨터를 이용한 통신에 대한 수요와 공급이 확대됨에 따라 군사 및 외교 분야에서만 사용되어 왔던 암호(cipher)를 이용한 통신이 이제 정보의 전송(transmission) 및 저장에 이용될 뿐 아니라, 제3자에 의한 도청 또는 노출을 막기 위해 상업용 통신이나 개인 사이의 통신 또는 전자계산기 보안(security) 분야에 이르기까지 폭넓게 활용되고 있다. 따라서 각종 정보를 안전하게 유지하는 방법은 정보를 암호화(encryption)하는 것이다.

비밀유지를 요하는 통신문을 평문(plaintext)이라고 하고, 이 평문을 일정한 기호나 수로 고쳐 놓은 것을 암호문(ciphertext)이라고 한다. 송신자는 여러 개의 열쇠(key) 중에서 적당한 열쇠를 택하여 평문을 암호문으로 전환시켜 전송하고, 합법적인 수신자는 이 열쇠 또는 다른 열쇠를 이용하여 수신된 암호문을 본래의 평문으로 복호(復號, decryption)한다. 암호문의 비밀유지에 유의하여 공격자가 암호문을 평문으로 복원하는 일이 대단히 어렵거나 거의 불가능하도록 평문을 암호화하는 방법을 '암호기법(cryptography)'이라고 한다. 그리고 열쇠에 대한 지식 없이 평문이나 열쇠를 알아내거나 한정된 자료만을 이용하여 암호문으로부터 평문과 열쇠를 모두 탐지해내는 것을 '암호해독(cryptanalysis)'이라고 한다. 암호기법과 암호해독 모두를 연구하는 학문을 '암호학(cryptology)'이라고 한다. 아래 다이어그램은 평문을 암호화하여 암호문으로 송신하고 또 수신된 암호문을 다시 평문으로 복호하는 방

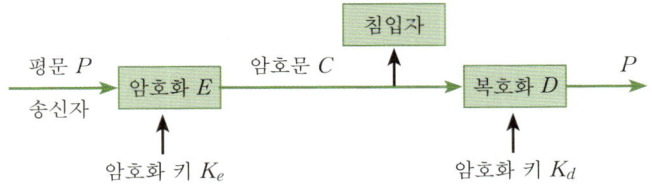

식을 나타낸 것이다.

다이어그램에서 P, C는 각각 평문(plaintext)과 암호문(ciphertext)을 뜻하고 또 K_e, K_d는 각각 암호화 열쇠, 복호 열쇠를 뜻한다. 위와 같은 암호체계는 평문을 암호화하는 방법에 따라 '비밀열쇠 암호체계(secret-key cipher system)'와 '공개열쇠 암호체계(public-key cipher system)' 두 가지로 나뉜다.

비밀열쇠 암호체계에서는 암호화열쇠 K_e와 복호열쇠 K_d가 동일하기 때문에 '대칭 암호체계(symmetric cipher system)'라고 한다. 공개열쇠 암호체계에서는 암호화열쇠 K_e와 복호열쇠 K_d가 서로 다르고, 또 암호화열쇠는 공개하지만 복호열쇠는 비밀로 보관한다. 이러한 의미에서 공개열쇠 암호체계를 비대칭 암호체계(asymmetric cipher system)라고 한다.

공개열쇠 암호체계로서 널리 이용되고 있는 RSA 암호체계는 이를 처음으로 연구한 수학자 론 리베스트[Ron Rivest]와 아디 셰미르[Adi Shamir], 레오나르드 아델만[Leonard Adleman]의 성의 이니셜을 합성한 용어다. 공개열쇠 암호체계에서 평문을 암호문으로 만들 때 앞에서 설명했던 두 소수의 곱이 이용되고, 암호문을 다시 평문으로 복호할 때 소인수분해를 이용한다고 이해하면 된다. 즉, 평문을 암호문으로 만들기는 쉽지만 암호문을 원래대로 되돌리기는 매우 어려운 것이 공개열쇠 암호체계다.

폴리페모스의 양 세는 법

다시 트로이 전쟁 이야기로 돌아가 보자. 트로이 전쟁에서 그리스 군대가 승리를 거두기는 했지만 상처뿐인 영광이었다. 특히 트로이 목마로 승리의 일등공신인 오디세우스는 포세이돈의 미움을 사서 10년 동안 고향에 돌아가지 못하고 떠돌아다니는 신세가 됐다.

오디세우스가 포세이돈의 미움을 산 이유는 외눈박이 거인 폴리페모스 때문이다. 바다를 떠돌던 오디세우스 일행은 식량과 물이 떨어져 외눈박이 거인 폴리페모스가 사는 섬에 가게 되었다. 그곳에서 오디세우스 일행은 폴리페모스에게 잡혀 동굴에 갇혔다. 오디세우스는 폴리페모스에게 포도주를 잔뜩 먹인 후 술에 취한 거인의 눈을 창으로 찔러 시력을 잃게 했다.

암포라에 새겨진 오디세우스 일행과 폴리페모스

오른쪽 암포라(amphora)에 새겨진 그림은 오디세우스와 그의 부하들이 폴리페모스를 맹인으로 만드는 순간을 묘사한 것이다. 암포라는 고대 그리스·로마시대에 사용된 몸통이 불룩 나온 긴 항아리다.

눈이 먼 폴리페모스는 동굴 입구를 커다란 돌로 막아 오디세우스 일행이 도망가지 못하도록 했다. 하지만 오디세우스는 영민한 기지를 발휘해 동굴을 무사히 탈출했다. 오디세우스가 거인의 동굴을 어떻게 탈출했는지 플랑드르 출신의 화가 요르단스Jacob Jordaens, 1593~1678가 그린 〈폴리페모스 동굴 속의 오디세우스〉를 보면 알 수 있다(148쪽).

그림 속에는 양을 세 마리씩 묶고 있는 오디세우스와 그의 뒤에서 차례를 기다리고 있는 그의 부하들이 묘사되어 있다. 폴리페모스의 발밑을 자세히 보면 양 밑에 얼굴 하나가 눈에 띈다. 오디세우스는 부하들에게 양들을 덩굴로 세 마리씩 묶고, 가운데 양의 배에 거꾸로 달라붙어 밖으로 나가자고

요르단스, 〈폴리페모스 동굴 속의 오디세우스〉, 1635년, 캔버스에 유채, 76×96cm, 모스크바 푸시킨 박물관

했다. 이윽고 아침이 되자 양들이 동굴에서 내보내 달라고 울었다. 그 소리에 폴리페모스는 더듬거리며 동굴의 입구로 양들을 몰아갔다. 동굴 입구에서 커다란 바위를 치운 폴리페모스는 양들을 밖으로 몰고 나갔다.

시력을 잃은 가엾은 거인은 양들의 등을 만지며 사람이 아닌지 확인했다. 이때 오디세우스 일행은 가운데 양의 배에 거꾸로 매달려 무사히 동굴을 빠져 나올 수 있었다. 이 일로 바다의 신 포세이돈의 미움을 받은 오디세우스는 고향으로 돌아가는데 무려 10년의 세월이 필요했다.

맹인이 된 폴리페모스는 동굴에서 양떼를 키우며 살았는데, 아침에 동굴 입구에 앉아서 양들을 한 마리씩 동굴에서 나오게 할 때마다 조약돌 한 개씩을 동굴밖에 놓았다. 그리고 저녁에 양들이 돌아오면 밖에 놓아두었던 조약돌을 한 개씩 동굴 안으로 들여놓았다. 그렇게 해서 양들이 모두 동굴로 돌아왔는지 확인했다.

'일대일 대응'의 기원

폴리페모스 이야기는 수를 셀 때 사용하는 방법으로, '일대일 대응'이다. 손으로 하나씩 만져서 확인하거나 조약돌을 이용하는 것이 모두 하나에 하나씩 짝지어 대응하는 것이기 때문이다. 조약돌은 라틴어로 'calculus'라고 하는데, 오늘날 '계산하다'라는 단어 'calculate'의 어원이다. 이것으로 보아 조약돌을 이용한 계산 방법이 아주 오래 전부터 널리 사용되어왔음을 추측할 수 있다. 즉, 물건 하나에 조약돌 한 개, 물건 둘에 조약돌 두 개를 놓는 방법으로 수를 표현하며 계산했던 것이다.

계산 방법 중 매듭을 이용하는 것도 유서 깊다. 페루의 잉카인들은 수확하여 모은 곡식의 각 단을 기록하기 위하여 매듭을 지어 사용했다. 150쪽 사진은 잉카인들이 사용했던 매듭이다. 각각의 끈은 색깔마다 다른 의미를 지니고 있고, 지어진 매듭의 수가 같아도 매듭이 지어진 형태에 따라 나타내는 의미가 다르다.

한편, 조약돌이나 매듭을 사용하여 수를 표현했던 인류에게 한 가지 문제가 있었다. 매듭이나 조약돌과 같이 수를 표현할 수 있는 것들이 없을 때는 그 수를 표현할 방법이 사라진다는 것이다. 그래서 인류는 수에 각각 적당한

잉카인들이 사용한 매듭

이름을 붙이게 되었는데, 인류가 수의 개념을 인식하는 과정은 언어에도 남아있다. 고대 인류는 분명히 맨 처음에는 둘까지만 세었고, 그보다 많은 개수에 대하여 단순히 '많다'라고만 했다. 그래서 여러 언어에는 '하나, 둘, 둘보다 많다'고 하는 세 가지 구별법이 남아있다. 이로부터 오늘날 사용되고 있는 여러 언어에는 하나를 나타내는 단수와 여럿을 나타내는 복수의 두 가지 구별이 생기게 된 것이다.

우리의 경우는 어땠을까? 1부터 10까지 수를 세는 우리나라 고유의 수사는 하나, 둘, 셋, 넷, 다섯, 여섯, 일곱, 여덟, 아홉, 열이다. 우리 민족이 언제부터 이와 같은 수사를 사용했는지 정확하게는 알 수 없지만, 하나는 태양과 같은 말인 해의 옛말 'ㅎㅣ(日)', 둘은 달의 옛말인 '둘(月)', 셋은 '설(年)'에서 비롯되었다고 한다. 또 다섯과 열은 선조들이 손가락셈을 했다는 흔적이다. 다섯은 손가락을 하나씩 꼽으면서 셈을 하다보면 다섯 번째에는 손가락이 모두 닫히기 때문에 '닫힌다'에서 비롯되었다고 한다. 열은 닫힌 손가락을 하나씩 펴가다 마침내 10이 되면 모두 열리기 때문에 '열린다'에서 비롯되었다고 한다. 물론 언어학적으로 엄격한 학술적 근거와 사료의 뒷받침이 있어야 하겠지만, 이런 말들은 우리 선조들이 오랜 세월 손가락셈을 해 왔음을 추측하게 하는 증거다.

수의 개념을 인식하는 과정에서 같은 개수이지만 서로 같다는 것을 알지 못했다는 증거도 발견되는데, 서로 다른 물건에 대하여 같은 개수를 부르는 이름이 다르다는 것이 이를 방증한다. 예를 들어 영어에 '한 쌍'을 나타내는 말로 team(한 쌍의 말), span(한 쌍의 노새), yoke(한 쌍의 소), pair(한 켤레의 신발)와 같이 여러 가지 표현이 있다.

어쨌든 일대일 대응은 아주 오래 전부터 수를 세는 기초 개념으로 인식되어 왔으며 지금도 사용되고 있다. 일대일 대응 원리에 의하여 시작된 수는 기호를 사용하면서 매우 다양하게 발전해왔다. 이를테면 12를 기본으로 하여 시간을 계산하고 1년을 열두 달로 나누는 12진법, 각도와 시간에서 1시간을 60분으로 1분을 60초로 나누는 60진법, 현재 컴퓨터에서 사용되고 있으며 동양의 음양사상을 바탕으로 한 2진법, 그리고 오늘날 보편적으로 사용하는 10진법 등이 있다. 10진법은 단순히 생물학적인 이유, 즉 인간의 손가락이 열 개인데서 비롯되었다고 한다.

수학자의 초상

뉴턴과 컴퍼스

미국의 컴퓨터 프로그래머인 제임스 다우 앨런 James Dow Allen은 전 세계 수학자들을 대상으로 인류 역사상 가장 뛰어난 수학자를 뽑는 설문조사를 해왔다. 그 결과는 계속 업데이트 되고 있는데, 20세기 수학자까지 포함한 '최고의 수학자 200명'의 선정 작업이 지금도 진행 중이다.

앨런의 설문조사를 들여다보니 154쪽 초상화와 사진 속 주인공인 수학자들은 상위 랭킹에서 거의 빠지지 않고 있다. 그 가운데서도 1, 2, 3위는 변함없이 뉴턴 Sir Isaac Newton, 1642~1727, 아르키메데스 Archimedes, BC287~BC212, 가우스 Carl Friedrich Gauss, 1777~1855다. 특히 뉴턴은 1위 자리를 늘 고수하고 있어 눈길을 끈다.

사실 뉴턴은 수학자라기보다는 천체물리학자로 더 알려져 있다. 물리학의 유명한 세 가지 운동법칙(관성의 법칙, 힘과 가속도의 법칙, 작용-반작용의 법칙) 및 천문학 관련 여러 운동들을 증명했기 때문이다. 하지만 뉴턴은 케임브리지

블레이크, 〈뉴턴〉, 1795년, 캔버스에 유채, 46×60cm, 런던 테이트 브리튼 미술관

앨런의 홈페이지(http://fabpedigree.com/james/greatmm.htm)를 방문하면 세계 100대 수학자에 대한 자세한 자료를 볼 수 있다. 위 이미지는 위 홈페이지에서 캡처해온 '톱 12' 수학자들의 초상화와 사진

의 트리니티 칼리지에서 수학을 전공한 뒤 수학과 교수까지 지냈던 수학자였다.

인류 역사상 가장 뛰어난 수학자의 초상화

필자가 갑자기 인류 역사상 가장 뛰어난 수학자들의 랭킹을 소개하는 이유는, 이 책에서 굳이 그들의 업적을 되새기기 위함이 아니다. 필자의 눈길을 끈 대목은 바로 초상화와 사진 속 수학자들의 모습이다. 필자는 무엇보다도 초상화를 그린 화가들의 눈에 비춰진 수학자들이 궁금했다. 감성 충만한 예술가들에게 논리와 이성으로 무장한 수학자들의 인상은 어떠할지 말이다. 수학자의 초상화 중에 필자에게 가장 깊은 인상을 준 작품을 꼽으라면 역시 뉴턴의 초상화이다. 고드프리 넬러Godfrey Kneller, 1646~1723라는 화가가 그린 초상화와 시인이자 화가인 윌리엄 블레이크William Blake, 1757~1827가 그린 그림이 특히 인상적인데, 이 두 사람은 공교롭게도 상반된 시각으로 뉴턴을 그렸다.

뉴턴은 살아생전 과학자로서뿐 아니라 조폐국 장관을 역임할 정도로 유명 인사였기 때문에 많은 화가들이 그의 초상화를 그렸다. 당시 영국 최고 초상화가인 넬러는 뉴턴의 초상화를 가장 많이 그린 화가로 알려져 있다. 그가 그린 초상화는 오늘날에도 뉴턴을 소개할 때 감초처럼 등장한다. 특히 오른쪽 아래 초상화는 뉴턴을 가장 정확하게 묘사한 가장 '뉴턴다운' 초상화라고 평가받는다.

이 초상화가 그려지던 당시 뉴턴은 학자로서 매우 왕성한 활동을 이어가고 있었다. 자신의 최고 역작 『프린키피아』를 출간한 것도 그 즈음이었다. 책 제목 '프린키피아(Principia)'는 라틴어 프린키피움(Principium)의 복수형으로 우리말로 '원리'를 뜻한다. 이 책의 원제는 '자연철학의 수학적 원리(Philosophiae Naturalis Principia Mathematica)'로, 그 유명한 '만유인력의 법칙'이 바로 이 책을 통해 세상에 알려졌다.

뉴턴은 『프린키피아』에서 미적분을 거의 쓰지 않았는데, 이는 당시 사람들의 수학적 지식수준을 감안해서였다고 한다. 하지만 이와 다른 주장도 있다. 1676년경 뉴턴

넬러, 〈뉴턴의 초상화〉, 1702년, 캔버스에 유채, 75.6×62.2cm, 런던 내셔널 포트레이트 갤러리

수학자의 초상

은 자신과 동일한 미분법을 발견한 라이프니츠^{Gottfried Wilhelm von Leibniz, 1646~1716}와 우선권 논쟁을 격렬하게 벌였다. 이로 인해 뉴턴은 자신의 저작에 미적분을 사용하지 않았다는 것이다. 뉴턴으로서는 일생을 건 최고의 역작을 발표하는 데 있어서 더 이상 불필요한 논쟁을 피하고 싶었다는 얘기다. 아무튼 라이프니츠와의 미분 우선권 논쟁 이후 뉴턴은 실험적 방법에서 수학적 방법으로 연구 방식에 변화를 주면서 스스로가 수학자로 불리길 원했다고 한다.

자, 다시 넬러가 그린 〈뉴턴의 초상화〉를 살펴보자. 뉴턴의 양쪽 어깨를 타고 내려온 머리카락은 자연스럽게 길고, 머리는 몸에 비하여 다소 크게 묘사되었다. 눈과 이마에서 긴박함이 느껴질 만큼 눈살을 찌푸리고 있으며, 입은 굳게 다물고 있다.

일부 미술평론가들은 초상화 속 뉴턴을 찬찬히 살펴보면 그의 성격이 강해 보이고 심지어 불친절해 보인다고 평하기도 한다. 정말 그럴까? 혹시 뉴턴이 수학과 물리학이라는 어렵고 딱딱한 학문을 연구하는 학자라는 신분에서 느껴지는 선입견은 아닐까? 수학을 전공하는 사람에게 따라붙는 이미지는 동서고금을 막론하고 크게 다르지 않다. 필자 역시 단지 수학자라는 직업 때문에 차갑고 냉정한 사람으로 비춰질 때가 종종 있으니 말이다.

하지만, 필자가 보기에 초상화 속 뉴턴은 불친절하거나 성격이 날카로워 보이지 않는다. 무거운 눈빛에는 학자로서의 고뇌가 엿보이고 굳게 다문 입술에서는 진리만을 말하겠다는 대학자의 아우라가 느껴지기 때문이다.

이 그림에 대한 뉴턴의 생각도 필자와 다르지 않았던 걸까? 뉴턴은 넬러가 그린 이 초상화를 평생 소장하고 있었다고 한다. 아마도 뉴턴은 이 그림을 꽤 마음에 들어 했던 모양이다.

세상은 기하학으로 설명될 수 있다?

뉴턴을 그린 그림 중에 초상화라고 하기에는 좀 그로테스크해 보이는 작품이 하나 있는데, 필자에게는 인상 깊다 못해 충격적이기까지 하다. 영국의 시인이자 화가인 윌리엄 블레이크가 그린 〈뉴턴〉이란 작품이다(153쪽).

블레이크는 초상화나 풍경화처럼 자연의 외관만을 그대로 복사하는 회화를 경멸했다. 그는 이론적인 원리를 벗어나 묵상을 통해 상상하는 신비로운 세계를 그리길 즐겼다.

블레이크가 그린 〈뉴턴〉을 보면, 그가 뉴턴에 대해서 그다지 호의적이지 않았음을 알 수 있다. 그림 속 뉴턴은 몸을 매우 불편하게 구부린 채 컴퍼스를 쥐고 도형을 응시하고 있다. 무엇보다 발가벗은 뉴턴이라…… 대학자이자 고위 관료였던 뉴턴의 지위를 고려하건대, 화가가 그림 속 모델을 조롱하고 있다는 느낌을 지울 수 없다.

조각가 에두아르도 파울로치가 블레이크의 그림에 착안해 제작한 〈뉴턴〉(1995년)

그림에서 뉴턴은 단순한 도형이 세상의 이치를 담은 진리라고 믿는 듯 진지해 보인다. 그렇다. 블레이크는 이 그림에서 뉴턴을, 복잡한 세상을 기하학으로 표현할 수 있다고 믿는 단순한 사람으로 묘사한 것이다. 블레이크는 실제로 다음과 같이 뉴턴을 비판했다.

"신이시여, 제발 우리를 깨어나게 해주옵소서. 외눈박이 시각과 뉴턴의 잠으로부터……"

런던의 국립 도서관 앞에는 블레이크의 그림을 본뜬 조형물 〈뉴턴〉이 설치돼 있다. 조각가 에두아르도 파올로치Eduardo Paolozzi, 1924~2005의 작품이다. 영국의 대표 과학자를 폄하한다며 철거를 주장하는 목소리가 높았지만, 이 조형물은 지금도 도서관 앞을 지키고 있다. 도서관 관계자들이 조형물 〈뉴턴〉을 계속 전시하고 있는 이유는, 과학만능주의를 경고했던 블레이크의 인문정신 역시 영국이 자랑하는 전통이라고 여기기 때문이라고 한다.

과학만능주의를 비판한 인문주의?

블레이크는 〈뉴턴〉보다 1년 먼저 발표한 〈태고적부터 계신 이〉라는 그림에서도 신이 컴퍼스를 가지고 세상을 창조하는 것 같은 장면을 그렸다(이 작품의 이름을 〈태고의 날들〉 또는 〈태초의 창조주〉라고 번역하기도 한다).

〈태고적부터 계신 이〉는 『유럽 예언서』라는 블레이크의 시집에 수록된 삽화 중 하나다. 블레이크는 런던 램버스에 살 때 계단 꼭대기에 앉아 있다가 그의 머리에 떠오른 환상 속에서 컴퍼스로 지구를 재려고 몸을 구부리고 있는 한 이상한 노인의 모습을 봤다고 한다. 그 기억을 모티브로 한 그림 〈태고적부터 계신 이〉에서 창조주는 바다 앞에서 컴퍼스를 세워 작업하고 있는 모습을 하고 있는데, 그림의 전체적인 분위기가 1년 뒤에 그릴 〈뉴턴〉과 닮아 있다. 뉴턴을 컴퍼스를 들고 있는 창조주에 빗대어 풍자한 것이다. 블레이크는 그의 작품들에서도 드러나듯이 기상천외한 가치관과 사고방식 탓에 주변 사람들로부터 기인(奇人) 혹은 광인(狂人) 취급을 받기 일쑤였다. 시든 그림이든 그의 작품은 많은 사람들에게 인정받지 못했고 그래서 그는

블레이크, 〈태고적부터 계신 이〉, 1794년, 캔버스에 유채, 30.8×24.8cm, 케임브리지 대학교 피츠윌리엄 미술관

늘 가난했고 고독했다.

블레이크의 예술가적 진가를 처음 발견한 이들은 낭만주의자들이었다. 그는 세상을 떠난 지 백 년이 훌쩍 지나서야 가장 위대한 낭만주의 시인 가운데 하나로 추앙받게 되었다. 그의 그림도 마찬가지였다. 후대 미술사가들은 블레이크의 회화를 가리켜, "르네상스시대 이래로 공인된 전통의 규범을 의식적으로 포기한 최초의 화가"라고 평가했다. 시인 윌리엄 워즈워스[William Wordsworth, 1770~1850]는 블레이크에 대해서 다음과 같이 말했는데, 블레이크의 예술가적 삶을 이보다 더 잘 표현한 말은 없을 듯하다.

"그가 미친 것은 분명하다. 그러나 그의 광기 속에는 제정신이었던 바이런이나 월터 스코트에게서 발견할 수 없는 그 무엇이 있다."

신이 수학으로 세상을 창조했다는 가설

화가 넬러에게 (뉴턴으로 대표되는) 수학자의 이미지가 '진중함'으로 각인되었다면, 블레이크는 뜻밖에도 컴퍼스라는 도구로 수학자의 정체성을 묘사했다.

원을 그릴 때 사용하는 도구인 컴퍼스는 성경에도 나올 만큼 아주 오래 전부터 신이 세상을 창조하는 도구로 소개됐다. 구약성서 〈잠언 8장〉에는 솔로몬이 다음과 같이 말하는 구절이 나온다.

"야훼께서 만물을 지으시기 전 처음에 모든 것에 앞서 나를 지으셨다. (중략) 멧부리가 아직 박히지 않고 언덕이 생겨나기 전에 나는 이미 태어났다. (중략) 그가 하늘을 펼치시고 깊은 바다 앞에서 컴퍼스를 세우실 때에, 구름을 높이 달아매시고 땅속에 샘을 솟구치게 하실 때에 내가 거기 있었다."

오른 쪽 그림은 컴퍼스가 나오는 성경의 구절을 충실하게 묘사한 것으로, 1220년 경 『도덕의 성서』라는 책에 삽입된 〈창조주 하나님〉이라는 세밀화다. 이 그림은 중세시대 때 이름 모를 화가가 컴퍼스를 가지고 천지창조에 몰두하는 창조주를 그린 것이다. 화가는 이 그림이

〈창조주 하나님〉, 1220~1230년경, 75.6×62.2cm, 종이에 채색, 비엔나 오스트리아 국립 도서관

천지창조라는 것을 알리기 위해 그림 상단에 다음과 같은 글귀를 새겨 넣었다.

"보라, 하나님이 하늘과 땅, 해와 달 그리고 모든 원소들을 지어내신다."

창조주는 컴퍼스의 한 다리가 그림의 틀을 벗어나지 않도록 매우 조심스럽고 세심하게 원을 그리는데 온 신경을 집중하고 있다. 원이 잘 그려지는지 보려고 두 눈을 크게 뜨고 검은 눈동자를 컴퍼스의 한 축에 모으고 있다. 그런데 정작 창조주는 천지창조에 너무 열중한 나머지 자신의 한쪽 발이 그림 액자의 바깥으로 나간 것도 모르고 있다. 창조주의 얼굴이 붉어지도록 집중해서 컴퍼스로 그린 원은 이제 막 탄생하는 우주의 모습이다. 우주의

모습은 마치 호두의 반을 갈랐을 때와 같으며, 울퉁불퉁한 것은 하늘과 땅을 가르는 물이다. 원의 중심에 있는 말랑말랑한 반죽 덩어리 같은 것이 지구다. 아직 지구는 완성되지 않았지만 창조주는 컴퍼스의 중심을 바로 반죽의 한 가운데 놓았다. 즉, 지구가 우주의 중심임을 의미한다. 또 원의 내부에 동그란 작은 두 원은 해와 달이고, 해와 달 뒤로 별들이 빛을 내기 시작한다.

이처럼 신이 '수학으로' 세상을 창조했다는 생각은 동양에서도 마찬가지였다. 오른쪽 그림은 중국 창조신화의 두 주인공이자 남매인 〈복희(伏羲)와 여와(女媧)〉이다. 이 그림은 천지창조의 설화를

〈복희와 여와〉, 7세기경, 189×79cm, 마(麻)에 채색, 국립 중앙 박물관

그린 것으로 위에는 태양의 상징이 그려져 있고, 아래에는 달의 상징이 그려져 있다. 그리고 왼쪽에는 하나의 별을 둘러싼 여섯 개의 별이 그려져 있고 오른쪽에는 북두칠성이 그려져 있다.

남신인 복희는 왼손에 ㄱ자 모양의 자인 '곡척'을, 오른손에 먹통을 들고 있다. 그리고 여신인 여와는 오른손에 컴퍼스를 들고 있다. 둘은 어깨동무를 하고 있으며, 하반신이 마치 하나로 꼬여있는 뱀의 모습을 하고 있다. 이들이 서로 몸을 꼬고 있는 모습을 통해 세상이 조화를 이루고 만물이 생성됨을 나타내고 있으며, 이는 궁극적으로 죽은 사람의 재생과 풍요를 기원하는

내세관을 반영한다. 이 작품에서도 컴퍼스는 세상을 창조하는 도구로 묘사됐다. 결국 동서양을 막론하고 우주가 수학적으로 설계되어 있다고 생각했었음을 알 수 있다.

수학자가 수학자의 초상화를 바라볼 때

블레이크가 조롱한 대로 뉴턴은 컴퍼스로 그린 단순한 도형이 세상의 이치를 담은 진리라고 믿지는 않았을 것이다. 블레이크가 생각하는 것만큼 수학자는 그렇게 단순하지도 낭만적이지도 않다. 넬러가 그린 초상화 속 뉴턴의 진중하면서도 고뇌에 찬 표정이 이를 방증한다.

필자는 가끔 '수학이란 어떤 학문인가?'하고 스스로에게 질문을 던질 때가 있다. 이 질문에 대한 답을 찾기 위해 수십 년 동안 수학의 세계에 푹 빠져 지냈지만, 여전히 모르겠다.

이런 필자를 보고 초상화 속 뉴턴이 무어라 말을 건네는 것 같지만, 잘 들리지 않는다. 아마도 뉴턴은 필자에게 아직 답을 알 수 있을 때가 되지 않았다고 하지 않았을까? 그림에 좀 더 다가가 뉴턴의 눈과 입을, 그리고 뉴턴의 손에 들린 컴퍼스를 하염없이 바라본다.

'원'을 생각하며

바퀴, 태양, 0 그리고 비눗방울

 지금으로부터 약 6000년 전 고대 메소포타미아인들은 처음으로 바퀴를 발명했다. 바퀴의 기원에 대해서는 여러 가지 설이 있는데, 그 중에서 굴림대의 불편함을 해결하기 위해서 고안했다는 주장이 가장 설득력 있다. 굴림대는 무거운 물체를 옮길 때 물체 밑에 깔고 굴리는 통나무를 말한다. 물체를 밀면 물체는 앞으로 진행하고 굴림대는 뒤에 남는데, 통나무이기 때문에 무겁고 옮기기에 불편하다. 이를 개량하려고 막대 같은 굴대(차축)의 양쪽 끝에 원판을 붙이는 아이디어를 착안해내면서 드디어 바퀴가 탄생하게 된 것이다.

이후 메소포타미아인들은 바퀴의 무게를 줄이기 위한 노력을 거듭 이어갔고, 그 결과 살이 달린 바퀴까지 제작해 기원전 1600년경에 이집트를 시작으로 서서히 유럽 전역에 전파했다. 중국에서도 기원전 1300년경에 살이 있는 바퀴가 달린 전차에 관한 기록이 전해진다.

번 존스, 〈운명의 수레바퀴〉, 1863년, 캔버스에 유채, 151×73cm, 멜버른 빅토리아 국립 미술관

(왼쪽) 덕흥리 고분에 그려진 행렬도의 수레 모습. 고구려에서는 신분에 따라 수레 사용에 차이가 있었음을 알 수 있다. (가운데) 덕흥리 고분에 그려진 여성들이 타고 다니는 수레의 모습. 이 시대 여성들도 자유롭게 수레를 타고 외출할 수 있었다. (오른쪽) 고구려 오회분 4호묘에 그려진 수레바퀴 신. 고구려에서는 수레 만드는 기술자를 크게 우대했다.

우리나라에서도 아주 오래전부터 바퀴가 사용되었음을 방증하는 유물과 벽화가 발굴되었다. 우리나라에서 수레가 가장 활발하게 사용된 시기는 삼국시대였다. 현재까지 발굴된 110여기의 벽화고분에서 40대의 수레와 네 개의 수레바퀴 그림이 발견되었다. 고구려 귀족들의 일상적인 외출 수단은 바로 수레였다. 귀족의 집집마다 수레를 넣는 차고가 있었고, 소와 말을 길렀다. 소는 수레를 끌고, 말은 타고 다니기 위함이었다.

수레는 남성들만 탄 것이 아니라 여성들도 타고 다녔다. 왕과 귀족의 행차에는 짐차가 따라 다니기도 했다. 위의 그림은 전남 고흥군 동일면 덕흥리에서 발견된 것으로, 수레와 바퀴가 곧 신분을 상징함을 알 수 있다. 고구려 고분 벽화에는 힘겹게 가마를 드는 가마꾼은 전혀 보이지 않는다. 그 대신 수레를 만드는 수레바퀴 신을 그린 그림이 전해진다.

신라와 백제도 수레를 많이 이용한 것은 마찬가지였다. 신라는 수레를 담당하는 승부(乘府)라는 관청이 있었고, 한 번에 2000대의 수레를 동원한 기록도 있다. 수도인 금성(경주시)뿐 아니라

가야의 수레바퀴 토기. 가야에도 수레가 사용되었음을 보여주는 유물이다.

대구, 경산, 울산 등지에도 수레가 다녔던 바퀴흔적이 남아있는 도로 유적들이 많이 발견되었는데, 이는 신라인들이 일상적으로 수레를 많이 사용했음을 알려주는 명확한 증거다. 백제의 수도인 사비성(부여)에도 직선 도로가 설계되었던 점을 미루어 수레를 많이 사용했음을 알 수 있다. 또 부여 궁남지 유적과 능산리 유적에서 수레바퀴 조각이 출토되기도 했다. 가야의 경우에도 수레바퀴 모양을 한 토기를 만들었을 정도로 수레를 활발히 사용했다.

바퀴, 태양, 그리고 '0'

세월이 지나고 문명이 발전하면서 인류에게 바퀴의 중요성은 더욱 커져갔다. 그러면서 자연스럽게 바퀴와 수레는 권위의 상징이 되기도 했다. 이처럼 바퀴가 고대인들에게 권위를 상징하는 물건으로까지 격상(!)된 데는 또 다른 이유가 있다. 바로 바퀴의 모양이 태양과 닮았기 때문이다. 인류에게 있어서 태양은 가장 오래되고 보편적인 우상 숭배의 대상이었다. 동서고금의 유적을 살펴보면, 태양신을 섬겼던 기록을 어렵지 않게 볼 수 있다. 태양과 바퀴의 가장 기본적인 공통점은 둘 다 '중심이 있는 원'이라는 점이다. 인류는 중심이 있는 원이 '완전한 주기', '둥근 고리의 완벽한 균형감', '존재하는 모든 가능성의 해결'을 뜻한다고 여겼다. 바퀴 역시 중심에 축이 있다. 축을 중심으로 힘의 방향으로 회전하여 공간 이동을 가능하게 한다. 수학에서 이러한 중심축을 수로 표시하면 '0'이 된다. 모든 중심축은 '0'을 지나게 된다. '0'을 중심으로 회전하는 힘이 안으로 모아지기도 하고(구심력), 밖으로 퍼지기도(원심력) 하는 것이다. '0'은 아무 것도 없는 무(無)를 상징하는 동시에 힘이 생성하는 시작점이 되기도 한다. 태양이 만물의 생성을 일으키는 근원적인 존재인 것은 움직일 수 없는 진리다. 결국 '0'과 태양은 생성의 아이콘이라는 점에서 궤를 같이 한다고 볼 수 있다.

다시 '0'으로 수렴하는 운명의 수레바퀴

태양의 산물인 바퀴에는 신화 속 얘깃거리도 많다. 바퀴의 가장 특징 중 하나는 회전한다는 것인데, 이는 바퀴의 존재이유이자 운명이기도 하다. 재밌는 사실은 아주 오래 전부터 동서양을 막론하고 회전하는 바퀴의 운명을 인간의 운명과 결부시켜 왔다는 것이다. 회전하는 바퀴와 인간 운명의 관계는 고대 신화에서도 등장하는데, 그 중 가장 유명한 것이 로마신화에 나오는 운명의 여신 '포르투나(Fortuna)'이다. 그리스신화에서 티케(Tyche)로 불리던 운명의 여신은 로마신화로 옮겨오며 포르투나로 이름이 바뀌었는데, 오늘날 영어에서 행운을 뜻하는 '포춘(Fortune)'의 어원이기도 하다.

오른쪽 그림은 독일의 화가 뒤러Albrecht Dürer, 1471~1528의 동판화 〈네메시스〉다. 네메시스는 '복수'와 '치명적 운명'을 뜻하는데, 뒤러는 포르투나 여신의 모습으로 네메시스를 표현했다. 뒤러의 작품에서 포르투나는 날개달린 늙은 여인의 모습으로 구르는 바퀴 위에서 위태롭게 서 있다. 그리고 그녀의 발 밑에 그려진 마을의 운명은 포르투나에게 달려 있다.

포르투나는 앞쪽 머리카락이 없는 대머리에 긴 꼬랑지머리를 휘날리고 있으며 손에는 뚜껑이 있는 잔과 구속을 뜻하는 가죽 마구를 들고 있다. 동서양을 막론하고 행운 또는 기회의 여신은 반(半) 대머리라 앞쪽에서 붙잡기 어렵다는 전설이 있다. 뒤러의 작품에 등장하는 포르투나도 반 대머리라 앞에서 다가오는 운명의 여신을 붙잡기 어려워 보인다.

얼핏 봐도 뒤러의 작품 속 여신의 외모는 다른 여신과는 사뭇 다르다. 반 대머리에 주름진 똥배를 하고 있으니 말이다. 그런 모습으로 구르는 바퀴 위에 올라 서 있는 것이다. 기괴하고 우스꽝스럽다. 뒤러는 여신이 올라타 있는 바퀴를 우리가 사는 세계에 비유했는데, 마치 여신은 '구르는 세계' 위에서 바

뒤러, 〈네메시스〉, 1501~1502년경, 동판화, 32.9×22.9cm, 런던 브리티시 미술관

람이 부는 방향으로 세상을 이끌려는 듯하다. 포르투나를 묘사할 때 항상 등장하는 나부끼는 천 자락은 쉽게 변하는 운명을 바람에 비유한 것이다. 포르투나는 바람의 방향이 바뀌듯 변덕이 심한 여신임을 의미한다.

포르투나의 운명의 바퀴를 가장 잘 감상할 수 있는 작품은 19세기 영국 빅토리아시대의 화가 에드워드 콜리 번 존스 경Sr Edward Coley Burne Jones, 1833~1898의 〈운명의 수레바퀴〉다. 로마시대에는 포르투나 여신을 모시는 신전이 많았는데, 그곳에는 항상 운명의 수레바퀴가 있었다고 한다. 165쪽 그림에서 평범하지만 아름다운 여인으로 묘사된 포르투나는 커다란 운명의 수레바퀴를 돌리고 있다. 수레바퀴에는 세 명의 남자들이 매달려 있는데, 가장 위에는 거지, 가운데는 왕, 맨 밑에는 시인이다. 바퀴를 돌리고 있는 여신을 자세히 보면 눈을 감고 있는데, 객관성을 잃지 않고 다른 사람들의 운명을 관장하겠다는 의지의 표현으로 해석된다.

바퀴에 매달린 세 남자는 '스스로 뛰어 내리지 않는 한' 운명에서 벗어날 수

없는 신세다. 결국 여신이 돌리는 바퀴를 따라 행운이 찾아오다가도 갑자기 인생 가장 밑바닥까지 곤두박질치는 불행과 마주하기도 한다. 그러다가 여신 포르투나의 손길에 이끌려 다시 위로 올라서면서 희망을 꿈꾼다. "다람쥐 쳇바퀴 도는 인생"이란 말이 괜히 나온 게 아니었나 보다. 수레바퀴가 한 바퀴 돌면 다시 제자리, 즉 '0'이 되듯이 인간의 삶도 태어나서 죽을 때까지 한 바퀴 돌고 나면 빈손으로 돌아간다. 결국 '0'으로 수렴하는 것이다.

운명, 우주, 4차원 세상 그리고 비눗방울!

인간의 삶을 둥근 수레바퀴로 묘사한 그림 〈운명의 수레바퀴〉를 감상하고 나니 생성과 소멸의 이미지가 담긴 원 그림이 좀 더 보고 싶어진다. 원을 그리길 즐겼던 화가 중에서 유독 필자의 마음을 끄는 이는 추상화의 아버지라 불리는 바실리 칸딘스키Wassily Kandinsky, 1866~1944다. 그의 작품들에는 '기하학의 예술적 향연'이라 할 만큼 수학적 요소들이 가득하다. 특히 칸딘스키는 원이라는 도형에 대해서 남다른 의미를 부여했는데, 그의 말을 몇 가지만 소개하면 다음과 같다.

① 가장 겸양스러운 형태이자 자기주장이 확실한
② 간결하면서 무한하게 변화하는
③ 안정과 불안, 긴장과 평안이 공존하는
④ 대립하는 모든 것들을 한 데 모아 수렴시키는
⑤ 구심력과 원심력을 하나의 형태로 묶어 균형과 통일을 이루는
⑥ 세 가지 기본 도형(삼각형, 정사각형, 원) 중에서 가장 4차원에 가까운

칸딘스키, 〈원 속의 원〉, 1923년, 캔버스에 유채, 98.7×95.6cm, 필라델피아 미술관

칸딘스키, 〈여러 개의 원〉, 1926년, 캔버스에 유채, 140×140cm, 뉴욕 구겐하임 미술관

칸딘스키의 원에 대한 심미적 탐구는 웬만한 철학자나 미학자에 뒤지지 않을 정도로 탁월하다. 칸딘스키는 원에 대한 깊은 통찰을 바탕으로 여러 작품을 남겼는데, 그 중 〈원 속의 원〉과 〈여러 개의 원〉이라는 작품이 인상 깊다. 〈원 속의 원〉과 〈여러 개의 원〉에 대한 평론가들의 생각은 매우 다양하다. 그림 속 원을 가리켜 "우주라는 무한공간을 배회하는 수많은 위성들"이라는 평이 있는가하면, "우리가 사는 세상이 아닌 4차원의 공간"이라는 평도 있다. 그런데 이 그림을 본 필자는 어릴 적 후후 불어 날렸던 비눗방울이 생각난다. 공기보다 가벼운 비눗방울은 둥실둥실 떠다니다가 어떤 것은 서로 붙어서 날기도 한다.

사실적인 형체를 버리고 순수 추상화의 탄생이라는 미술사의 혁명을 이루어냈다는 평가를 받는 칸딘스키의 작품을 두고 고작 비눗방울을 생각해낸 필자를 보며 어이없어 하는 사람들의 표정이 눈에 선하다.

그런데 사소해 보이는 비눗방울이지만 그것에 담긴 수학적 의미를 되짚어 보면 또 얘기가 달라진다. 지금부터 필자와 함께 비눗방울의 구조를 하나하나 해부해 보도록 하자.

칸딘스키의 원은 비눗방울을 닮았다!

비눗방울을 자세히 들여다보면 흥미로운 구조를 볼 수 있는데, 원과 원이 만날 때와 마찬가지로 같은 크기의 비눗방울과 비눗방울이 만날 때도 두 개의 비눗방울은 180°, 세 개의 비눗방울은 120°로 만난다. 실제로 과학자들은 비눗방울과 같은 거품의 구조와 시간에 따른 변화를 이해하기 위해 오랫동안 노력해왔다. 아래와 같이 비눗방울이 만날 때 만들어지는 선분을 '플라토 경계(Plateau border)'라고 하며, 이런 현상에 관한 원리를 '플라토 법칙(Plateau's laws)'이라고 부른다. 19세기에 이러한 현상을 처음 발견한 벨기에 출신 물리학자 조셉 플라토$^{Joseph\ Plateau,\ 1801~1883}$의 이름에서 따왔다.

이에 대하여 칸딘스키는 이렇게 말했다.

"인간은 표면에 머무르기를 좋아한다. 왜냐하면 표면에 머무른다는 것은 보다 적은 노력을 요구하기 때문이다."

칸딘스키는 자신의 작품에서 플라토 법칙을 적절하게 묘사한 것이다.

한편, 플라토 법칙이 사실로 입증되기 위해서는 가장 중요한 전제조건이 필요하다. 비눗방울이 터지지 말아야 한다는 것이다. 오른쪽 그림은 프랑스의 화가 장 밥티스트 시메옹 샤르댕$^{Jean\ Baptiste\ Siméon\ Chardin,\ 1699~1779}$이 그린 〈비눗방울을 부는 사람〉이다. 이 그림에서 가난해 보이는 소년은 비눗방울을 크

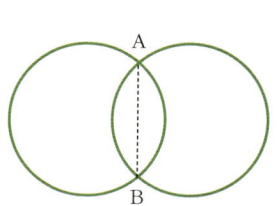
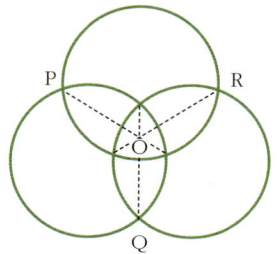

게 만들려고 매우 신중하게 불기에 집중하고 있다. 하지만 아무리 크게 비눗방울을 완성한다 해도 비눗방울은 금방 터져버리기 일쑤다. 그래서 화가들은 비눗방울을 인생의 허무함에 비유하곤 했다. 이 작품 속의 소년도 열심히 비눗방울을 불어 크게 만들지만 결국 비눗방울은 터질게 분명하다.

샤르댕, 〈비눗방울을 부는 사람〉, 1734년경, 캔버스에 유채, 74.5×93cm, 워싱턴 내셔널 갤러리

비눗방울의 일생을 수학적으로 규명하다

비눗방울은 시간이 지나면서 투명한 막 표면에 무지갯빛이 일렁거린다. 무지갯빛이 나타나는 것은 빛이 막을 투과하고 반사할 때 일어나는 간섭 때문이다. 즉 바깥쪽 막에서 바로 반사하는 빛과 막을 통과한 뒤 안쪽 막에서 반사한 빛이 서로 중첩되는 보강간섭을 하는 파장의 색이 보이는 것이다. 비누 막에서 색이 일렁거리는 건 막의 두께가 변하면서 보강간섭을 하는 파장이 바뀌기 때문이다.

무지갯빛을 발하던 비눗방울은 마침내 터지게 된다. 비눗방울이 터지는 것은 비눗방울막이 공기를 분할한 상태인데 막을 이루는 액체가 중력과 표면장력을 받아 아래로 흐르면서 막이 얇아지기 때문이다.

비눗방울이 터지는 정확한 이유를 알게 된 것은 그리 오래되지 않았다. 2013년 5월 10일자 과학저널 「사이언스」에 미국 버클리 캘리포니아대학교 수학자들이 거품이 꺼지는 과정을 거의 완벽하게 재현할 수 있는 수식(미분방정식)을 만들었다는 연구결과가 실렸다. 수학자들은 비눗방울로 이루어진 거품의 변화과정을 3단계로 나눴다. 첫 번째가 '재배치기'로 비눗방울 하나가 터진 뒤 불안정해진 거품 구조가 재배치되면서 안정을 찾는 단계다. 두 번째가 '액체배수기'로 겉보기에는 거품이 안정적인 상태인 것 같지만 막의 물이 빠져나가면서 막이 얇아지는 단계다. 세 번째가 '파열기'로 얇아진 막이 터지면서 거품 구조의 균형이 깨지는 단계다. 이후 다시 첫 번째 단계로 돌아가 사이클이 반복된다는 것이다.

수학자들은 모든 요소를 한꺼번에 고려할 경우 너무 복잡해지기 때문에 거품의 진화를 3단계로 나누었다고 한다. 그리고 각 단계별로 변화를 재현할 수 있는 수식을 만든 뒤 이를 매끄럽게 이어 붙여 실제 현상에 가깝게 재현할 수 있는 시뮬레이션을 만들어냈다.

오른쪽 사진을 잘 살펴보자. 이 그림에 있는 비눗방울들은 사실 진짜가 아니다. 거품이 꺼지는 과정을 시뮬레이션한 것에서 발췌한 스틸 사진이다. 사진 속 비눗방울은 막을 투명하게 하고 두께에 따라 간섭효과를 내게 프로그래밍한 것이다. 평균 지름은 3mm이며 막의 두께가 일정한 비눗방울 스물일곱 개가 모인 거품에서 출발하여 막을 이루는 액체가 빠져나가면서 6.4초일 때 첫 방울이 터지고 뒤이어 급격히 방울이 터지면서 거품이 꺼진다. 첫 방울이 터지고 비눗방울 세 개가 남아있는 마지막 사진까지 불과 0.244초가 걸렸다고 한다.

이 실험은 막 위에 떠있는 거품이 소멸하는 과정을 시뮬레이션한 것으로,

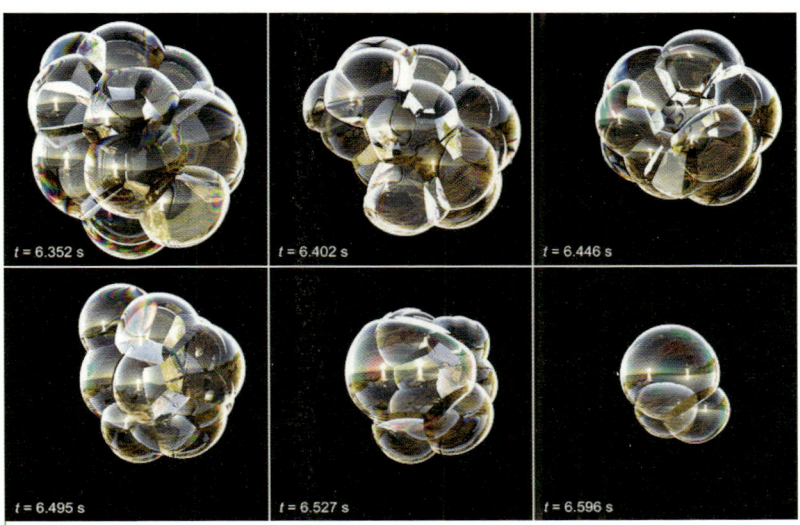

출처: 미국수학회(http://www.ams.org/news/math-in-the-media/mathdigest-md-201305-toc)

막의 두께에 따라 다른 색으로 표시해 두께 변화도 한 눈에 볼 수 있다. 즉 크고 작은 비눗방울 스물일곱 개로 이뤄진 거품에서 먼저 막이 얇은 작은 비눗방울들이 터진다. 막이 터질 경우 원래 플라토 경계였던 자리의 막이 두꺼워진다고 한다. 때로는 작은 방울이 터져 합쳐질 때의 급격한 요동으로 큰 방울이 터지기도 한다. 마지막 장면은 거품을 이루고 있던 방울들이 서로 떨어져 결국 세 개의 방울만 남은 상태를 보여준다.

이로써 우리는 비눗방울을 통해 하나의 존재가 소멸하는 과정을 수학적으로 규명해봤다. 비눗방울이 생성되어 터져 소멸하기까지의 시간은 열을 셀 만큼도 안 될 정도로 짧다. 그 짧은 시간동안 비눗방울들은 서로 관계 맺기를 통해 존재를 확인한 뒤 명멸해간다.

비눗방울의 일생을 가만히 보고 있으면 그 모습이 우리네 인생과 닮았다는 생각이 든다. 다만, 우리네 인생은 여전히 수학적으로 규명되지 않았다는 점만 빼면 말이다.

프로메테우스의 반지

환 이론의 재발견

앞에서 우리는 도형 원을 주제로 수레바퀴와 태양, 칸딘스키의 그림 그리고 비눗방울에 이르기까지 참 다양한 소재를 통해 생각의 지평을 넓혀보았다. 그럼에도 불구하고 필자는 원에 대한 생각이 꼬리에 꼬리를 물고 이어진다. 지면 관계상 이쯤해서 멈춰야 할 것 같은 데 말이다. 그래도 이것만은 꼭 다뤄보고 싶은 게 있다. 바로 '반지'다. 사람들이 관계와 약속, 기념의 징표로 손가락에 끼는 장신구 말이다. 수학과 반지라⋯⋯ 둘 사이에 어떤 관계가 있을까?

'미리 아는 자'의 비애

오른쪽 그림은 그리스신화에 등장하는 〈프로메테우스〉다. 프랑스 화가 귀

모로, 〈프로메테우스〉, 1868년, 캔버스에 유채, 205×122cm, 파리 귀스타브 모로 미술관

스타브 모로Gustave Moreau, 1826~1898의 작품인데, 반지 이야기를 이어가기 위해서는 그리스신화 속 프로메테우스를 소개하지 않을 수 없다.

"신은 인간을 만들었고, 인간은 신을 만들었다"라는 말이 있다. 이 말에 따르면 신이 먼저인지 인간이 먼저인지 아리송하다. 성경과 여러 신화를 보면 신들의 탄생이 먼저인데, 이것 또한 애매모호한 점이 있다. 성경과 신화를 누가(!) 썼는지 생각해보면 고개가 갸우뚱해진다.

아무튼, 그리스신화에서는 신들의 탄생이 먼저다. 그리스신화는 카오스(혼돈, Chaos)에서 시작된다. 카오스에서 생명의 씨앗이자 신들의 어머니인 가이아가 스스로 탄생하여 그리스신화가 시작된다. 신화에 따르면 땅과 바다와 하늘이 창조되기 이전에는 만물이 모두 하나였다. 땅과 하늘 그리고 공기가 모두 뒤섞여 있었기 때문에 땅은 아직 단단하지 못했고, 바다는 출렁거리지 않았으며, 공기도 투명하지 못했다. 이윽고 신과 대자연이 손을 써서 이 혼란을 수습하며 땅과 바다를 나누고 이를 또 하늘과 갈라놓은 것이다. 그리고 올림포스의 신들은 우라노스의 피에서 탄생한 거대한 괴물 기간테스와의 전쟁인 기간토마키아에서 헤라클레스의 활약으로 승리했고, 드디어 세상은 안정을 찾았다.

이 전쟁에서 이긴 제우스는 자신들의 편에 서서 함께 싸웠던 티탄족인 프로메테우스와 그의 동생 에피메테우스에게 온갖 짐승과 인간을 만들라고 명했다. 그래서 프로메테우스는 땅으로부터 흙을 조금 취하여, 물을 붓고 잘 섞어 신들의 형상과 비슷한 인간을 만들었다. 프로메테우스와 에피메테우스는 인간을 창조하고 인간을 비롯한 다른 동물들에게 살아가는 데 필요한 모든 능력을 부여하는 임무를 맡았다.

프로메테우스의 이름에는 '미리 아는 자'라는 뜻이 담겨 있고, 에피메테우

프란시스코 바이유(Francisco Y Subias Bayeu, 1734~1795), 〈올림피안 : 거인과의 전쟁(기간토마키아)〉, 1764년, 캔버스에 유채, 68×123cm, 마드리드 프라도 미술관

스에는 '나중에 아는 자'라는 뜻이 있다. 오늘날 글을 시작할 때 '프롤로그', 끝날 때 '에필로그'라고 하는 용어도 이들로부터 유래했다. 나중에 아는 자인 에피메테우스는 앞일은 생각하지 않고 갖가지 동물에게 용기, 힘, 속도, 지혜 같은 것들을 선물로 주기 시작했다. 어떤 동물에게는 날개를, 어떤 동물에게는 발톱을, 또 어떤 동물에게는 딱딱한 껍질을 주는 식이었다. 드디어 인간에게 무엇인가를 주어야 할 차례가 왔는데, 에피메테우스의 수중에는 아무것도 남아 있지 않았다. 제우스로부터 받은 선물을 다 써버린 것이었다. 에피메테우스의 신중하지 못하는 행동을 나무라며 프로메테우스는 몰래 올림포스 신전에서 불을 훔쳐와 인간에게 선물로 주었다. 이 선물 덕분에 인간은 다른 동물들이 감히 넘보지 못하는 존재가 될 수 있었다. 곧 인간은 불을 이용하여 무기를 만들어 다른 동물들을 정복할 수 있었으며, 연장을 만들어 땅을 갈아먹을 수 있었고, 아무리 추워도 거처를 데워 따뜻하

루벤스, 〈사슬에 묶인 프로메테우스〉, 1612년경, 패널에 유채, 209.5×243.5cm, 필라델피아 미술관

게 기거할 수 있었다.

인간에게 불을 선물한 프로메테우스는 제우스의 분노를 샀다. 제우스는 자신의 동의 없이 몰래 불을 훔친 프로메테우스를 코카서스 산에 사슬로 묶어 두고 독수리에게 간을 쪼여 먹히는 형벌을 내렸다. 위의 그림은 페테르 파울 루벤스Peter Paul Rubens, 1577~1640가 그린 〈사슬에 묶인 프로메테우스〉이다. 앞에서 본 모로의 그림과 같은 주제다.

독수리가 프로메테우스의 간을 쪼아 먹으면 그 다음 날 간이 새로 자라나고 다시 독수리에게 간을 쪼아 먹히는 제우스의 형벌은 매일 거르지 않고 반복되었다. 루벤스와 모로는 독수리가 프로메테우스에게 날아들어서 그의 배를 찢고 날카로운 부리로 생간을 끄집어내어 먹는 순간을 묘사했다. 프로메테우스의 손에는 사슬이 묶여 있어서 꼼짝없이 독수리에게 간을 쪼아 먹히고 있다. 루벤스의 작품을 잘 살펴보면 프로메테우스가 훔친 문제의 불은 화면 왼쪽 밑에 희미하게 보인다.

앞에 소개한 모로의 작품에서도 프로메테우스는 사슬로 묶여 있다. 프로메테우스를 주인공으로 하는 모든 작품에서도 프로메테우스는 항상 사슬에 묶여 있다. 제우스가 프로메테우스를 이렇게 심하게 다룬 것은 프로메테우스가 제우스의 앞날을 알고 있기 때문이었다. '미리 아는 자' 프로메테우스는 제우스의 미래를 알고 있었는데, 제우스에게 그것을 알려주지 않았기 때문에 불을 핑계 삼아 프로메테우스를 벌했던 것이다

수학을 진화시킨 반지의 힘

고통을 받던 프로메테우스를 구한 이는 헤라클레스다. 헤라클레스는 자신이 수행해야 했던 열두 가지 과업 중 하나인 황금사과의 행방을 알아내기 위하여 프로메테우스를 구해준다. 프로메테우스는 자유를 기념하기 위하여 자신의 손과 발을 묶고 있던 쇠를 동그랗게 만들어 손가락에 끼었는데, 이것이 오늘날 어떤 일을 기념하고 누군가와의 약속을 지키기 위한 징표로 사용되는 반지의 시초다.

177쪽 모로의 그림을 다시 보자. 프로메테우스의 발목에 채워진 족쇄는 언뜻 보면 장식용 발찌처럼 보이기도 한다. 대부분의 사람들은 모로의 그림에서 프로메테우스의 옆구리를 쪼아 먹는 독수리에 눈길이 쏠리지만, 필자는 모로의 발에 채워진 발찌 같은 족쇄에 가장 먼저 눈길이 간다. 그 이유는 수학에 등장하는 '반지 이론(ring theory)' 때문이다.

그렇다. 수학에도 '반지'가 있다. 수학에서의 반지는 전문용어로 '환(環)'이라고 하며 영어로는 'ring'이라고 한다. 사실 환 이론은 일반적인 대수방정식에서 해를 구하기 위하여 만들어진 수학적 구조체이다. 이제 이 환의 출현에 대한 간략한 역사를 살펴보자. 사실 환 이론의 역사는 일반적인 대수방정식의 해법의 역사와 같다고 할 수 있다.

고대의 여러 문명의 기록을 살펴보면 방정식에 관계된 문제와 해법이 많이 등장한다. 세상에서 가장 오래된 수학책인 기원전 1650년경 서기관이자 수학자인 아메스Aahmes, 생몰연도 미상가 저술한 『린드 파피루스』에 처음으로 일차방정식의 해법이 나온다. 아메스는 여기에서 한 개의 미지량을 갖는 일차방정식에 관련된 문제와 그것의 해결방법을 서술하였다. 그 뒤 논증수학의 시초

| 인류 역사상 가장 오래된 수학책으로 알려진 『린드 파피루스』

로 알려진 그리스의 수학자 탈레스Thales, BC624~BC545는 그림자를 이용하여 피라미드의 높이를 측정했는데, 이 때 비례식을 이용하여 일차방정식을 풀었다. 그리스의 수학자 디오판토스Diophantos, 246~330는 『산학』에서 기호를 사용하여 일차방정식을 기술하였으며, 이항 및 동류항의 정리와 같은 계산 방법을 제시하였다. 이 책에는 여러 가지 방정식, 부정방정식의 해법도 소개했으나 음수는 방정식의 해로 취급하지 않았다.

방정식의 해법은 인도의 수학에서도 많이 발견되는데, 고대 인도의 대표적인 수학자로는 브라마굽타Brahmagupta, 598~665, 바스카라Bhaskara, 생몰연도 미상 등이 있다. 브라마굽타는 일차부정방정식 $ax+by=c$ (a,b,c는 정수)의 일반적인 해법을 최초로 소개하였으나 디오판토스와 마찬가지로 음수의 해까지는 확장하지 못했다. 음수의 해까지도 확실히 생각한 것은 바스카라였다. 또한 인도에서의 '0'의 발견은 기수법(記數法)*의 발전을 가져왔고, 이에 따라 방정식의 일반화를 가져왔다. 나중에 인도에서 발전한 방정식에 관한 이론은 아라비아를 거쳐서 유럽에 전파되었다.

5차 이상의 방정식을 푸는 일반적인 방법은 존재하지 않는다는 것을 증명한 사람은 19세기 노르웨이의 수학자 아벨Niels Henrik Abel, 1802~1829이었다. 그는 이것의 증명 과정에서 수학적으로 단단한 구조인 '군(群, Group)'의 개념을 생각해 내었고, 그

'군(群, Group)'의 개념을 생각해 낸 노르웨이 수학자 아벨

---

* 수를 기록하는 방법으로, 일반적으로 유한개의 기호(문자, 숫자)를 사용하여 수를 표현. 오늘날은 주로 십진 기수법을 사용.

결과 방정식의 해법에 관련된 수학의 새로운 영역이 탄생되었다. 아벨과 거의 동시에 방정식의 해법에 관한 문제를 해결한 또 다른 사람은 프랑스의 수학자 갈루아$^{Évariste\ Galois,\ 1811~1832}$이다. 아벨과 갈루아는 살아 생전에는 그들의 뛰어난 이론이 제대로 평가받지 못하다가 둘 다 젊은 나이에 한 사람은 가난 때문에, 또 다른 사람은 명예 때문에 죽은 이후에 그 이론의 중요성이 부각되었다. 아무튼 이들의 이론을 바탕으로 하나의 연산을 이용하는 군 이론에서 출발하여 두 가지 연산을 이용하는 환 이론으로 대수학이 발전하게 되었다. 환 이론은 20세기 수학 전반에 큰 영향을 끼쳤다. 그것은 마치 프로메테우스가 인간에게 불을 선사한 것에 비견될 만큼 수학에 있어서 놀라운 성과였다.

프로메테우스의 반지가 주는 교훈

군과 환을 좀 더 쉽고 간단하게 알아보자.

예를 들어 방정식 $2x=3$의 해를 구해보자. 이 방정식은 곱셈연산 하나만 사용되고 있다. 즉, $2x=3$은 $2 \times x = 3$과 같이 연산 '×'가 사용되었다. 이 방정식의 해를 구하려면 방정식의 양변에 2의 역수인 $\frac{1}{2}$을 곱하면 된다. 이와 같이 한 가지 연산에 대하여 어떤 성질을 만족하는 수학적 구조를 '군'이라고 한다. 군은 오른쪽 그림과 같이 벤다이어그램을 이용하여 둥그렇게 나타낼 수 있다.

그런데 방정식 $2x+3=6$에는 덧셈(＋)과 곱셈(×)이 동시에 사용되고 있다. 연산이 하나였을 때 만족하던 성질은 연산을 하나 더 사용할 경우 만족하지 않는 성질들이 많이 생긴다. 즉, 연산이 하나뿐인 군에 또 다른 연산을 하나 첨가하면 오른쪽 그림과 같이 구멍이 뚫리게 된다. 그리고 이것은 프로메테우스가 손가락에 낀 반지 모양과 같다고 해서 ring theory로 불린다. 앞에서 열거한 수학자들 중에는 이미 환 이론을 알고 있었던 사람들도 있었을 것이다. 다만, 하나의 원리나 법칙이 논리적인 체계를 갖춰 학문적으로 공인을 받기 위해서는 이론의 '발견'만큼 '정립'도 중요하다.

사실 무엇인가를 미리 안다는 것은 매우 위험한 일이기도 하다. 알고 있기에 타인으로부

×에 대한 군

+와 ×에 대한 환

터 추궁을 당할 수도 있고, 끝내 말하지 못할 경우 오해와 불신을 사 곤경에 처할 수도 있다. 프로메테우스처럼 말이다.

그래서 미리 알게 된 사실을 알릴 때에는 신중해야 하고 현명해야 하며 오해의 소지가 없도록 논리적이어야 한다. 알게 된 사실 즉 '결과'만큼 그것을 알리는 방법 즉 '과정'도 매우 중요하다는 얘기다.

수학에서 '정답'보다 그것을 구하는 '과정'을 중시하는 이유가 여기에 있다. 과정이야 어찌됐건 정답만을 좇는다면 새의 부리에 상처를 입는 우(愚)를 범하는 게 수학이라는 학문임을 프로메테우스의 반지와 환 이론을 통해서 깨닫게 된다.

'난제의 숫자'는 어떻게 예술이 되는가

'에라토스테네스의 체'와 소수

　　　　　　　　　　　미술관에서 수많은 작품들 사이를 거닐다보면 그림 속에서 수학자를 만나는 경우가 종종 있다. 언젠가 캐나다 몬트리올 순수미술 뮤지엄에서 에라토스테네스Eratosthenes, B.C.276~B.C.194를 물끄러미 바라봤던 기억이 난다. 까마득히 먼 옛날 수학자를 소환해 글을 쓰도록 만든 그림은 이탈리아 출신 화가 베르나르도 스토리치Bernardo Strozzi, 1581~1644가 그린 〈알렉산드리아 도서관에서 수업 중인 에라토스테네스〉다. 고대 그리스 수학자이자 천문학자였던 에라토스테네스는 한때 알렉산드리아 도서관장이었는데 화가 스토리치는 에라토스테네스가 도서관에서 제자를 가르치는 모습을 그렸다.

이 그림은 갈릴레오 갈릴레이Galileo Galilei, 1564~1642의 천문학 연구가 교회로부터 비난을 받던 시기인 1635년에 그려졌다. 그림 속 제자는 에라토스테네스가 가리키고 있는 책의 내용에 집중하고 있으며 두 손으로 지구본을 감싸고

스토리치, 〈알렉산드리아 도서관에서 수업 중인 에라토스테네스〉, 1635년, 캔버스에 유채, 몬트리올 순수미술 뮤지엄

있다. 제자의 왼손에는 컴퍼스가 들려있어 에라토스테네스와 그의 제자가 지구 둘레를 측정하고 있음을 짐작할 수 있다.

어느 호기심 많은 수학자가 걸러낸 수수께끼 숫자들

고대 그리스인들은 지역에 따라 북극성의 높이가 다른 사실을 근거로 지구가 공처럼 둥글다는 것을 알고 있었다. 에라토스테네스는 시에네*에서는 하짓날에 태양광선이 우물의 바닥까지 닿는다는 것을 전해 듣고, 해가 가장 높이 떴을 때 태양광선과 지표면이 정확히 $90°$가 된다고 생각했다. 그는 하짓날에 시에네로부터 정북 방향에 있는 알렉산드리아에 지표면과 수직으로 세워 놓은 막대와 그것의 그림자가 이루는 각이 $7°12'$임을 계산했다. 그리고 이로부터 지구의 크기를 계산할 수 있다는 사실을 알아냈다.

시에네에서 알렉산드리아까지의 거리는 5000스타디온**(오늘날 약 800km)이며 그 비율은 $\frac{7°12'}{360°} = \frac{1}{50}$이다. 따라서 지구 둘레의 길이는 (800km) $\times 50 = 40000$km가 된다. 지구의 반지름은 약 6400km로, π를 3.14로 계산하면 지구 둘레의 길이는 약 $2 \times 3.14 \times (6400\text{km}) = 40192$km이다. 에라토스테네스가 구한 길이는 매우 수학적이었음을 알 수 있다. 그러나 당시 스타디온이란 단위가 수치로 얼마인지 정해져 있던 것도 아니었고, 측정 자체도 걸음수를 이용한 대략적인 것이었다. 따라서 에라토스테네스가 실제로

---

* 지금의 이집트 남동부의 주도 아스완(Aswān)으로, 고대 그리스에서는 '무역'이라는 의미의 시에네(영문명: Swenet)로 불렸다.

** 스타디온(stadion)은 경기장을 뜻하는 스타디움(stadium)의 어원으로, 경기장 규모에서 비롯된 단위이자 고대 올림픽 육상 종목을 가리키기도 한다.

| 에라토스테네스가 지구 둘레를 구한 방법 |

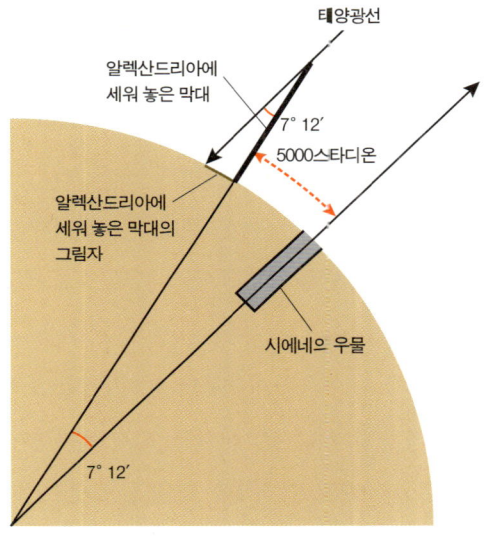

얼마나 정확하게 지구 둘레를 구했는지는 별 의미가 없다. 중요한 것은 그가 수학을 이용하여 지구 둘레를 구하려 했다는 사실 그 자체다.

에라토스테네스의 수학적 탐구심은 지구 둘레 측정에 그치지 않았다. 그는 도서관장답게 수학, 천문학, 철학 등 다양한 분야에 걸쳐 지적 호기심이 넘쳤다. 다만 그는 어디에서도 최고는 아니었다. 말 그대로 박학다식(博學多識)했을 뿐이다. 그래서일까, 당시 사람들은 그에게 '베타(β)'라는 별명을 붙여 줬다. 고대 그리스에서 '알파(α)'는 첫 번째 즉 최고를, 베타는 2등을 의미했다. 그런데 베타가 꼭 아쉬운 소양인 것만은 아니다. 에라토스테네스는 어느 한 분야에 깊이 천착하기보다는, 가볍지만 번뜩이는 아이디어로 다양한 사안에 수학을 적용해 세상이치를 밝히는 데 탁월했다. 스토리치의 그림 속 제자가 들고 있는 컴퍼스 하나로 원을 그려 지구 둘레를 재고자 했던 풍모에서 학문을 향한 유연함을 엿볼 수 있다.

에라토스테네스가 고안한 여러 수학 원리 중에서 현대 수학자들이 가장 주목하는 것은 '소수를 구하는 방법'이다. 그가 만든 '에라토스테네스의 체'는 자연수를 순서대로 늘어놓은 표에서 합성수를 차례로 지워나가면서 소수를 얻는 것이다. '체'란 가루에서 작은 불순물을 걸러내는 기구인데, '에라토스테네스의 체'는 마치 뜰채처럼 소수가 아닌 것을 걸러내기 때문에 붙여진 명칭이다.

'에라토스테네스의 체'를 이용하여 1부터 100까지의 소수를 찾아보자. 우선 1부터 100까지의 수를 가로 10개, 세로 10개로 나누어진 '체'에 차례로 적는다. 1은 소수가 아니므로 먼저 1을 지운다. 그리고 1 다음에 처음 나오는 수 2에 동그라미를 치고 2보다 큰 수로 2의 배수인 4, 6, 8…… 등은 모두 지운다. 지워지지 않은 수 가운데 처음 나오는 수 3에 동그라미를 치고 3보다 큰 수 가운데 3의 배수 6, 9, 12…… 등을 다시 지운다. 또 지워지지 않고 남은 수 가운데 처음 수 5에 동그라미를 친 뒤 5보다 큰 수 가운데 5의 배수 10, 15, 20…… 등을 지운다. 이렇게 계속하면 마침내 체 안에는 동그라미를 친 수만 남게 되는데, 이것이 바로 소수들이다. 그러나 이 방법을 사용해도 모든 소수를 찾을 수는 없다. 왜냐하면 이미 2300년 전에 고대 그리스 수학자 유클리드Euclid Alexandreiae, B.C.330~B.C.275가 소수는 무수히 많다는 것을 증명했기 때문이다.

에라토스테네스의 체에서 100보다 작은 소수는 2, 3, 5, 7, 11, 13, 17, 19, 23, 29, 31, 37, 41, 43, 47, 53, 59, 61, 67, 71, 73, 79, 83, 89, 97이다. 얼핏 보면 소수가 어떤 규칙을 갖고 등장하는 것처럼 보이지만, 좀 더 많은

| '에라토스테네스의 체' 배열표 |

1	2	3	4	5	6	7	8	9	10
11	12	13	14	15	16	17	18	19	20
21	22	23	24	25	26	27	28	29	30
31	32	33	34	35	36	37	38	39	40
41	42	43	44	45	46	47	48	49	50
51	52	53	54	55	56	57	58	59	60
61	62	63	64	65	66	67	68	69	70
71	72	73	74	75	76	77	78	79	80
81	82	83	84	85	86	87	88	89	90
91	92	93	94	95	96	97	98	99	100

소수를 구하면 어떤 규칙성도 발견할 수 없음을 알게 된다.

1보다 큰 수 중에서 소수를 제외한 수를 '합성수'라 한다. 합성수는 두 개의 더 작은 정수의 곱으로 나타낼 수 있는데, 이들 수를 '인수'라고 하고 곱으로 나타낸 것을 '인수분해'라고 한다. 예를 들어 합성수 12를 인수분해 하면 12=2×6=3×4이므로 2와 6, 3과 4는 모두 12의 인수이다. 그런데 이들 인수 역시 소수이거나 합성수인데, 합성수는 다시 1보다 큰 두 개의 정수의 곱으로 나타낼 수 있다. 유클리드는 이 과정이 합성수를 소수의 곱으로만 나타낼 수 있을 때까지 이어진다는 것을 증명했다. 합성수를 인수분해하여 소수의 곱으로만 나타낼 때, 사용된 소수를 '소인수'라 하고 소인수의 곱을 '소인수분해'라고 한다.

예를 들어 합성수 12와 32340은 다음과 같이 소인수분해 된다.

$12 = 2 \times 6 = 2 \times 2 \times 3 = 2^2 \times 3$

$32340 = 2 \times 16170 = 2 \times 2 \times 8085 = 2 \times 2 \times 3 \times 2695 = \cdots\cdots$
$= 2^2 \times 3 \times 5 \times 7^2 \times 11$

따라서 12의 소인수는 2와 3이고, 32340의 소인수는 2, 3, 5, 7, 11이다.

여전히 풀지 못한 수학의 난제

'에라토스테네스의 체'는 현대미술에 다양한 예술적 영감을 가져다줬다. 1977년 독일의 개념미술 화가 루네 밀즈$^{Rune\ Mields}$는 린넨 소재 위에 〈에라토스테네스의 체〉라는 작품을 완성했다. 밀즈는 작품의 하단 중앙 판에 1부터 90까지의 수를 한 행에 배열했는데, 소수는 흰색 네모로, 합성수는 검은색 네모로 표현했다. 그러면 90은 짝수라 마지막 열은 모두 검은색이 되고, 소수는 흰색 수직 띠 모양으로 배치된다.

이 작품의 하단 왼쪽 판은 90보다 1이 작은 소수 89의 배수이고, 하단 오른쪽 판은 90보다 1이 큰 합성수 91의 배수로 되어 있다. 두 판에서 소수를 나타내는 흰색 띠는 모두 비스듬히 기울어져 있는데, 왼쪽 판은 왼쪽에서 오른쪽 아래로, 오른쪽 판은 오른쪽에서 왼쪽 아래로 기울어져 90까지를 배열한 중앙 판에 대하여 대칭인 것처럼 보인다. 하지만 자세히 살펴보면 정확한 대칭이 아님을 알 수 있다.

밀즈, 〈에라토스테네스의 체〉, 1977년. 이미지 출처 : 독일 슈투트가르트 미술관에서 개최한 전시회의 공식 카탈로그

중단의 중앙 판은 큰 수로 시작하고, 상단의 중앙 판은 이보다 더 큰 수로 시작한다. 9개의 판을 보면 정수가 커질수록 흰색의 소수가 적게 나타나는 패턴을 볼 수 있지만, 소수가 등장하는 전체 패턴에 어떤 규칙이 있는지는 파악하기 어렵다. 중앙 판을 사이에 두고 왼쪽과 오른쪽 판이 약간 대칭적인 모양을 띠고 있어서 소수의 어떤 규칙성이 예측될 수 있을 것 같은 생각이 들기도 한다. 하지만 지금까지 소수의 규칙성은 밝혀진 바 없다.

만약 소수가 등장하는 데 일정한 패턴이 있을 것으로 추측하는 '리만가설'이 해결된다면, 대칭성이나 흰색 점의 위치 등에서 어떤 규칙성이 나타나면서 밀즈의 다음 작품 모양을 예측할 수 있을 것이다. 리만가설은 복소함수가 0이 되는 값들의 분포에 대해 독일의 수학자 리만 Bernhard Riemann, 1826~1866 이 제기한 것으로, 1과 그 수 자신으로만 나누어떨어지는 소수들이 일정

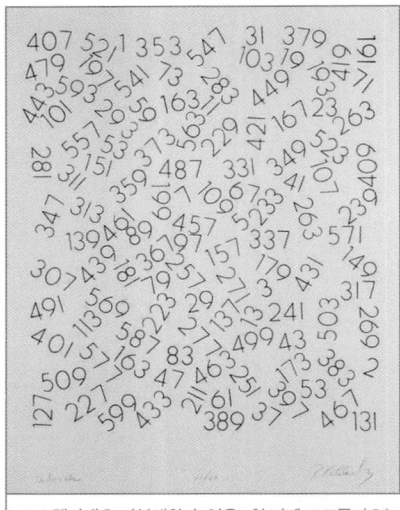

코스텔라네츠, 〈분해할 수 없음 : 첫 번째 포트폴리오〉, 1974년. 이미지 출처 : https://pictureroom.shop

한 패턴을 가지고 있다는 주장이다. 리만은 제타함수의 값이 0이 되는 복소수의 실수부가 모두 $\frac{1}{2}$일지도 모른다고 가정했다. 하지만 리만은 이 가설의 증거를 1866년 죽음을 앞두고 자신의 모든 서류와 함께 불태워 버렸다. 그 뒤 전 세계 수학자들이 리만가설을 푸는 데 도전했지만 실패했고, 지금까지도 수학계 최대 난제 중 하나로 남아 있다.

리만가설을 예술적으로 증명하고자 시도한 작품 하나를 더 감상해 보자. 언어와 숫자 등의 구조를 해체하는 실험적인 작업으로 유명한 리처드 코스텔라네츠Richard Kostelanetz는 1974년에 숫자로 된 시리즈를 제작했는데, 그 중 하나가 〈분해할 수 없음 : 첫 번째 포트폴리오〉이다. 작가는 이 시리즈에서 시(詩)와 이야기가 숫자로만 구성될 수 있는지를 고려하면서 수학을 이용한 미학적 표현을 더욱 심화시키고자 했다.

〈분해할 수 없음 : 첫 번째 포트폴리오〉는 숫자로 이루어진 세계 안에서 일련의 관계를 통해 숫자를 배치하고 있다. 작가는 작품을 감상하는 관람객에게 논리적 체계에 따라 숫자의 배열을 추론해보고 나아가 시각적 조화와 확산을 통해 시적인 해석을 해볼 것을 권유한다.

코스텔라네츠의 제안에 따라 〈분해할 수 없음 : 첫 번째 포트폴리오〉를 자세히 살펴보니, 작품 속에 등장하는 숫자는 그의 말대로 모두 소수다. 작품의 오른쪽 아래 부분에는 첫 소수인 2가 있고, 왼쪽 약간 위쪽으로는 그 다음 소수인 3, 다시 왼쪽 위에서 5와 7을 찾을 수 있다. 하지만 이 작품에서 소수가 어떤 규칙에 따라 배열되어 있는지는 알 수 없다. 즉 〈분해할 수 없음 : 첫 번째 포트폴리오〉는 무질서한 형태의 구성으로 소수를 배치할 뿐이다. 코스텔라네츠 역시 소수가 어떤 방식과 규칙으로 등장하는지 아직 풀지 못했음을 표현하고 있다.

소수의 진화생물학

여전히 풀리지 않은 수학의 난제를 심지어 난해한 현대미술을 통해 감상하는 경험은 특별하지만 눈이 아프고 머리가 어지러울 만큼 복잡하고 심오하다. 그래서 지금부터는 쉽고 평온한 작품을 통해 소수에 얽힌 지적 유희를 만끽해 보자. 복잡한 숫자가 아닌 우리 옛 그림 속 매미에게서 소수를 소환해 보자.

오른쪽 그림은 조선 후기를 대표하는 화가 겸재 정선謙齋 鄭敾,

겸재 정선, 〈송림한선〉, 18세기, 비단에 엷은 색, 29.5cm×21.3, 간송 미술관

1676~1759의 〈송림한선 : 松林寒蟬〉이다. 그림의 제호에서 알 수 있듯이 소나

무 가지에 앉은 가을매미를 그린 것이다. 소나무를 제외한 나머지는 모두 여백으로 남겼는데, 그림을 가만히 보고 있으면 비가 그친 초가을 어느 날 늦매미의 울음이 울려 퍼지는 것 같은 운치가 전해진다.

대부분의 동양화가 그러하듯 〈송림한선〉도 매우 단순한 구조로 되어 있다. 대각선으로 가로지른 소나무 가지에 덩그러니 매미가 붙어있을 뿐이다. 그림의 이곳저곳을 살펴봐도 복잡한 숫자 배열은 보이지 않는다(이 그림이 그려진 18세기 조선에서 아라비아 숫자는 가당치 않다). 앞서 소개한 현대미술 작품들이 숫자를 기호화하거나 패턴화했다면, 정선의 그림에서는 매미가 해답이다. 매미는 소수를 자신의 생존에 가장 적극적으로 이용한 생명체다.

매미는 식물의 조직 속에 알을 낳는다. 매미의 종류에 따라서 부화하는 데 45일이 걸리는 것도 있고, 어떤 것은 10개월 또는 그 이상 걸리는 것도 있다. 매미 중에서 유충기가 잘 알려진 것으로 유지매미와 참매미가 있다. 이 두 종은 모두 알에서 부화되고 나서 6년째에 성충이 되므로 산란한 해부터 치면 7년째에 성충이 된다. 늦털매미는 5년째에 성충이 된다. 북아메리카에 사는 '17년 매미'는 이름 그대로 산란에서부터 성충이 되기까지 모두 17년이 걸린다.

이처럼 전 세계 여러 종류의 매미가 산란에서부터 성충이 되기까지 걸리는 기간은 보통 5년, 7년, 13년, 17년이다. 이러한 매미의 일생에서 발견할 수 있는 공통점은 삶의 주기가 모두 소수로 이뤄져 있다는 사실이다. 매미가 하필 소수를 삶의 주기로 택한 데에는 두 가지 유력한 학설이 있다.

하나는 매미가 삶의 주기를 소수로 하면 천적을 피하기 쉽다는 것이다. 예를 들어 매미의 주기가 6년이고 천적의 생활주기가 2년 또는 3년이라면 매미와 천적은 6년마다 만나게 된다. 또한 주기가 4년인 천적과는 12년마다 만나게 된다. 그렇지만 매미의 주기가 7년이라면 주기가 2년인 천적과는 14년마다 만나게 되고, 주기가 3년인 천적과는 21년마다 만나게 되며 4년인 천적과는 28년마다 만나게 된다. 이렇게 되면 매미는 종족 번식을 위해 보다 안전한 시간과 기회를 얻게 되는 것이다.

또 다른 학설은 스스로 개체수를 조정하기 위함이라고 알려져 있다. 모든 매미의 생활주기가 같아서 겹치게 되면 그만큼 먹이를 둘러싼 생존 경쟁이 치열해질 것이다. 따라서 많은 종의 매미가 많은 자손을 퍼뜨리려면 동시에 출현하지 않는 것이 서로에게 유리하다. 따라서 생활주기를 소수로 하면 그만큼 서로 만나서 경쟁하는 횟수가 줄어들게 된다. 예를 들어 우리나라에서 서식하고 있는 5년 주기 매미와 7년 주기 매미는 35년마다 만나게 되고, 북아메리카에서 서식하고 있는 13년 주기 매미와 17년 주기 매미는 221년마다 만나게 되므로, 그만큼 종족 번식의 기회가 여유로워 지는 것이다. 이처럼 매미는 천적으로부터 종족을 보존하기 위하여 또 먹이를 둘러싼 동종 간의 경쟁을 피하려고 소수를 생활주기로 진화해 온 것이다.

Chapter 3

수학적 생각이 깊었던 화가들

유클리드 기하학의 틀을 깬 한 점의 명화

왜상과 사영기하학

              종교개혁은 중세시대 유럽인들을 지배한 가톨릭교회와 로마 교황의 권위를 부정하고 성서의 우위를 확립하려는 운동이었다. 초기 종교개혁은 가톨릭교회에 만연한 부정부패를 뿌리 뽑기 위하여 일부 성직자들을 중심으로 시작되었으나 점차 봉건적 구속으로부터 벗어나려는 국왕과 민중이 참여하는 현실 개혁운동으로 발전했다. 종교개혁은 르네상스와 함께 중세를 넘어 근대의 여명을 여는 중대한 사건이었다.

유럽대륙의 종교개혁은 몇몇 성직자가 주도하는 민중 투쟁을 바탕으로 이루어진 반면, 영국의 종교개혁은 종교적 원인이 아니라 정치·경제적인 이유에서 국왕인 헨리 8세^{Henry VIII, 1491~1547}가 주도했다. 헨리 8세는 루터^{Martin Luther, 1483~1546}의 종교개혁을 비판하는 데 앞장서 교황으로부터 신앙의 수호자라는 칭호까지 얻었다. 하지만 헨리 8세가 에스파냐 출신의 왕비 캐서린이 아

홀바인, 〈대사들〉, 1533년, 패널에 유채와 템페라, 207×209.5cm, 런던 내셔널 갤러리

들을 낳지 못한다는 이유로 이혼하려 하자, 교황이 교리를 내세우며 이를 허락하지 않았다. 이에 그는 가톨릭과 단절하고 수도원을 해산시켰으며, 전 영토의 3분의1에 이르는 막대한 수도원의 영지를 몰수하여 로마 교황청의 돈줄을 죄어 왕실의 재정을 튼튼히 했다. 마침내 헨리 8세는 1533년 부활절 주간에 가톨릭과 결별을 선언하고 교황이 아닌 영국 국왕을 수장으로 하는 영국 국교회를 세웠다.

권력을 상징하는 초상화 한 점

종교개혁을 전후로 교권과 왕권 간의 헤게모니 싸움은 거장들의 명화를 통해서도 알 수 있다. 특히 국왕의 초상화 가운데 단연 걸작으로 꼽히는 홀바인Hans Holbein the Younger, 1497~1543이 그린 〈헨리 8세의 초상〉에는 그 당시 권력 다툼을 읽을 수 있는 여러 상징들이 담겨 있다.

헨리 8세는 홀바인에게 자신의 힘과 권위가 강조되도록 초상화를 그려달라고 주문했다. 홀바인은 초상화에 헨리 8세의 요구에

홀바인, 〈헨리 8세의 초상〉, 1536년, 캔버스에 유채, 239×134cm, 리버풀 워커 아트 갤러리

따라 먼저 헨리 8세의 넓적한 얼굴과 매서운 눈초리를 그려 넣어, 표정에서 경외감이 들도록 했다. 홀바인은 왕의 옷과 장신구 등 지극히 세세한 부분까지 정확하게 묘사했다. 왕의 옷에 값비싼 금박과 은박으로 장식함으로써 왕의 권위를 화려한 옷을 통해 강조했다.

강력한 왕권의 상징은 그림 속 헨리 8세가 서 있는 공간 배경에서 절정을 이룬다. 헨리 8세 뒤로 묘사된 그림 속 배경은 궁전에 실재하는 공간이 아니다. 홀바인은 초상화의 배경을 궁전의 어느 곳도 아닌 가상의 공간을 모호하게 표현하여 시간과 공간을 초월한 왕의 지위를 간접적으로 표출했다. 특히 초상화에 헨리 8세의 그림자를 그려 넣지 않음으로써 왕이 마치 신과 같다는 인상이 들도록 했다. 독일인이었던 홀바인은 16세기에 유럽에서 가장 명망있는 화가 중 한 사람이었는데, 1536년에 헨리 8세로부터 궁정화가라는 공식 직함을 받기도 했다.

문명과 과학의 시대적 흐름을 관찰하다

〈헨리 8세의 초상〉이 그 당시 홀바인의 명성을 드높였던 작품이라면, 지금부터 소개할 〈대사들〉(201쪽)이란 작품은 후대 서양미술사에서 홀바인의 이름을 널리 각인시킨 작품이라 하겠다. 특히 이 그림은 현대 과학자들에게도 매우 친숙한 작품인데, 그림 속에 과학을 상징하는 물건들이 가득 담겨 있기 때문이다. 물론 필자와 같은 수학자들에게도 매력적인 작품이다.

〈대사들〉은 홀바인이 1533년 런던에서 그린 것으로 알려져 있다. 이 그림의 주인공은 프랑스의 프랑수아 1세^{Francis I, 1494~1547}의 외교사절이었던 장

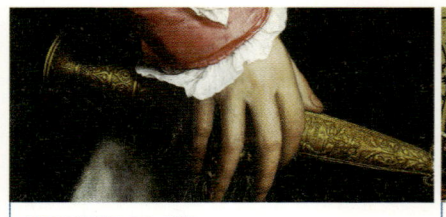
당트빌이 쥐고 있는 단검

주교 셀브가 오른팔을 얹고 있는 책

드 당트빌^{Jean de Dinteville 1504~1555}과 라보르의 주교인 조르주 드 셀브^{Georges de Selve 1508~1541}다. 그 당시 프랑수아 1세는 영국과 로마 교황청의 관계를 회복하기 위하여 헨리 8세의 궁정에 급하게 이들을 파견했다. 그림 속 주인공인 당트빌과 셀브는 영국 국교회가 가톨릭교회로부터 탈퇴하지 않도록 하는 프랑스 왕의 특별한 임무를 수행하러 왔지만 그들의 노력은 실패했고, 결국 영국과 로마가 갈라서면서 유럽의 분열을 불러왔다.

〈대사들〉은 당시 영국에 파견된 외교관이었던 당트빌이 영국 왕실을 위해 초상화를 주로 그리던 홀바인에게 주교와 함께 있는 그림을 그려줄 것을 요청하여 제작됐다.

홀바인은 이 그림을 통해 당시 유럽의 시대적·정치적 상황을 의미심장하게 표현했다. 그림의 왼쪽에 서 있는 당트빌이 쥐고 있는 단검에는 'AET. SVAE 29'라는 라틴어가 새겨져 있는데, 당시 그의 나이가 스물아홉 살이었음을 알려준다. 당트빌의 화려한 의상과 장신구는 그의 명예와 영광을 한껏 드러내고 있다. 또 프랑스 주교 셀브가 오른팔을 얹고 있는 책의 가장자리에 새겨진 글씨에서 그가 스물다섯 살임을 알 수 있다. 셀브는 종교개혁의 원인이 가톨릭 내부의 부패에 있음을 지적했던 가톨릭 개혁주의자이다. 지금 생각하면 이들은 매우 어린 나이에 사회적으로 높은 지위에 올랐지만 16세기에는 그렇게 드문 일도 아니었다.

다면 해시계

류트와 찬송가책

코페르니쿠스의 혁명적인 이론을 암시하는 천구의

2단으로 된 탁자 위에는 여러 가지 소품들이 놓여있다. 상단에는 항해술과 천문학 등 과학에 관련된 천구의, 사분의, 다면 해시계, 태양광선 각도 측정기인 토르카툼(torquatum)이 있다. 천구의의 그림은 닭이 독수리를 공격하는 형상인데, 닭은 프랑스를 독수리는 유럽을 상징한다. 이는 프랑스가 유럽에서 차지할 우위를 표현한 것이다. 년, 월, 일을 표시할 수 있는 다면 해시계는 4월 11일 10시 30분을 가리키고 있는데, 이 날은 헨리 8세와 캐서린이 이혼한 날짜와 시간이다. 홀바인은 바로 이 시각이 영국과 로마의 결별, 그리

1527년 독일에서 출간된 상인들을 위한 수학책 산술교본과 대항해시대임을 암시하는 지구본

고 유럽의 분열에 따른 위기의 순간임을 표현하고 있다.

한편, 천구의는 태양계의 중심이 지구가 아닌 태양이라는 코페르니쿠스 Nicolaus Copernicus, 1473~1543의 혁명적인 이론을 암시하기도 한다. 코페르니쿠스의 지동설은 학계와 종교계에 엄청난 파장을 불러일으켰다. 이 시대는 대항해시대가 시작될 무렵으로 테이블 위에 놓여 있는 것과 같은 과학적 도구들

은 세계일주와 신대륙 발견 등을 가능하게 했다. 실제로 홀바인이 이 그림을 그린 것은 1492년에 콜럼버스Christopher Columbus, 1451-1506가 아메리카 대륙을 발견한 후 50년도 채 지나지 않은 때였다.

탁자의 하단에는 줄이 끊어진 류트가 있는데, 이는 유럽의 균형에 이상이 생겼음을 표현한 것이다. 류트 앞에는 찬송가책이 열려있는데, 왼쪽은 십계명을 의미하는 성가 〈인간이여 행복하기 바란다면〉이고, 오른쪽은 루터파의 합창곡인 〈성령이여 오소서〉이다. 이들은 각각 구교와 신교를 대표하는 찬송가로 두 교파 간에 야기된 갈등을 해소하여 서로 원만하게 일이 마무리되길 바라는 주교 셀브의 종교적 염원을 표현한 것이다.

찬송가책 위에는 컴퍼스가 있고, 왼쪽에는 곱자가 꽂혀있는 수학책이 놓여있다. 이 수학책은 1527년 독일에서 출간된 상인들을 위한 산술교본으로 나눗셈을 다루는 부분이 펼쳐져 있다. 이는 이들의 임무가 결국 분열로 결론날 것임을 암시하는 것이다.

수학책 위에는 지구본이 놓여 있어서 이 시기가 대항해시대임을 알 수 있게 한다. 특히 곱자와 컴퍼스는 지도 제작에 필수적인 물건들이며, 새로 출간된 수학책으로 보아 대사들이 근대적인 교육을 받은 폭넓은 지식의 소유자임을 알 수 있다.

유클리드 기하학의 틀을 깬 세계지도

홀바인은 〈대사들〉을 제작하기 한 해 전인 1532년에 〈새로운 세계전도〉를 목판화로 제작하기도 했다. 이 세계지도는 〈대사들〉에 등장하는 지구본과

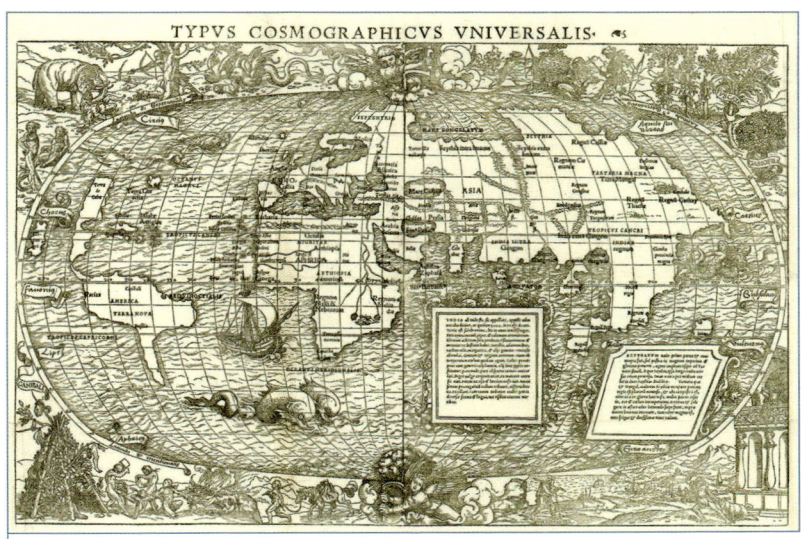

홀바인, 〈새로운 세계전도(Novus Orbis Reginum)〉, 1532년, 목판화

마찬가지로 당시 알려진 세계에 대한 모든 지식을 포괄하고 있다. 지도는 세계 각 지역을 매우 섬세하게 담고 있다. 눈길을 끄는 것은 세계의 가장자리라고 여겨졌던 지역에 식인종이 그려져 있고, 바다에는 세이렌과 같은 님프들이 노니는 모습이 묘사돼 있다.

홀바인이 〈새로운 세계전도〉를 제작한 16세기 유럽에서는 미지의 세계를 탐험하기 위해 보다 정확한 지도에 대한 갈망이 점점 커졌다. 그래서 다양한 방법으로 세계지도가 제작되기 시작했는데, 그 중에서도 당시 가장 획기적인 지도는 1569년에 네덜란드의 지리학자 게라르두스 메르카토르 Gerhardus Mercator, 1512~1594가 '메르카토르 도법(Mercator' projection)'으로 제작한 것이다. 수학을 활용한 이 지도에서 경선은 간격이 일정하면서 평행한 수직선이고, 위선은 수평으로 평행한 직선으로, 적도에서 거리가 멀어질수록 간격이 더 많이 벌어진다. 메르카토르 도법으로 그린 지도 위의 모든 직선은 항상 정확

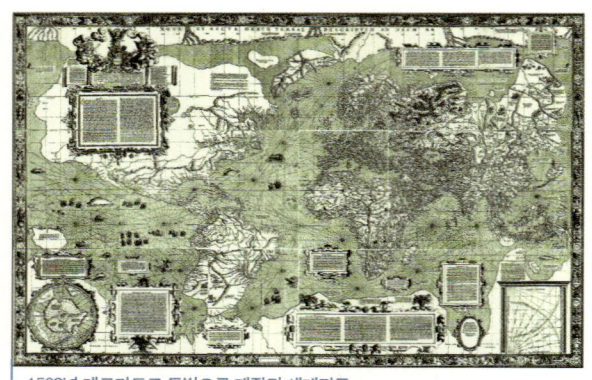

1569년 메르카토르 도법으로 제작된 세계지도

한 방위를 표시했기 때문에, 항해자들이 직선항로를 잡을 수 있어서 항해도로 널리 사용됐다.

하지만 이 지도도 해결하지 못한 문제가 있었는데, 적도에서 먼 지역일수록 축척이 왜곡되어 균형에 맞지 않게 크게 표현된다는 것이다. 예를 들면 메르카토르 도법에서는 그린란드의 영토가 남아메리카 대륙보다 크게 표현되지만, 그린란드의 실제 면적은 사우디아라비아보다도 작다. 따라서 적도에서 멀어질수록 축척 및 면적이 크게 확대되기 때문에 위도 80도 이상의 지역은 실제와 많이 다르다. 지구는 구형인 입체이기 때문에 전 지구를 평면 위에 나타내는 메르카토르 도법은 결국 한계를 드러내고 말았다.

메르카토르 도법은 여러 가지 문제가 있지만 수학적으로 보면 구형인 지구를 원기둥에 옮기기 위하여 '유클리드 기하학'이 아닌 '사영기하학'을 이용해야 했다. 즉, 유클리드 기하학이 전부인 줄 알고 있었던 시기에 점점 유클

〈대사들〉 중 '왜상'을 묘사한 해골

리드 기하학적 생각에서 벗어나기 시작했다는 것이다.

유클리드 기하학적 생각의 탈피는 홀바인의 〈대사들〉에서도 볼 수 있다. 그림을 자세히 살펴보면, 당트빌과 셀브의 발 사이에 마치 길쭉한 바게트 빵 같은 형상을 볼 수 있다. 많은 과학자들이 이

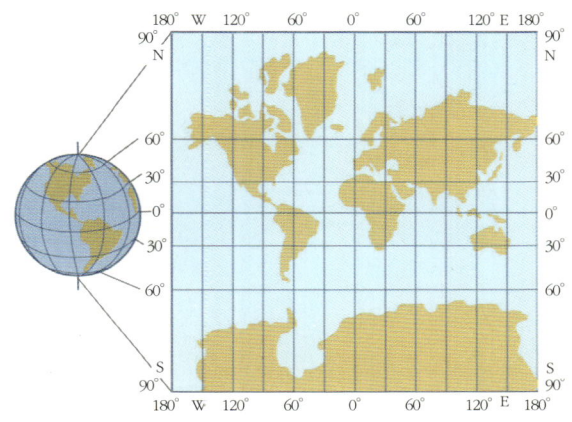

메르카토르 도법으로 제작된 지도에서는 적도에서 먼 지역일수록 축척이 왜곡되어 균형에 맞지 않게 크게 표현된다. 즉, 북아메리카의 그린란드의 영토가 남아메리카 대륙보다 크게 표현되지만, 그린란드의 실제 면적은 사우디아라비아보다도 작다.

그림을 유심히 관찰하는 대목이다. 물론 필자와 같은 수학자에게도 예외는 아니다. 이 그림은 계단 벽에 걸릴 목적으로 그려졌는데, 계단을 오르며 그림을 보면 아무것도 아닌 것처럼 보이지만 계단을 내려오면서 그림을 보면 이 길쭉한 모양이 점점 해골로 변해 보인다고 한다. 홀바인은 일찍 출세한 이 사람들 앞에 해골을 그려 넣어 인생의 무상함을 암시하고자 했다는 것이다.

해골 그림처럼 의도적으로 왜곡해서 그려 어느 지점에 도달하면 정상으로 보이게 하는 그림을 어려운 말로 '왜상(歪像, anamorphosis)'이라고 한다. 왜상은 실제 형상을 변형시키기 때문에 그림을 어떤 각도에서 보는가에 따라 다르게 나타난다. 원근법의 일종이기도 한 왜상을 예술에서 사용하기 시작한 것은 르네상스시대부터였다. 왜상은 예술가들의 연구와 더불어 원근법과 초기 형태의 사영기하학이 접목된 것이다.

홀바인과 동시대에 활동했던 많은 화가들은 왜상에 관심이 많았다. 특히 뒤

뒤러, 〈격자판을 이용해 누드를 그리는 화가〉, 1525년, 목판화

러Albrecht Dürer, 1471~1528는 원근법과 어둠상자나 격자판과 같은 도구를 이용하여 왜상을 표현하고자 노력했다. 위의 그림은 뒤러가 1525년에 그린 〈격자판을 이용해 누드를 그리는 화가〉이다. 이 작품에서 화가는 수직격자 창문을 통하여 모델을 보는 관점을 캔버스에 옮겨 놓았다. 그리고 화가의 시각을 창문에 수직이 되게 하였다. 그러면 화가가 보는 각도에 따라 어떤 격자에서는 그림이 길어지기도 할 것이고, 그 형태가 변형되기도 할 것이다. 뒤러의 작품 속에 있는 화가는 자신의 캔버스 위에 각각의 격자를 통해 보이는 모델의 각 부분을 왜곡되게 그려 작품을 완성시키는 것이다.

평행선은 정말 만나지 않을까?

왜상예술은 오랜 세월을 거치며 발전해왔다. 어떤 왜상예술가들은 그림을 변형하기 위하여 원기둥, 원뿔, 피라미드 형태의 거울에 반사되는 모양을 이용하기도 한다. 오른쪽 그림과 같이 왜곡된 그림을 바닥에 펼쳐 놓은 후 원기둥 모양의 거울 재질 통을 정해진 위치에 올려놓으면 거울에 바닥의 그림이 비쳐 제대로 된 그림을 볼 수 있게 된다. 이런 왜상을 '반사왜상'

이라고 한다.

왜상을 이용한 그림은 정교한 계산이 필요하기 때문에 수학적일 수밖에 없다. 예를 들어 모눈의 각 칸을 순서쌍(가로 칸, 세로 칸)으로 나타내면 하트 모양이 있는 칸은 (C, 5)이고, 왼쪽 그림의 모눈에 있던 선분은 오른쪽 방사형에서도 선분이 되지만 위치와 길이가 변하게 된다.

| 반사왜상 효과를 이용한 작품

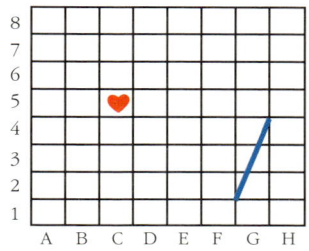
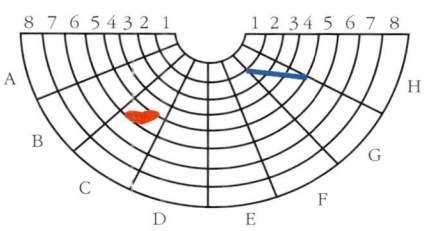

빛이 평평한 거울에 비춰지는 경우에 입사각과 반사각은 같지만 구부러진 거울의 경우는 구부러진 정도에 따라 입사각과 반사각이 다르게 된다. 그래서 구부러진 거울에 반사된 물체의 상은 실제와 다르게 보인다. 어떤 경우는 평행한 수직선이 활모양으로 바깥쪽으로 휘어져 보이기도 하고 곡선은 직선처럼 보일 것이며, 평행하지 않은 선분은 평행하게 보일 것이다.

그러나 아무리 구부러진 거울에 비춰져도 원래의 평행선은 만나지 않으므로 그 평행선의 거울에 비친 상도 만나지 않을 것이다. 이처럼 원래의 것과 그것의 그림자 사이에 변하지 않는 기하학적 성질을 다루는 기하학을 '사영기하학'이라고 한다.

유클리드 기하학의 "평행선은 만나지 않는다"라는 평행선 공준을 증명하려는 노력이 오랫동안 계속돼 왔지만 모두 실패로 돌아갔었다. 소위 非유클리드 기하학이 출현하게 된 것은 19세기 전반이었다. 19세기에는 퐁슬레[Jean Victor Poncelet, 1788~1867], 뫼비우스[August Ferdinand Möbius, 1790~1868] 등에 의하여 선분의 길이, 각의 크기 등을 다루는 유클리드 기하학과는 다른 사영기하학의 연구가 활발했었다.

다양한 기하학 원리들을 통일하고 분류하는 방법을 생각한 수학자는 스물세 살의 어린 나이에 독일 에를랑겐 대학의 교수가 된 펠릭스 클라인[Christian Felix Klein, 1849~1925]이다. 당시 에를랑겐 대학은 신임교수가 자기의 전문 분야를 소개하는 의미로 자신의 연구 실적과 장래 연구 계획을 알리는 관례가 있었다. 그래서 클라인은 취임 강연을 위하여 〈에를랑겐 프로그램〉을 제출했다. 클라인의 〈에를랑겐 프로그램〉은 그 당시에 존재했던 모든 기하학을 근본적으로 요약했을 뿐 아니라, 기존 기하학의 틀을 깨는 신선한 연구 방향을 제시해 호평을 받았다. 클라인은 〈에를랑겐 프로그램〉에서 사영기하학을 다음과 같이 정의했다.

"사영기하학이란 사영 변환에 의하여 불변인 성질을 연구하는 기하학이다." 클라인의 정의는 기하학 연구의 지평을 넓힘과 동시에 그 당시 기하학에 존재했던 혼동에 대해서 아름다운 질서를 제공했다는 평가를 받았다.

왜상은 상을 왜곡하여 전혀 다른 모양으로 표현하지만 원래의 모습이 지니고 있는 특징은 변하지 않는다. 따라서 왜상은 사영기하학의 일부라고 할 수 있다.

무엇이 보이는가?

홀바인, 뒤러와 마찬가지로 사영기하학 원리를 이용한 화가로 에르하르트 쉔Erhard Schön, 1491~1542이 있다. 뒤러의 제자였던 쉔은 뒤러처럼 매우 정교한 목판화를 완성했다.

쉔의 작품 중에서 왜상이 돋보이는 것으로는 〈Was sichst du?(무엇이 보이는가?)〉가 유명하다. 위의 그림을 자세히 보면 물고기입에서 요나(Jonah)가 나오고 있다. 성경 속 인물인 요나는 하느님의 말씀을 거역하고 자기 뜻대로 행동하며 배를 타고 가다가 풍랑을 만나 물고기에게 잡혀 먹힌다. 그런데 하느님으로부터 새로운 생명을 얻으며 물고기 입에서 살아나오게 된다. 요나 이야기는 하느님의 뜻을 성실히 따라야 한다는 종교적인 교훈을 담고 있다. 그러나 이 그림을 옆에서 보면 이 작품의 제목과 제작 연도가 나와 있고, 오른쪽 그림처럼 보인다. 여러분은 무엇이 보이는가?

수학의 불완전성을 일깨운 고양이

양자역학과 7의 누승

출근길에 늘 만나는 고양이 가족을 볼 때마다 가수 장기하가 부른 〈느리게 걷자〉란 노랫말이 입가에 맴돌곤 한다.

"그렇게 빨리 가다가는 / 죽을 만큼 뛰다가는
사뿐히 지나가는 / 예쁜 고양이 한 마리도 못보고 지나치겠네."

바쁘고 치열한 삶이 미덕이 된 시대를 사는 사람들에게 길가의 고양이 한 마리가 무심코 한마디 던지는 듯하다.
"이봐 세상 그렇게 사는 게 아니야."
고양이는 바쁜 발걸음을 잠시 멈추고 주변을 돌아보면 어디서나 만날 수 있는, 말 그대로 인간의 반려동물이다. 고양이는 역사적으로 살펴보더라도 아주 오래 전부터 수많은 전설의 주인공이자 예술작품의 소재로 등장해왔

제리코, 〈고양이의 죽음〉, 1820년경, 캔버스에 유채, 61×50cm, 파리 루브르 박물관

〈늪지로 사냥 나간 네바문〉, BC1359년경, 프레스코 벽화, 82×98cm, 런던 대영박물관

다. 고대부터 현대에 이르기까지 고양이를 소재로 한 작품만으로도 각 시대의 미술사적 특징에 대한 담론을 진행할 수 있을 정도다.

기원전 1359년경에 그려진 것으로 추정되는 〈늪지로 사냥 나간 네바문〉을 통해 고양이는 이미 그 시절부터 인간과 함께 살고 있었음을 추론할 수 있다. 기원전 1250년경 그려진 〈두 마리의 고양이를 떠받드는 남자와 여자〉와 기원전 7세기 작품인 〈고양이 여신 바스테트 상〉을 통해서는 고양이가 숭배의 대상이었던 시대가 있었음을 짐작하게 한다. 실제로 고대 이집트에서는 고양이를 미라로 만들기도 했다.

고양이는 고대 그리스와 로마의 미술작품 속에서도 자주 등장하는데, 고양이를 긍정적 이미지와 부정적 이미지를 동시에 가진 양면적인 동물로 다루고 있다. 가톨릭 세력이 강성했던 중세에는 고양이의 부정적인 면이 부각되었다. 여러 가지 이유가 있었겠지만 무엇보다도 이집트에서 가혹하게 착취당했던 이스라엘인들의 입장에서 신으로 숭배 받으며 자신들보다 월등히 좋은 대우를 받던 고양이가 미웠을 것이라는 주장이 설득력 있다.

본격적인 르네상스시대에 접어들자 문화를 통해 인간성을 회복하는 운동이 활발히 전개되면서 미술작품의 주제가 신에서 인간으로 옮겨지게 되었다. 화가들은 인간의 다양한 모습과 생활풍습을 캔버스에 담아냈는데, 그

중에 인간과 가까이 지내던 고양이의 모습도 함께 그려 넣었다.

18세기 중반을 지나며 고양이는 본격적으로 독자적인 그림의 소재가 되었다. 바로크시대에는 다양한 포즈의 고양이가 그려졌고, 로코코시대에 접어들면서 고양이를 관능과 유혹, 도발과 탐미적 분위기를 풍기도록 묘사하기에 이르렀다.

앞에서 소개한 그림은 19세기 프랑스 화가 테오도르 제리코Théodore Géricault, 1791~1824가 그린 〈고양이의 죽음〉이다. 〈메두사의 뗏목〉과 같은 대작을 통해 죽음을 깊이 성찰했던 제리코는 고양이를 통해 다시 한 번 생과 사의 본질을 궁구(窮究)했다.

이 작품을 두고 많은 미술평론가들은 다음과 같은 감상평을 내놓았다.

"작품에 그려진 고양이의 회색빛 털은 이미 부패가 온몸으로 번져나갔음을 암시하고, 검은 배경은 생의 기운이 빠져나간 육체를 부각시킨다. 특히 날랜 고양이의 특성을 잘 표현한다고 할 수 있는 발톱의 날카로운 긴장감조차 사라진 듯 보여 생명의 징후가 없음을 알 수 있다. 고양이의 꺾인 목과 찡그린 듯한 표정에서 죽음의 본질인 시간과 고통의 멈춤을 읽을 수 있다. 제리코는 인간의 광기, 질병, 죽음 등에 광적인 관심을 가졌었는데, 치밀한 관찰을 통해 한 마리의 죽은 고양이를 매우 사실적으로 묘사했다."

〈고양이 여신 바스테트상〉, BC 7세기경, 청동, 높이 27cm, 런던 대영박물관

슈뢰딩거의 고양이

제리코의 〈고양이의 죽음〉은 파리 루브르 박물관에 전시돼 있는데, 보는 사람들마다 이 작품에 대한 감상의 폭이 다양할 것이다. 고양이를 지극히 사랑하는 애묘인은 감정이입이 되어 깊은 슬픔을 느낄 터이고, 제리코의 작품을 좋아하는 미술애호가는 이 그림을 통해 제리코의 예술적 경지에 심취될 것이다.

그러면 이 그림 앞에 선 수학자는 어떤 생각이 떠오를까? 필자는 불현 듯 그림 속 고양이가 정말 죽은 것일까? 하고 의문이 들었다. 혹시 깊은 잠에 빠져있는 건 아닐까? 하는 생각이 든 것이다. 단잠에 든 고양이를 본 사람들은 필자의 의문이 수긍이 갈 것이다. 고양이는 정말 '쥐 죽은 듯이' 곤히 자기 때문이다. 필자의 의문대로라면 그림 속 고양이는 제목대로 죽었을 수도 아니면 곤히 자고 있는 것일 수도 있는데 지금으로서는 도무지 확인할 방법이 없다. 하지만, 그림 제목이 '고양이의 죽음'이고 이를 근거로 감상평을 내놓은 미술평론가들의 주장을 그대로 따른다면 굳이 이 책에 이 작품을 소개할 이유가 없다.

필자는 제리코의 〈고양이의 죽음〉을 보면서 '슈뢰딩거의 고양이(Schrödingers Katze)'가 머리에 똬리를 틀기 시작했다. 슈뢰딩거의 고양이! 오스트리아의 물리학자인 에르빈 슈뢰딩거 Erwin Schrödinger, 1887~1961가 양자역학의 불완전함을 입증하기 위해서 고안한 사고실험 말이다. 아무튼 필자로서는 이 뜬금없는 수학적 발상에 대한 변명을 이어가기 위해 양자역학(量子力學, quantum mechanics)이 무엇인지 짧게라도 설명하지 않으면 안 될 듯하다.

양자역학은 '양자'와 '역학'이 합쳐진 말로 양자는 무엇인가 띄엄띄엄 떨어진 양으로 있는 것을 가리키는 말이고, 역학은 힘에 관한 학문이다. 그래서 양자역학이란 띄엄띄엄 떨어진 양으로 있는 어떤 것이 이러저러한 힘을 받았을 때 어떤 운동을 하게 되는지 밝히는 학문이라고 할 수 있다. 양자역학이라는 용어를 처음 만든 사람은 독일의 물리학자 막스 보른[Max Born, 1882~1970]으로, 'Quantenmechanik(크반텐메하닉)'이라 명명했다.

학자들은 '양자'가 몇 개 있는지 세는 방식으로 새롭게 힘과 운동의 관계를 밝히려 했지만, 기초적인 아이디어만으로는 설명할 수 없는 새로운 현상들이 속속 발견됐기 때문에 이러한 노력은 1920년대에 들어와 난관에 부딪히고 말았다. 이때 슈뢰딩거가 새로운 방정식과 더불어 '파동역학'이라고 부르는 학설을 제안했고, 그동안 난관에 부딪혔던 현상들을 아주 탁월하게 설명해냈다.

슈뢰딩거는 양자역학의 '모순'을 설명하기 위해 '슈뢰딩거의 고양이'라는 사고실험을 도입했지만, 오히려 이것이 오늘날 양자역학을 잘 설명하는 비유로 활용되고 있다. 사고실험 방법은 다음과 같다.

완전히 밀폐된 상자 안에 고양이와 청산가리가 담긴 병을 놓는다. 청산가리가 담긴 병 위에는 망치를 설치하고, 망치는 방사능 측정 장비인 가이거 계수기와 연결시킨다. 계수기에 방사선이 감지되면 망치가 청산가리 병을 깨뜨리게 되어 고양이는 청산가리에 중독된다. 가이거 계수기 위에는 한 시간에 50%의 확률로 핵분열을 해 방사능을 방사하는 우라늄이 놓여있다. 이럴 경우 한 시간이 지났을 때 고양이는 죽었을까, 살았을까?

상자를 열지 않고 고양이가 죽었는지 살았는지 알 수 있을까? 답은 죽었거나 살았거나 둘 중 하나이지만 이 실험에서는 그런 결론에는 도달하지 않는다. 결과를 확인하기 전까지 고양이는 삶과 죽음이 중첩된 모순된 상태에 놓여 있게 된다. 이를테면 우리가 복권가게에서 긁어서 당첨을 바로 확인할 수 있는 복권을 샀다고 했을 때, 그 복권을 긁기 전까지는 당첨과 낙첨 두 가지 상황이 복권에 동시에 존재하는 것처럼 말이다.

양자역학에 따르면 한 시간 후 상자를 열었을 때 관측자가 볼 수 있는 것은 '붕괴한 핵과 죽은 고양이' 또는 '붕괴하지 않은 핵과 죽지 않은 고양이' 둘 중 하나다. 슈뢰딩거는 '죽기도 하고 살기도 한 고양이'가 진짜로 존재한다고 주장했던 것이 아니다. 오히려 양자역학은 불완전하며 현실적이지 않다고 생각했다. 고양이가 반드시 살아있거나 혹은 죽은 상태여야 하는 것처럼, 양성자 역시 붕괴했거나 붕괴하지 않았거나 둘 중 하나라는 것이다.

학자들은 양자역학을 토대로 점점 더 많은 문제들을 풀어나갔다. 한편, 이 새로운 이론은 '우리가 안다는 것은 도대체 무엇인가?'라는 아주 근본적이고 철학적인 문제를 새로 꺼내는 계기를 제공했다. 그 결과 물리학에서는 하이젠베르크 Werner Karl Heisenberg, 1901~1976가 '불확정성 원리'가 있음을 밝혔고, 수학에서는 괴델 Kurt Gödel, 1906~1978이 '불완전성 원리(incompleteness theorems)'가 있음을 증명했다.

수학은 공리적 방법을 통한 확실성과 엄밀성이 특징인 학문으로 발전해왔다. 그런 수학에서 사용하는 모든 '참'인 사실을 동원해도 어떤 명제는 '참'임을 증명할 수 없는 것이 있으며, 더욱이 스스로의 모순이 없음을 증명할 수 없다는 것이 증명된 것이다. 즉, 수학은 완벽한 학문이 아닐 수도 있음이 증명된 것이다. 이를테면 '1+1=2'처럼 산술에서 명백하다고 여겨졌던 것들도 모순이 될 수 있음을 보여주었다. 이 정리는 완전한 체계의 존재를 확신했던 당대 학자들에게 충격을 주었고, 인간 인식의 한계를 설파했다.

결국 죽었는지 살았는지 알 수 없는 고양이 한 마리가 현대 과학과 수학의 기초를 뿌리째 흔들었고, 그 체계를 새롭게 세워야 하는 어려운 문제를 던져준 것이다.

고양이가 인간의 반려동물일 수밖에 없는 이유

따뜻한 햇살을 받으며 한가롭게 낮잠을 즐기는 고양이 한 마리를 보다가 로코코시대 미술 사조를 들먹이더니 삶과 죽음의 본질을 넘어 양자역학과 수학의 불완전성 원리로까지 이어지고 말았다. 고양이가 이렇게 심각하고 난해한 존재가 될 줄이야…… 반려동물인 고양이가 인간과 멀어지는 순간이다!

안 되겠다. 둘의 관계를 복원하는 작품 하나를 감상하고 다시 수학 이야기로 넘어가도록 하자.

19세기에 접어들면서 유럽은 산업혁명으로 농경사회에서 산업사회로 급격

밀레, 〈우유를 저어 버터를 만드는 여인〉, 1866~1868년, 크레용과 파스텔, 122×85.5cm, 파리 오르세 미술관

하게 바뀌었기 때문에 대부분의 사람들은 도시화의 각종 폐해에 시달렸다. 이때 사람들의 각박한 도시생활을 극복하는데 고양이가 중요한 역할을 했다. 위의 그림은 밀레^{Jean-François Millet, 1814~1875}의 〈우유를 저어 버터를 만드는 여인〉이다. 그림 속 고양이는 여인에게 다가가 몸을 비비고 있다. 고양이가 몸을 비비는 이유는 자신의 냄새를 남겨 영역을 표시하기 위함이지만, 자신의 냄새와 여인의 냄새를 교환하는 그림 속의 행위는 단순히 영역을 표시하기

위해서만이 아니다. 고양이는 냄새를 통해 여인이 사회적 존재임을 일깨운다. 즉, 여인에게 비슷한 냄새를 가진 사람들이 주변에 많이 있으니 소외감에서 벗어나 안정을 찾으라는 것이다. 화가는 그림 속 여인을 행색이 남루하고 초라하게 묘사했지만, 소중하고 사랑스런 존재라는 사실을 고양이를 통해 각인시킨다.

5의 고양이가 5^2가 된 사연

산업혁명 당시 급하게 불어 닥친 대량생산체계와 각박한 도시생활로 인해 인간이 느껴야 했던 고독과 소외감을 극복하는데 고양이가 큰 힘이 된 것처럼 수학이 어렵다는 고정관념을 깨는데도 고양이가 도움이 될 만한, '수학우화'가 하나 있다.

고대 이집트의 궁정 서기 아메스^{Aahmes}가 작성한 인류 최초의 수학책인 『린드 파피루스(Rhind Papyrus)』에는 다음과 같은 간단한 문제가 등장한다.

오른쪽의 수들은 차례로
7
7×7
$7 \times 7 \times 7$
$7 \times 7 \times 7 \times 7$
$7 \times 7 \times 7 \times 7 \times 7$이고,
이들의 합은 19607이다.

토지	
집	7
고양이	49
쥐	343
밀이삭	2401
되	16807
	19607

그래서 『린드 파피루스』를 처음 해석할 때 고고학자들은 집, 고양이, 쥐, 밀

이삭, 되가 각각 1승, 2승, 3승, 4승, 5승을 나타내는 상징적인 용어라고 생각했다. 이를테면 '5의 고양이'는 5×5=25이고, '4의 쥐'는 4×4×4=64를 나타낸다고 생각했다.

흥미로운 사실은 중세 유럽의 뛰어난 수학자였던 피보나치[Leonardo Fibonacci, 1170-1250, 생몰연도 추정]가 쓴 『산반서』에도 이와 비슷한 문제가 기록돼 있다는 점이다. 즉, '승'을 나타내는 고양이와 쥐 등이 단순한 상징이 아니라 수학적 약속이 담긴 기호였다는 것이다.

> 로마로 가는 길에 7명의 노부인들이 있다. 노부인은 각자 7마리의 노새를 가지고 있고, 각 노새는 7개의 부대를 짊어졌고, 각 부대에는 7개의 빵 덩어리가 있고, 각 빵 덩어리에는 7개의 칼이 꽂혀 있다. 각 칼은 7개의 칼집이 있다. 노부인, 노새, 부대, 빵 덩어리, 칼, 칼집을 모두 합하면 얼마나 많은 것이 로마로 가고 있는 걸까?

『산반서』에 나와 있는 이 문제의 해답은 다음과 같다.

$$7+7^2+7^3+7^4+7^5+7^6$$
$$=7+49+343+2401+16807+117649$$
$$=137256$$

영국의 오래된 동요집 『마더구스(Mother Goose)』에도 위와 같은 종류의 문제가 기록돼 있다.

> 세인트이브스로 가는 도중 7명의 아내를 거느린 한 남자를 만났다네.

어느 아내나 7개의 부대를 갖고 있었지.
어느 부대에나 7마리의 고양이가 들어 있었지.
어느 고양이도 7마리의 새끼 고양이를 거느리고 있었다네.
세인트이브스로 향하는 새끼 고양이와 어미 고양이, 부대 및 아내의 합은 모두 얼마일까?

앞에서 다룬 문제와 같은 방식으로 구해보면, 7의 4승까지 합한 것이 되어 2800임을 알 수 있다.

수천 년 전이건 지금이건 수학이 어려웠던 건 다르지 않았던 모양이다. 어려운 문제에 봉착하면 긴장하고 경직되기 마련인데, 수학도 예외는 아니다. 그럴 때마다 고양이를 등장시켰던 선인들의 위트는 참 따뜻하고 지혜롭다. 문득 고양이처럼 위트 있고 친절한 수학자가 되어야겠다는 생각을 해본다.

수학자를 위로하는
신비로운 상자

마방진

　　　　　　　　　　인류의 4대 문명 중에 하나로 알려져 있는 황하문명은 중화권 문명의 기초가 되었다. 황하문명이 시작된 이래 중국 본토에서는 하나라, 은나라, 주나라 이후 약 5000년 동안 수많은 왕조가 흥망을 반복해 왔다. 하나라 이전은 신과 사람이 뒤섞여 살던 신화시대이며, 삼황오제(三皇伍帝) 신화의 기본 틀이 되는 상고대 시조 설화의 원형이 출현하기도 했다.

중국 역사상 삼황오제 설화는 전국시대에 이르러서야 나타나기 시작했다. 삼황은 맨 처음 세 명의 왕으로, 자신들의 문명을 획기적으로 발전시켜 후세에 큰 모범이 되었기에 '삼황(三皇)'으로 불리게 된 것이다.

삼황의 첫 번째인 복희(伏羲)는 사람들에게 처음으로 사냥법과 불을 활용하는 법을 가르쳤고, 두 번째 삼황인 신농(神農)은 농경과 상업을 가르쳤다. 세 번째 삼황인 황제(黃帝)는 사람들에게 집짓는 법과 옷 짜는 법, 글자, 천문,

뒤러, 〈멜랑콜리아 I〉, 1514년, 동판화, 24×19cm, 런던 대영박물관

수학, 의술을 가르쳤으며, 수레를 발명했다. 즉, 황제는 인류에게 처음으로 수학을 가르쳐 주었다.

오제는 황제의 뒤를 이은 다섯 자손을 뜻하며, 소호 금천, 전욱 고양, 제곡 고신, 제요 도당, 제순 유우의 다섯 명이다. 흔히 훌륭한 임금을 뜻하는 요순 임금은 뒤의 두 명인 제요와 제순에서 한 글자씩 따온 것이다. 또 진나라의 왕은 중국을 최초로 통일한 이후에 자신이 삼황오제에 비견된다며 삼황의 '황'과 오제의 '제'를 따서 '황제(皇帝)'로 부르기 시작했기에 그를 '시황제'라고 한다. 이로부터 동양에서는 중국과 같이 넓은 땅을 차지하고 있는 큰 나라의 왕을 황제라고 부르기 시작했다.

우주만물이 10까지의 수 안에 존재함을 깨닫다

앞에서 언급했듯이 삼황오제의 시기는 귀신과 사람이 뒤섞여 살던 신화시대다. 그 당시 사람들이 어찌할 수 없었던 홍수는 가장 큰 재난이었다. 적당한 물은 동물과 식물에게 생명을 제공하지만 물이 넘치면 살아있는 생명을 죽음으로 내모는 천재지변으로 둔갑한다.

당시 통치자들은 홍수가 발생해 물에 빠져 대책 없이 허우적거리다 죽음을 맞이한 사람들이 늘어나자 그에 대한 대책을 강구하기 시작했다. 생존을 위해서는 물을 다스리는 법을 터득하지 않으면 안 되었던 것이다. 그 중에서도 특히 삼황의 첫 번째로 추앙받았던 복희는 물을 다스리는 법에 관심이 컸다. 이와 관련하여 흥미로운 전설이 전해진다.

홍수를 어떻게 다스릴지를 고민하던 복희는 어느 날 백성들과 황하 물가에서 머리는 용이고 몸통은 말의 형상을 한 용마(龍馬)가 나오는 것을 보았다. 이 용마의 등에는 1에서 10까지 수를 나타내는 무늬가 새겨져 있었다. 황하에서 튀어나온 용마의 등에 새겨진 무늬가 바로 〈하도(河圖)〉라는 그림이다. 복희는 이 무늬를 보고 우주만물이 오직 1에서 10까지의 수 안에 존재하고 있음을 깨닫고, 처음으로 팔괘의 획을 그었다.

팔괘에 사용되는 두 개의 획에서 ―은 양(陽, +)으로 1을 뜻하고 --은 음(陰, -)으로 0을 뜻한다. 이로부터 동양의 기본 사상 중 하나인 음양 사상이 나왔음을 알 수 있다. 특히 팔괘는 오늘날 디지털의 기본이 되는 이진법의 기초가 되었다.

마린(馬麟), 〈복희〉, 남송시대 제작 추정

〈하도〉와 같은 종류의 무늬를 가진 또 다른 그림인 〈낙서(洛書)〉에도 이와 비슷한 전설이 있다. 황제의 자손인 순은 천하를 능력 있는 사람에게 넘겨주는 선양(禪讓)을 선택했기에 우(禹)가 임금이 되었다. 우는 하(夏)나라의 시

〈서수도8곡병〉 중 〈하도〉(왼쪽)와 〈낙서〉, 종이에 색, 각각 46×59cm, 삼성 리움 미술관

수학자를 위로하는 신비로운 상자 √229

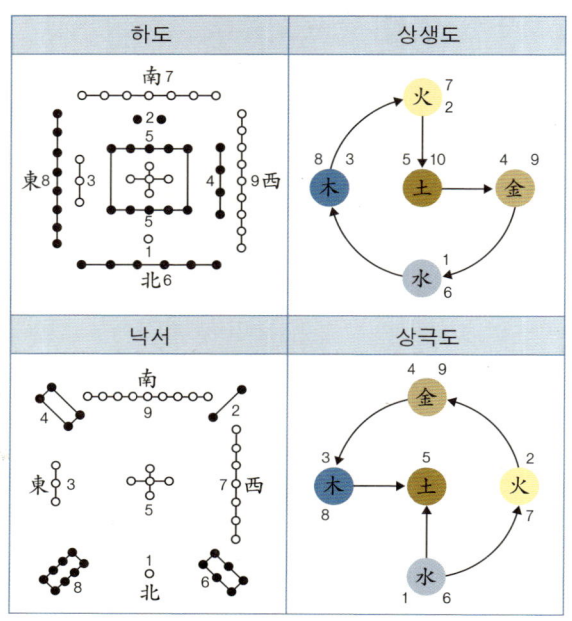

조가 되었다. 우왕은 황하 강의 치수공사를 하던 중에 물속에서 등에 45개의 점무늬를 하고 있는 거북이를 얻게 되었다. 이때 황하의 신 하백이 나타나 이 점무늬는 황하의 물길을 그려놓은 것이라고 하였다. 결국 우왕은 이 점무늬를 보고 치수공사를 성공적으로 마쳐 홍수에 대비할 수 있게 되었고, 이 그림을 낙서라고 하였다.

〈하도〉와 〈낙서〉에 나타난 점무늬를 그리고 동양사상 중에서 목, 화, 토, 금, 수가 상생하는 오행사상과 연결하면 위의 그림과 같다.

조선시대에 영의정을 지냈고 수학에도 밝았던 최석정崔錫鼎, 1646~1715은 하도에서 홀수를 천수로 짝수를 지수로 분류하여 다음 그림과 같이 다시 배열하고 자연수 1부터 10까지의 합을 구하는 과정을 소개하였다. 일반적으로 이 식은 1부터 n까지 자연수의 합과 같다.

 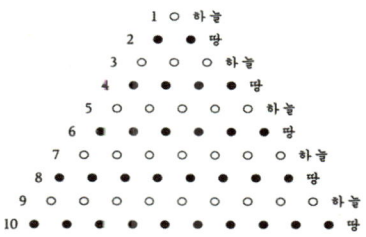

하도의 식:
$$1+2+3+4+5+6+7+8+9+10 = (1+10)+(2+9)+(3+8)+(4+7)+(5+6)$$
$$= \frac{10(1+10)}{2} = \frac{10 \times 11}{2} = 55$$

1부터 n까지 자연수의 합 : $1+2+\cdots+n = \frac{n(n+1)}{2}$

낙서와 마방진

한편, 낙서에 나타난 무늬를 수로 나타내면 오른쪽과 같은 아홉 개의 수를 정사각형으로 배열한 마방진(魔方陣, Magic Square)을 얻는다. 마방진은 수를 정사각형 모양으로 배열했을 때, 모든 행과 열 및 두 대각선 위에 있는 수의 합이 같은 것이다. 낙서로부터 얻은 마방진의 경우는 세 수의 합이 15이다. 마방진은 동양사상의 음양오행설에 기초한 것으로 3차의 마방진을 오행설로 다음과 같이 해석할 수 있다.

3차의 마방진을 5를 중심으로 하고 7을 시작으로 시계 반대 방향으로 돌아가며 두 수씩 묶어보자. 그러면 (7, 2), (9, 4), (8, 3), (6, 1)은 모두 두 수의 차가 5이다. 이것을 수학적으로 표현하면 5로 나누었을 때 나머지가 같은 수들이다. 이를테면 7과 2를 각각 5로 나누면 몫은 1과 0이고 나머지는 모두 2이다. 9와 4도 각각 5로 나누면 몫은 1과 0이고 나머지는 모두 2이다. 즉, 3차 마방진은 오행설의 입장에서는 이상적인 수표(數表)가 된다. 하도의 경우도 검은 점과 흰 점이 나타내는 수를 묶으면 낙서에서와 같은 결과를 얻을 수 있다.

실제로 옛날 중국에서는 하도와 낙서의 표를 이용하여 오행과 연결 지었으며, 이를 활용하여 달력을 만들었다고 한다.

서양으로까지 전파된 수의 '신비한' 배열

마방진은 신비한 전설과 함께 인도, 페르시아, 아라비아의 상인들에 의해 서아시아, 남아시아, 유럽으로 전해졌다. 그 당시 유럽에서는 막 르네상스시대로 접어들던 때로, 과학과 미신이 혼재되어 있었다. 그래서 천문학을 기반으로 앞일을 점쳤던

뒤러의 〈멜랑콜리아 I〉 중 마방진 부분도

점성술에서 마방진을 별과 연관지어 3차 마방진은 토성, 4차 마방진은 목성, 5차 마방진은 화성, 6차 마방진은 태양, 7차 마방진은 금성, 8차 마방진은 수성, 9차 마방진은 달의 상징으로 여겼다. 16세기에 독일의 유명한 화

가이자 조각가인 알브레히트 뒤러Albrecht Dürer, 1471~1528도 마방진의 신비를 알게 되었다. 뒤러는 자신의 판화작품인 〈멜랑콜리아 I〉(227쪽)에 가로, 세로, 대각선의 합이 34로 일정한 4차 마방진을 그려 넣었다.

여기서 잠깐 4차 마방진을 완성하는 방법을 알아보자.

합이 34인 4차 마방진은 1부터 16까지의 수를 가지고 만든다. 아래 그림과 같이 16개의 수를 차례대로 써 넣는다. 그런 다음 두 개의 대각선을 긋고 대각선 위에 있는 수를 대칭이 되는 위치로 옮겨 쓴다. 이를테면 1은 16과, 6은 11과 각각 위치를 바꾸고, 7과 10, 4와 13도 마찬가지 방법으로 위치를 바꾼다. 그러면 오른쪽 그림과 같은 4차 마방진이 완성된다. 하지만 이 방법이 모든 짝수 차수에 해당되는 것은 아니다. 이 방법은 2의 거듭제곱인 차수의 경우에만 해당이 된다.

1	2	3	4
5	6	7	8
9	10	11	12
13	14	15	16

→

16	2	3	13
5	11	10	8
9	7	6	12
4	14	15	1

그런데 뒤러의 〈멜랑콜리아 I〉에 그려진 마방진을 자세히 보면 위의 방법으로 완성한 것과 약간의 차이가 있음을 알 수 있다. 즉, 두 번째와 세 번째 열을 교환한 왼쪽 그림과 같은 마방진을 그려 넣었다. 이것은 마방진의 맨 아랫줄 가운데 두 칸에 새겨진 15와 14를 뒤바꾼 것으로, 뒤러는 의도적으로 마방진의 두 열을 교환하여 자신의 작품을 제작한 연도가 1514년임을 나타내려한 것이다.

수학자의 고뇌를 이해한 화가

〈멜랑콜리아 I〉에 등장하는 8면체, 모래시계, 천사, 해골, 지갑과 열쇠, 저울 등은 모두 우울한 성질을 가진 토성을 의미한다. 뒤러는 냉철함의 상징인 목성과 연결되는 4차 마방진을 그림에 새겨 넣음으로써 토성의 우울함을 치료하는 부적 역할을 하도록 한 것이다.

당시 마방진은 고대 그리스의 의학에서 시작된 '사성론(四性論)'과 관련이 깊다. '사성론'은 인간의 몸 안을 흐르는 네 종류의 액체 중에서 어느 것이 더 많은 가에 따라서 그 사람의 성격이 정해진다고 하는 이론이다. 이를테면 혈액이 많은 '다혈질'의 사람은 활동가, 담즙이 많은 '담즙질'의 사람은 변덕쟁이, 점액이 많은 '점액질'의 사람은 끈질긴 성격의 사람, 흑담즙이 많은 '우울질'의 사람은 내성적인 사람이라는 것이다. 마치 사람을 태양인, 태음인, 소양인, 소음인의 네 가지로 나누는 동양의 사상의학(四象醫學)과 닮았다.

동물	사성론	인성	행성	체액	4원소	성질	계절	방위	마방진
토끼	다혈질	활동적	목성	혈액	공기	온습	봄	서	4방진
고양이	담즙질	성급	화성	황담즙	불	온건	여름	남	5방진
사슴	우울질	내성적	토성	흑담즙	흙	냉건	가을	동	3방진
소	점액질	인내심	수성	점액	물	냉습	겨울	북	8방진

사성론에 따르면 수학자와 같은 창의적인 사람은 우울질의 인간이므로 측량, 건축, 연금의 신인 토성의 지배를 받는다. 그래서 사색에 열중하여 우울질이

높아지면, 이러한 토성의 영향을 지워 버리고 기분을 전환하기 위해서 목성의 도움이 필요한 것이다. 필자는 〈멜랑콜리아 I〉에 등장하는 모델은 세상의 이치를 과학적으로 밝혀내기 위해 사색에 잠긴 지식인으로, 그 중에서도 수학자라는 생각이 든다. 즉, 뒤러는 생각에 열중하고 있는 수학자의 머리를 쉬게 하려고 목성을 나타내는 4차 마방진을 작품에 그린 것이다. 새삼 수학자를 위로하는 뒤러의 마음이 고맙게 느껴진다.

이성과 논리의 틀을 깨는 위트

신비주의와 수학의 결합은 마방진뿐만 아니라 점성술이나 연금술 등에도 나타나 있다. 그러나 점성술이나 연금술에서는 수학을 수학으로서 탐구한 것이 아니라, 도형이나 수를 제각기 의미를 지닌 것으로 보고 철학과 연결시켜 추상적이고 형식적인 것으로 발전시켰다. 유럽이 새로운 시대로 접어들면서 점성술은 천문학으로, 연금술은 화학의 발전으로 이어졌다.

한편, 신비주의와 수학의 결합은 무엇보다도 수나 도형에 대한 흥미를 일부 과학자만의 것에서 일반인에게로 확산시키는 촉매 역할을 했다. 비과학적이고 비이성적인 신비주의가 냉철한 이성을 근간으로 하는 수학의 대중화에 기여했다는 점은 아이러니가 아닐 수 없다. 이성과 논리의 틀에 갇힌 학문적 사고가 때로는 유연해질 필요가 있음을 느끼게 하는 대목이다.

그림으로 함수의 함의를 풀다

연속과 불연속

1909년 2월 20일 프랑스의 유력 일간지인 「르 피가로(Le Figaro)」의 1면에 이탈리아의 시인 필리포 마리네티 Filippo Tommaso Marinetti, 1876~1944가 쓴 〈미래주의의 기초와 미래주의 선언〉이라는 글이 실렸다. 새로운 예술사조의 출현을 예고하는 이 선언문은 도대체 어떤 내용을 담고 있기에 유력 일간지의 1면을 장식했던 것일까? 그 선언문에는 다음과 같은 내용이 담겼다.

"우리는 이렇게 과격하고 소란스럽고 선동적인 선언을 세상에 내던졌다. 우리는 고고학자와 골동품 수집가들로부터

1909년 2월 20일자 「르 피가로」 1면에 실린 마리네티의 〈미래주의 선언〉

발라, 〈끈에 묶인 개의 역동성〉, 1912년, 캔버스에 유채, 95.5×115.5cm, 뉴욕 올브라이트-녹스 미술관

이 땅을 자유롭게 해방시켜주길 원한다. 이 때문에 바로 오늘 미래주의를 창립한다."

마리네티의 주장은 과거의 유산을 과감히 버리고 새로운 문명의 산물을 적극적으로 받아들이자는 전위적인 선언이었다. 그는 선언문에 미래주의라고 생각하는 여러 가지 사례를 열거하며 다음과 같이 말했다.

"우리는 새로운 아름다움, 다시 말해 속도의 아름다움 때문에 세상이 더욱 멋지게 변했다고 확신한다. 폭발하듯 숨을 내쉬는 뱀 같은 파이프로 덮개를 장식한 경주용 자동차 포탄 위에라도 올라탄 듯 으르렁거리는 자동차는 〈사모트라케의 니케〉보다 아름답다."

논란의 중심에 선 예술사조

마리네티의 선언은 주로 시에 관한 것이었지만, 그 의미를 되새겨보면 미술, 음악, 연극 등 예술의 모든 장르에 해당됐다. 사실 마리네티는 오래 전부터 미래주의의 시작을 준비해왔다. 그는 1905년 파리에서 주로 실험적인 작품들을 비중있게 다뤘던 잡지 「포에지아(Poesia)」를 창간했고, 이 잡지를 중심으로 활동한 시인들이 마리네티의 미래주의 선언 이후 이른바 '미래파'가 되었다.

한편, 〈미래주의 선언〉은 그 당시는 물론이고 지금까지도 사회적으로 지탄을 받을만한 소지를 담고 있다. 즉, "우리는 세상에서 유일한 위생학인 전쟁과 군국주의, 애국심과 자유를 가져오는 이들의 파괴적 몸짓, 목숨을 바칠 가치가 있는 아름다운 이념, 그리고 여성에 대한 조롱을 찬미한다"는 문장은 그 당시는 물론 지금도 상식적으로 수긍하기 어려운 태도가 아닐 수 없다.

그럼에도 불구하고 미래주의는 예술의 흐름을 일순간에 뒤바꿔 놓았다. 좁은 의미에서 미래주의는 이탈리아 밀라노를 중심으로 마리네티가 주도했던 예술운동이지만, 넓은 의미에서는 미래파를 자

마리네티가 창간한 문학잡지 「포에지아(Poesia)」

칭한 모든 예술가 집단들이 포함되는 동시대의 현상이었다. 그 결과 마리네티가 발표한 미래주의는 문학보다는 오히려 미술계에서 꽃을 피웠는데, 이는 곧 〈미래주의 화가 선언〉으로 이어졌다.

1910년 2월 11일 〈미래주의 화가 선언〉은 「포에지아」에 낱장으로 끼워져서 배포되었고, 그로부터 한 달 뒤에 토리노의 한 극장에서 낭독되었다. 미래파의 주요 화가로는 자코모 발라 Giacomo Balla, 1871~1958, 움베르토 보치오니 Umberto Boccioni, 1882~1916, 카를로 카라 Carlo Carra, 1881~1966, 루이지 루솔로 Luigi Russolo, 1885~1947 등이 있었고, 페르낭 레제 Fernand Leger, 1881~1955 는 미래파의 영향을 받으면서 다이내믹 입체파 사조를 이끌었다. 미래파 화가들은 피카소 Pablo Picasso, 1881~1973 로 대표되는 입체파의 한계를 뛰어넘고자 했다. 미래파는 입체파의 정적 이미지를 벗어나 역동성이 드러나는 정서를 강조했고, 빠른 속도로 달리는 자동차, 기차, 경주용 자전거, 무희들, 움직이는 동물 등과 같은 대상을 속도감 있게 표현하는 데 심취했다.

정지한 순간이 아닌 살아 움직이는 역동성을 그리다

237쪽 그림은 미래파를 대표하는 화가 자코모 발라의 〈끈에 묶인 개의 역동성〉이란 작품이다. 이 그림은 19세기 말엽 활동했던 영국의 사진작가 에드워드 머이브리지 Eadweard Muybridge, 1830~1904의 작품에 영향을 받은 것이다. 머이브리지는 사물의 운동성을 강조한 사진작가로, 그의 사진들은 미래파 화가들에게 많은 영감을 불어넣었다.

그림에서 느낄 수 있듯이 발라는 움직임 자체에 초점을 둔 추상적 표현을 화폭에 담아냈다. 특히 끈에 묶인 개의 실제 외형보다는 개의 움직임에 더 주목했다. 그림을 자세히 살펴보면, 개의 발과 꼬리 그리고 목줄이 각각 어떻게 움직이는지를 추적하여 표현했음을 알 수 있다.

발라, 〈칼새들의 비행〉, 1913년, 캔버스에 유채

움직임에 대한 포착은 발라의 〈칼새들의 비행〉에서도 감상할 수 있다. 몸길이가 18cm 가량인 칼새는 보통 무리를 지어 바닷가 암벽과 굴, 산지의 벼랑 등에 서식하는 여름새이다. 높이 날면서 먹이를 찾고 혼자일 때도 있지만 대개 큰 무리를 이룬다. 발라는 날아다니는 곤충을 주로 잡아먹기 때문에 매우 빠른 속도로 나는 칼새의 빠른 비행을 캔버스에 연속해서 묘사함으로써 속도감과 역동성을 부각시켰다.

| 발라, 〈힘의 방향〉, 1915년, 청동에 채색, 높이 83.1cm

발라는 사물의 역동적 운동성을 추상화한 조각상인 〈힘의 방향〉도 완성했는데, 날카로운 조형물을 통해 빠르게 달리는 사물의 운동감을 표현했다. 이 작품을 만들기 위해 발라가 직접 관찰한 대상은 전속력으로 달리는 자동차였으나, 자동차의 외형은 제거하고 빠른 속도감만을 떼어내어 조각상으로 구현했다. 훗날 평론가들은 〈힘의 방향〉은 역동적 운동감을 기하학적 형태를 매개로 추상화함으로써 미래주의 이론을 극단으로까지 진전시켰다고 논평했다.

발라로부터 회화 수업을 받은 보치오니도 미래파 화가로 초기에는 그의 스승인 발라의 영향으로 산업화된 도시 풍경들을 '분할주의(Divisionism)*'

---

* 팔레트 위에서 색을 섞지 않고 작고 균일한 크기의 점묘(点描)로 원색을 화면에 직접 찍어 그림으로써 보는 사람의 눈과 망막에서 혼색이 되도록 하는 회화 기법. 형태를 선으로 포착하는 것이 아니라, 색조의 콘트라스트로 파악하는 인상주의의 점묘법에서 비롯함.

기법으로 그렸다. 보치오니는 회화에 '일체주의(unanimism)'를 접목시킨 것으로 유명하다. 이것은 개인의 사사로운 감정의 표현보다는 집단의 의지나 운동감의 표현을 의미한다.

보치오니의 대표작 〈공간에 있어서 연속성의 독특한 형태〉는 속도감을 조각으로 구현한 작품으로 뛰어가는 사람의 움직임을 표현했다. 작품을 보면, 얼핏 만화영화의 로봇과 같은 느낌이 든다. 만화에서 빨리 달리는 사람을 표현할 때 몸에서 뒤쪽으로 불꽃이 튀어나가는 듯한 모습과 닮았다. 보치오니는 이 작품을 통해 달리는 사람의 역동성을 표현하고자 했다. 실제로 작품을 자세히 살펴보면, 머리와 어깨, 다리에서 뒤쪽으로 불꽃이 일어나는 것 같은 모습이 관찰된다. 즉, 엄청나게 빠른 속도로 달리고 있는 사람의 모습을 표현한 것이다. 사람을 마치 기계와 같은 이미지로 묘사한 것도 다분히 의도적이라 할 수 있다.

보치오니, 〈공간에 있어서 연속성의 독특한 형태〉, 1913년, 동(bronze), 높이 111.4cm, 밀라노 무제오 델 노베첸토

미래파의 작품은 곧 함수이다!

미래파 화가들은 연속적으로 변하는 사물을 표현하기 위해 노력했는데,

그 자체가 바로 '수학'이라 할 수 있다. 수학에서는 어떤 사물 또는 물체의 연속적인 변화를 '함수'를 이용하여 나타낸다.

이를테면 예술작품에서는 연속적인 움직임을 추상화하여 미적으로 표현한다. 반면, 수학에서는 연속적인 변화를 논리적으로 표현한다.

움직이는 물체의 위치는 시간에 따라 연속적으로 변한다. 위치뿐만 아니라 물체의 주변 환경에 따라 영향을 받기도 한다. 즉, 기온이나 풍속, 풍향 등에 따라 물체의 움직임이 달라질 수 있다. 수학에서는 이처럼 연속적으로 변하는 위치나 기온을 시간에 대한 함수 원리로 답을 구한다. 아래 그림과 같이 어떤 사람이 길을 가는데 길이 끊이지 않고 이어져 있어서 오른쪽이나 왼쪽 어디로든 마음대로 갈 수 있는 경우가 수학적으로 '연속이다.' 반면에 갑자기 낭떠러지나 벽이 나타나면 더 이상 길을 갈 수 없다. 또 길에 싱크홀처럼 구멍이 뚫려 갑자기 밑으로 빠지는 경우도 있다. 이런 경우는 가던 길을 계속해서 갈 수 없는데, 수학적으로 '연속이 아니다.' 즉, '불연속이다.'

위 그림을 수학에서 공식화해보면 다음과 같다. 수학에서 일반적으로 함수가 실수 a에 대하여 다음 세 가지 조건을 모두 만족시킬 때, $f(x)$는 $x=a$에서 연속이라고 한다.

(ⅰ) $x=a$에서 정의되어 있다.
(ⅱ) 극한값 $\lim_{x \to a} f(x)$가 존재한다.
(ⅲ) $\lim_{x \to a} f(x) = f(a)$

한편, 함수 $f(x)$가 $x=a$에서 연속이 아닐 때, $f(x)$는 $x=a$에서 불연속이라고 한다. 즉, 위의 세 가지 조건 (ⅰ), (ⅱ), (ⅲ) 중 어느 한 가지라도 만족시키지 않으면 함수 $f(x)$는 $x=a$에서 불연속이다.

주어진 함수가 연속인지 아닌지를 함수의 그래프로 그려 보면 다음과 같다. 즉, 함수 $f(x)=x+1$의 그래프는 왼쪽 그래프와 같이 $x=1$에서 이어져 있으므로 이 함수는 $x=1$에서 연속이다. 그러나 함수 $g(x) = \dfrac{x^2-1}{x-1}$의 그래프는 오른쪽 그래프처럼 $x=1$에서 끊어져 있으므로 이 함수는 $x=1$에서 불연속이다.

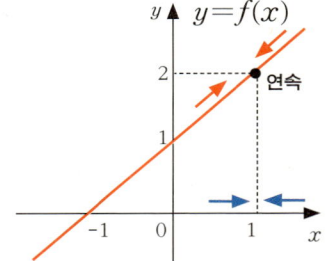
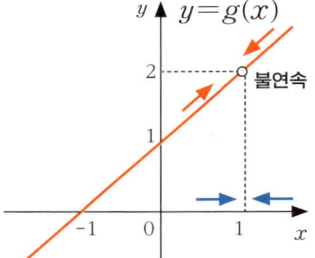

명화와 신화에 나타난 불연속 구멍

수학에서의 '연속'과 '불연속'을 함수의 공식과 그래프를 통해 설명하는 동안 여기저기서 볼멘소리가 들리는 듯하다. "이 책도 결국 명화를 가장한 수학책이구나. 저자가 수학자일 때 알아봤어야 했는데……"
독자들의 마음을 충분히 이해한다. 그러면 공식과 그래프는 이쯤해서 생략하고 재미있는 신화가 담긴 명화를 감상해보자. '불연속'과 관련된 작품이다. 위 그래프에서 알 수 있듯이 어떤 점에서 불연속인 경우는 그 점에서 함수의 그래프가 끊어져있거나 구멍이 뚫려있다. 그렇다면 불연속인 경우처럼 구멍 뚫린 항아리에 물을 부으면 어떻게 될까? 콩쥐팥쥐에 나오는 두꺼비가 없다면 십중팔구는 항아리에 물을 아무리 채우려고 해도 채울 수 없을 것이다. 246쪽 그림은 바로 이와 같은 불연속인 상황을 그대로 묘사한 작품이다. 이 그림은 로마에서 태어나 영국에서 자란 화가 존 윌리엄 워터하우스John William Waterhouse, 1849~1917가 그린 〈다나이드(The Danaides)〉란 작품이다. 〈다나이드〉는 그리스신화에 등장하는 이야기를 소재로 그린 작품이다.

다나오스와 아이깁토스는 이집트의 전설적인 왕 벨로스와 안키노에 사이에서 태어난 쌍둥이 형제이다. 아버지인 벨로스는 두 아들에게 각각 리비아와 아라비아를 물려주었지만, 아이깁토스가 영토의 확장을 시도하면서 형제간에 갈등이 생겼다. 아이깁토스는 문제를 해결하기 위해 다나오스에게 자신의 아들 50명을 다나오스의 딸 50명과 결혼시키자고 제안하지만 다나오스는 이를 계략으로 받아들였다. 게다가 신탁도 그가 사위의 손에 죽게 될 것이라고 예언했다. 이에 위협을 느낀 다나오스는 아테나 여신의 도움을 받아 50개의 노로 젓는 커다란 배를 만들어 딸들과 함께 아르고스로 도망쳤다.

아르고스에 도착한 다나오스는 아르고스 지역의 물 부족 문제를 해결하면서 많은 이들의 신망을 얻어 그곳의 왕이 되었다. 그러나 아이깁토스는 아들 50명을 아르고스로 보내 계속해서 결혼을 요구하였다. 다나오스는 하는

워터하우스, 〈다나이드〉, 1903년, 캔버스에 유채, 111×154.3cm, 개인 소장

수 없이 이를 수락했지만 딸들에게 단검을 하나씩 주고 결혼 첫날밤에 신랑의 목을 베도록 지시하였다. 다나오스의 딸들은 모두 첫날밤에 아버지가 시킨 대로 신랑의 목을 베었지만 단 한 명 히페름네스트라만은 자신의 신랑 린케우스를 죽이지 않았다. 히페름네스트라는 이 일로 재판에 회부되었지만 아프로디테 여신의 변론 덕분에 무죄 판결을 받고 풀려날 수 있었다. 남편을 죽인 나머지 49명의 자매들은 린케우스에 의해 살해되어 지옥에 가게 되었다. 지옥에 도착한 그녀들은 밑 빠진 항아리에 영원히 물을 채워야 하는 가혹한 형벌을 받게 되었다. 49명의 다나오스의 딸들은 '불연속'을

메워야하는 영원한 형벌을 받게 된 것이다.

불연속을 연속이 되게 메우는 것은 가능성이 거의 없기 때문에 이들의 형벌은 훗날 제우스의 명령으로 죄를 사면 받을 때까지 오랫동안 지속되었다. 다나오스의 딸 50명을 '다나이드' 또는 '다나이데스'라고 한다.

미래파와 수학이 만나는 지점에서 연속함수를 구하다

자, 다시 앞에서 소개한 발라와 보치오니의 그림으로 돌아가 보자. 발라와 보치오니의 작품은 입체파의 영향으로 탄생했다고 할 수 있다. 입체파는 실험적인 공간 구성과 대상의 표현 양식에서 출발하여 점차 눈에 두드러진 입체 형태, 원통형, 입방형, 원추형 따위를 종래의 선이나 면을 대신한 표현 기법으로 사용했다. 입체파는 자연적인 것을 부정하고 사물을 인공적으로 묘사했다.

입체파 중에서 인공적인 기계의 움직임과 같은 모습을 표현하려고 한 미술 사조가 바로 미래파다. 입체파가 정적인 데 비해 미래파는 움직임을 강조하며, 운동성을 통해 감정을 표현했다. 쉽게 말해서 입체파가 스틸사진이라면, 미래파는 동영상이다.

그리고 수학의 역사에서도 이와 같이 구분하는 시기가 있었다. 연속함수를 이용하여 사물의 움직임을 수학적으로 기술할 수 있게 되면서 미적분이 출현하게 되었다. 따라서 미적분 출현 이전 시기의 수학을 스틸사진에 비유하고, 미적분 출현 이후의 수학을 동영상에 비유하기도 한다. 예술에서의 미래파와 수학에서의 미적분이 만나는 지점에 바로 연속함수가 있는 것이다.

수학자가 본 노아의 방주

단위와 강수량 이야기

　　　　　　　　　　인류역사상 가장 많은 사람들이 읽은 책으로 꼽히는 성경에는 신이 인간을 벌하는 내용이 여러 번 나오는데, 그 첫 번째가 대홍수다. 성경에서 대홍수 이야기는 창세기 6장 5절에서 9장 28절까지에 걸쳐 있다. 하느님은 세상에 악이 만연하자 세상의 모든 것을 창조하신 걸 후회하며 마음 아파하셨다. 그러나 오직 노아만이 의롭고 흠 없는 사람이었기에 하느님은 노아에게 말했다.
"나는 모든 살덩어리들을 멸망시키기로 결정하였다. 그들로 말미암아 세상이 폭력으로 가득 찼다. 나 이제 그들을 세상에서 없애 버리겠다. 너는 전나무로 방주를 한 척 만들어라. 그 방주에 작은 방들을 만들고, 안과 밖을 역청으로 칠하여라. 너는 그것을 이렇게 만들어라. 방주의 길이는 삼백 암마, 너비는 쉰 암마, 높이는 서른 암마이다. 그 방주에 지붕을 만들고 위로 한 암마 올려 마무리하여라. 문은 방주 옆쪽에 내어라. 그리고 그 방주를 아래

미켈란젤로, 〈천지창조〉, 1510년, 캔버스에 유채, 프레스코, 바티칸 성시스티나 성당

층과 둘째 층과 셋째 층으로 만들어라. (중략) 그리고 너는 먹을 수 있는 온갖 양식을 가져다 쌓아 두어, 너와 그들의 양식이 되게 하여라."

_ 한국 천주교 주교회 성서위원회에서 편찬한 성경을 인용

노아는 하느님의 말씀대로 거대한 방주를 만들었다. 249쪽 그림은 미켈란젤로Michelangelo di Lodovico Buonarroti Simoni, 1471~1564가 바티칸 성시스티나 성당 천장에 그린 〈천지창조〉 중 〈대홍수〉다. 이 작품은 방주에 오르지 못하고 남겨진 사람들의 처참함을 적나라하게 보여주고 있다. 저 멀리에 완전히 폐쇄된 건물처럼 보이는 방주가 떠 있고, 사람들은 이 방주에 들어가려고 안간힘을 쓰고 있다. 땅은 홍수로 물이 가득 찼고, 막 뒤집어질 것 같은 배에서 살아보려는 한 무리의 사람들과 홍수를 피해 높은 지대로 몰려드는 피난민들의 행렬을 볼 수 있다. 작품을 자세히 살펴보면 피난민들은 가재도구를 이고 지고, 가족을 업고, 아이를 안고 심지어 다리에도 매달고 높

발동, 〈대홍수〉, 1516년, 캔버스에 유채, 독일 밤베르크 노이에 레지덴츠(신궁전)

은 지대로 피하고 있다. 왼쪽에 축 처진 엄마 곁에 우는 아이도 보인다. 이들은 모두 신의 분노로부터 벗어나려고 필사적이다.

250쪽 그림은 스승 뒤러Albrecht Dürer, 1471~1528에게 절대적인 신임을 받은 제자 한스 발둥Hans Baldung, 1484~1545이 그린 〈대홍수〉다. 이 작품에서도 홍수로 죽을 운명에 처한 사람들과 동물들의 고통이 잘 묘사되어 있다. 마치 보석함과 같은 모양의 방주에는 거대한 문이 있는데, 문에는 자물쇠가 채워져 있다. 또 검은 구름 사이로 치는 번개는 방주로 들어가지 못한 이들의 비극적이고 처참한 상황을 더욱 극대화시킨다.

이 두 작품에서 방주는 모두 직사각형 모양으로 묘사되어 있다. 이것은 성경에 나온 하느님의 말씀을 그대로 따라 그린 것으로 추측된다.

방주의 크기 구하기

성경을 읽다보면 수학자로서 느끼는 몇 가지 궁금증이 있다. 이를테면 노아의 방주에서 방주의 실제 크기와 대홍수에서 범람한 물의 양과 수위 같은 것이다.

성경에 따르면 방주의 길이는 300암마, 폭은 50암마, 높이는 30암마다. '암마'는 우리에게 생소한 단위인데, 고대 이집트인들이 사용했던 단위로 환산해보면 이해가 쉽다. 고대 이집트인들은 측량에 관심이 많았기 때문에 다양한 단위를 만들어 사용했다. 노아의 방주도 고대 이집트인들이 사용한 단위로 환산하여 크기를 가늠해보면 훨씬 이해하기 편하고 또 흥미롭기도 하다. 고대 이집트인들은 길이를 잴 때 파라오의 신체를 이용하여 측정 단위를 정했다. 이집트에서 사용한 길이의 표준은 큐빗(cubit)으로 건장한 남자의 팔꿈치에서 손가락 끝까지의 길이다. 큐빗보다 작은 단위로 큐빗의 $\frac{1}{7}$에 해당하는 팜(palm)이 있고, 1팜의 $\frac{1}{4}$인 1디지트(digit)가 있다. 1디지트는 손가락 하나의 굵기이므로 1팜인 4디지트는 손가락 네 개의 굵기의 길이다. 또 한 발의 길이인 1피트(feet)가 있다. 고대 이집트에서는 인간의 신체가 '자'와 같은 역할을 한 것이다.

큐빗은 시대와 지역마다 다른 길이로 사용되었는데 오늘날의 길이로 바꾸면 고대 이집트에서 1큐빗은 523.5mm, 고대 로마는 444.5mm, 고대 페르시아는 500mm다. 피트의 경우도 재는 사람의 발 크기에 따라 25~34cm로 다양했는데, 1959년부터 304.8mm를 1피트로 정해 사용하고 있다.

성경에 기록된 암마는 이집트의 큐빗과 거의 같으므로 오늘날 단위로 환산하면 방주의 크기는 길이 약 135m, 폭은 약 23m, 높이는 약 14m인 직육면체 모양이 된다.

이 방주의 안팎으로 역청을 칠하고 내부는 세 겹 구조로 작은 방을 여러 칸 만들었다. 천장에는 빛이 들어오는 창을 냈으며, 마지막으로 출입구는 방주의 옆으로 냈다고 기록되어 있다. 앞에서 살펴본 두 작품에서 보았던 상자 모양과 일치함을 알 수 있다. 미켈란젤로와 한스 발둥 모두 매우 과학적인 마인드에 입각해서 그림을 그렸던 것이다.

다른 문헌들을 보면 노아의 방주를 일반적인 배로 묘사한 경우도 눈에 띈

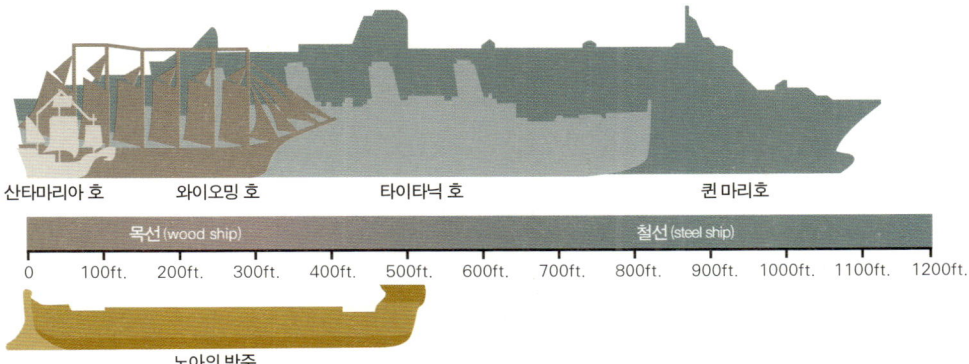

다. 그런데 노아의 방주의 목적을 생각하면 미켈란젤로와 한스 발둥의 그림 속 묘사처럼 오히려 직육면체에 가깝다고 추측할 수 있다. 더욱이 방주 전설의 원형이라 여겨지는 바빌로니아의 전설에서 건조된 배도 밑바닥이 편편하고 네모난 상자와 같은 모양이었다. 목적지가 있는 것도 아니고 단순히 물에 떠 있기만 하면 되기 때문에, 작품에서 보듯이 노아의 방주는 투박한 상자 모양의 배라고 생각할 수 있다.

어쨌든 노아의 방주는 인류역사상 문헌에 기록된 목선 가운데 가장 긴 배였다. 노아의 방주 다음으로 가장 긴 목선은 1909년 출항한 석탄 무역용 배인 '와이오밍'으로 길이가 100.4m이었지만 1924년 태풍을 만나 침몰했다고 한다.

시대를 대표하는 거장들이 남긴 '대홍수 시리즈'

성경에 따르면 노아의 방주는 한참을 물 위에 떠 있었다. 홍수의 시작은 창세기 7장 11절부터이고 홍수의 끝은 창세기 8장 14절이다.

"노아가 육백 살 되던 둘째 달 열이렛날, 바로 그날에 큰 심연의 모든 샘구멍이 터지고 하늘의 창문들이 열렸다. 그리하여 사십일 동안 밤낮으로 땅에 비가 내렸다. (중략) 땅에 사십일 동안 홍수가 계속되었다. 물이 차올라 방주를 밀어 올리자 그것이 땅에서 떠올랐다. 물이 불어나면서 땅 위로 가득 차오르자 방주는 물 위를 떠다니게 되었다. 땅에 물이 점점 더 불어나 하늘 아래 높은 산들을 모두 뒤덮었다. 물은 산들을 덮고도 열다섯 암마나 더 불어났다. 그러자 땅에서 움직이는 모든 살덩어리들, 새와 집짐승과 들짐승과 땅에서 우글거리는 모든 것, 그리고 사람들이 모두 숨지고 말았다. (중략) 그때 하느님께서 노아와 그와 함께 방주에 있는 모든 들짐승과 집짐승을 기억하셨다. 그리하여 하느님께서 땅 위에 바람을 일으키시니 물이 빠져나가기 시작했다. 심연의 샘구멍들과 하늘의 창문들이 닫히고 하늘에서 비가 멎으니 물이 땅에서 계속 빠져나가, 백오십일이 지나자 물이 줄어들었다. 그리하여 일곱째 달 열이렛날에 방주가 아라랏 산 위에 내려앉았다. 물은 열째 달이 될 때까지 계속 줄어, 열째 달 초하룻날에는 산봉우리들이 드러났다."

_ 한국 천주교 주교회 성서위원회에서 편찬한 성경을 인용

255쪽 작품은 프랑스의 화가 니콜라 푸생 Nicolas Poussin, 1594~1665이 그린 〈겨울(대홍수)〉이다. 이 작품은 푸생이 리슐리외 추기경을 위해 1660년부터 1664년 사이에 그린 〈사계〉 시리즈 중 하나다. 그래서 그림의 원제도 '겨울'이다. 푸생은 대홍수의 비참한 광경을 이 작품에 묘사했다. 〈겨울(대홍수)〉은 성경 '최후의 심판'을 주제로 하고 있는데, 믿음을 가진 자는 살아남으며 그렇지

푸생, 〈겨울(대홍수)〉, 1660~1664년, 캔버스에 유채, 118×160cm, 파리 루브르 박물관

못한 자는 하늘의 심판을 받는다는 이야기가 담겨 있다. 검은 구름이 잔뜩 끼어있는 하늘 사이로 무서운 번개가 내리 꽂고 있으며, 이미 온 세상이 물에 잠겨버렸다. 사람들은 살아남기 위해 안간힘을 쓰고 있다. 배에 짐을 싣고 아기를 내리며 가까스로 살길을 찾는 가족이 보이고, 그 뒤로는 난파된 배에서 살려달라며 간절히 빌고 있는 사람도 있다. 또 화면 왼쪽에는 바위에서 내려오는 뱀을 피해 두 사람이 나무판자를 잡고 가까스로 건너편으로 헤엄쳐가고 있다. 마치 지옥과 같이 대홍수의 비참함을 푸생은 어둠이 내린 겨울로 표현하고 있다.

푸생의 〈대홍수(겨울)〉는 미켈란젤로가 그린 성시스티나 성당 천장화를 참조했다고 전해진다. 예배당의 천장화에는 천지창조에서부터 대홍수까지 구약성서 속 이야기를 여러 장면에 걸쳐 표현하고 있는데, 푸생은 그 가운데

제리코, 〈대홍수〉, 18세기경, 캔버스에 유채, 97×130cm, 파리 루브르 박물관

대홍수 장면을 참조하여 〈사계〉 시리즈 중 하나인 이 그림을 그린 것이다. 흥미로운 사실은 프랑스의 화가 제리코Théodore Géricault, 1791~1824는 푸생의 〈겨울(대홍수)〉을 다시 참조하여 또 다른 〈대홍수〉를 완성했다. 서양미술사에서 시대를 달리하는 거장들이 완성한 '대홍수 시리즈'라 할 수 있다.

성경 속 대홍수는 일어날 수 없는 일?!

그렇다면 실제로 이런 대홍수가 일어날 수 있을까? 성경의 내용을 충실히 따라 수학적으로 생각해보자.

먼저 노아의 방주가 정박한 곳인 아라랏 산은 터키의 동쪽 국경선 산맥인

이슬비	약한비	보통비	폭우
지름 0.5mm 이하의 물방울이 지속적으로 고르고 느리게 내리는 강수 현상	지름 0.5mm 이상의 물방울이 시간당 2.5mm 내리는 비	시간당 2.5mm~7.6mm 내리는 비	시간당 7.6mm 이상 내리는 비

우라르투(Urartu) 북부에 위치한다. 높이가 5137m인 아라랏 산은 컵을 거꾸로 엎어 놓은 모양으로 주변에는 높이가 3914m인 소아라랏 산 이외에 다른 산들이 없다. 성경에 따르면 물은 모든 산을 덮고 15암맛 즉 15큐빗이 더 불었으므로 이때의 수위는 아라랏 산의 높이 5137m에 15큐빗인 약 7m를 더하면 5144m가 된다. 비가 40일 동안 내렸으므로 시간으로 따지면 960시간이다. 이로부터 시간당 강우량을 구할 수 있다. 최고수위를 시간으로 나누면,

$$5144(\text{m}) \div 960(\text{hour}) = 5.4(\text{m/hour}) = 5400(\text{mm/hour})$$

즉, 시간당 5400mm의 폭우가 960시간 동안 쏟아진 것이다. 국제 관례상 비 형태의 강수는 내리는 양에 따라 위의 그림과 같이 분류한다.

이러한 분류에 따르면 성경에 기록된 비는 폭우도 이만저만한 폭우가 아니다. 물폭탄을 넘어서 물핵폭탄, 아니 물수소폭탄이라고 해야 맞겠다. 아무튼 표현할 수 있는 어휘가 없을 만큼 어마어마한 폭우다. 비는 노아가 600살이 되는 해에 시작되었으므로 비가 내리기 시작하여 홍수가 나고, 다시 물이 빠지는 과정을 그래프로 나타내면 다음과 같다.

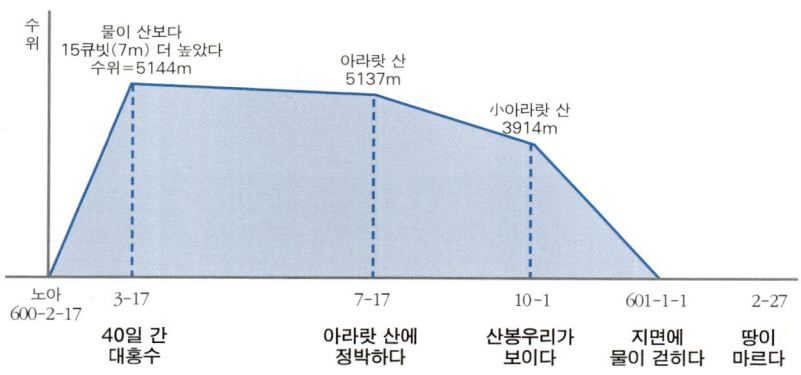

그렇다면 이게 현실적으로 가능할까?

지구 전체 물의 97.6%를 차지하는 바닷물의 총량은 약 13억km³라고 한다. 그런데 40일간 쏟아진 빗물의 총량은 지구 전역에 걸쳐 지구표면을 5144m 높이로 뒤덮었다. 그리고 물로 지구표면을 5144m 높이로 뒤덮으려면 대략 26억km³의 물이 필요하다. 즉 바닷물의 약 2배의 물이 필요하다. 성경에 나오는 대홍수에 관한 기록을 기상학적으로 분석해보면 흥미로운 결과가 도출된다. 대홍수를 일으켰던 물은 증발하여 지상의 공기 속으로 돌아갔을 것이며, 또한 대홍수를 일으켰던 물, 즉 비도 대기 중에서 생긴 것이다. 따라서 이 물은 현재에도 역시 대기 중에 있어야 한다. 그런데 기상학에 따르면 가로와 세로의 길이가 각각 1m인 정사각형 땅 위의 공기 기둥 속에는 수증기가 평균 16kg 포함되어 있으며, 많아도 25kg 이상을 넘지 않는다고 한다. 25kg 즉 25000g의 물의 부피는 25000cm³이고, 정사각형의 땅 넓이가 1m²=10000cm²이므로 물의 부피를 밑넓이로 나누면 25000÷10000=2.5cm이다.

따라서 전 세계를 덮은 대홍수는 기껏해야 강우량이 2.5cm밖에 되지 않는다. 왜냐하면 대기 중에는 이 이상의 수분이 없기 때문이다. 또한 이 깊이는 내린 비가 땅속에 스며들지 않는다고 가정했을 때 가능하다. 비가 40일 동안 2.5cm 내렸으므로 하루 동안에 내린 비의 양은 평균 0.625mm이고, 시간당 0.026mm가 내린 것인데, 비가 이렇게 내렸다는 것은 내려도 별로 표시가 나지 않는 양이다. 앞에서 분류한 내리는 양에 따른 강수로 보면 약한 비보다 100배나 적게 내린 이슬비 중에서도 매우 약한 이슬비였음을 알 수 있다.

결국 수학적으로 지구 전체를 덮는 대홍수는 일어날 수 없는 일이 된다. 하지만, 수학이 규명하지 못하는 것을 할 수 있는 존재가 있으니 바로 '신'이다. 종교는 종교일 뿐이고, 수학은 수학일 뿐이라는 얘기다. 필자는 이 글을 결코 성경을 부정하거나 비판하는 차원에서 쓰지 않았음을 밝혀둔다. 이 글은 회화의 소재가 된 성경 속 대홍수를 수학적 관점에서 살펴보고 싶은 호기심에서 비롯한 것이다. 수학이 고리타분하고 딱딱하다는 세상의 선입견에 맞선 어느 별난 수학자의 위트 정도로 읽히던 충분할 듯하다.

새콤달콤 사과의 인문학

베시카 피시스, '불화의 사과' 그리고 사이클로이드

사과는 우리가 흔히 먹는 과일이지만 유구한 인류의 역사를 되짚어 보면 예사롭지 않은 열매라는 생각이 든다. 성경을 비롯해 신화와 고전, 예술과 과학을 넘나들며 역사의 변곡점이 되었던 몇몇 중요한 순간마다 사과가 등장했기 때문이다.

가장 먼저 떠오르는 순간은 단연 아담과 이브의 사과일 것이다. 성경의 창세기에는 에덴동산에 살던 아담이 하느님이 절대 따 먹지 말라고 했던 열매를 따먹는 이야기가 나온다. 선악을 알게 하는 나무의 열매를 먹으면 하느님처럼 지혜로워질 것이라는 뱀의 유혹에 넘어간 이브가 먼저 과일을 따서 먹고 아담한테도 먹으라고 권한다. 결국 아담과 이브는 풍요를 약속했던 에덴동산에서 쫓겨나 남자인 아담은 힘든 노동의 짐을 지게 되고 여자인 이브는 출산의 고통을 겪게 된다. 선악의 열매인 사과를 먹은 아담과 이브는 단순히 신의 창조물이 아니라 신의 지배에서 독립해 자아를 가진 인간,

티치아노, 〈이브의 유혹〉, 1550년, 캔버스에 유채, 240×136cm, 마드리드 프라도 미술관

지혜로운 인간(Homo Sapiens)으로 태어나게 되었다.

실제로 성경에는 선악과가 사과라고 명시해 놓은 구절은 없다. 오히려 아담과 이브가 벗은 몸을 무화과나무로 가렸다는 성경의 기록을 근거로 선악과가 무화과라는 해석이 제기되기도 한다. 그럼에도 불구하고 선악과가 사과라는 인식이 보편화된 데는, 라틴어로 사과와 악(惡)이 '말룸(malum)'이라는 같은 단어로 쓰이기 때문에 이에 착안해서 선악과가 사과라고 알려진 것이라고 한다.

261쪽 그림은 이탈리아 베네치아화파를 이끈 티치아노Tiziano Vecellio, 1488~1576가 그린 〈이브의 유혹〉이다. 어린 아이로 변신한 뱀이 사과를 따서 이브에게 건네고 있다. 이 광경을 옆에서 지켜보고 있는 아담은 매우 놀라 마치 뒷걸음질 치는 듯하다. 이처럼 몸의 반은 사람이고 반은 짐승인 반인반수(半人半獸)는 그리스문학에 자주 등장하는 캐릭터인데, 당시 베네치아에서는 르네상스의 영향으로 그리스문학이 한창 유행했었다. 화가 티치아노도 이런 시대적 영향을 받았던 것으로 생각된다.

티치아노의 그림에서 흥미로운 점은 유혹의 아이콘인 뱀과 사과보다 오히려 이브의 육감적인 몸매가 더 유혹적으로 도드라져 보인다는 사실이다. 하지만, 티치아노의 그림만으로 유혹의 아이콘에 뱀과 사과와 함께 이브까지 포함시키는 데는 논란의 여지가 있다.

유혹적이면서 에로틱하기까지

아담과 이브가 먹은 사과가 유혹의 아이콘이라면 두 번째 소개하는 사과는 에로틱, 즉 성적 징표로서의 황금사과이다. 그리스신화에 나오는 트로이 전쟁의 단초가 되는 '파리스의 사과'가 그 주인공이다. 파리스의 사과를 가리켜 '불화(不和)의 사과'라고도 하는데, 이에 얽힌 속내를 밝히기 위해서는 트로이 전쟁 이야기를 하지 않을 수 없다.

트로이 전쟁은 유럽과 아시아가 충돌한 싸움이다. 이 전쟁의 실제 원인은 유럽과 아시아 사이의 패권다툼이었지만, 그 전후 배경에 색이 덧칠해지면서 결국 역사적 사실은 흥미진진한 신화로 탈바꿈되었다. 아마도 우리의 흥미를 끄는 것은 역사적인 해석보다는 신화적인 이야깃거리일 것이다. 이와 관련된 이야기가 너무 길기 때문에 여기서는 간략하게 알아보자.

제우스로부터 영원한 형벌을 받고 있던 프로메테우스를 구해준 것은 헤라클레스였고, 제우스와 화해한 프로메테우스는 제우스의 운명을 알려준다. "바다의 여신인 테티스가 낳는 아들은, 그의 아버지가 누구든 무조건 아버지보다 강한 힘을 갖게 될 것이다."

프로메테우스의 말을 들은 제우스는 테티스를 서둘러 인간 영웅인 펠레우스에게 시집보내기로 했다. 올림포스의 모든 신들이 참석하여 성대하게 거행된 바다의 여신 테티스와 펠레우스의 결혼식에 불화(不和)의 여신인 에리스만이 초대받지 못했다. 무시당한 것으로 생각한 불화의 여신은 결혼 선물을 들고 결혼식에 나타났다. 에리스는 가져온 선물을 슬쩍 놓고 그곳을 떠났다. 그것은 아름답게 빛나는 황금사과였는데, 그 황금사과에는 이렇게 쓰여져 있었다. '가장 아름다운 여신에게'

그래서 올림포스 최고의 세 여신인 헤라, 아테나, 아프로디테는 서로 자기가 가장 아름다운 여신이라며 황금사과의 주인은 자기라고 주장하게 되었고, 제우스는 이 판결을 트로이의 왕자인 파리스에게 맡겼다. 다음 그림은

루벤스, 〈파리스의 심판〉, 1632~1635년경, 캔버스에 유채, 144.8×193.7cm, 런던 내셔널 갤러리

바로크를 대표하는 화가 루벤스 Peter Paul Rubens, 1577~1640가 그린 〈파리스의 심판〉이다.

15세기를 거쳐 16세기가 저물어갈 즈음 조화와 균형을 강조한 르네상스풍에 맞서 자유분방함과 불협화음의 미를 내세운 바로크 사조가 등장했다. 바로크(Baroque)는 포르투갈어로 '뭉개진 진주'를 뜻하는데, 완벽하게 조화로운 르네상스라는 진주를 발로 짓밟아 찌그러트린 뒤 그 자체의 파격미에서 예술성을 이끌어내는 예술사조다. 루벤스의 그림 〈파리스의 심판〉에 등장하는 여신들의 몸은 균형미하고는 멀어 보인다. 뚱뚱하고 울퉁불퉁한 몸매를 한 여신들의 모습은 바로크 미술의 전형이다.

루벤스 말년의 작품인 〈파리스의 심판〉에서, 화가는 사과를 든 파리스와 제우스의 전령인 헤르메스 앞에 세 여신이 나체로 서서 심판을 기다리는 장면을 묘사했다. 세 여신 중에 오른쪽에 있는 헤라의 발밑에는 화려한 공작새가 있다. 가운데 위치한 아프로디테의 뒤에는 에로스가 혼자 놀고 있다. 맨 왼쪽 아테나의 옆에는 메두사의 머리가 붙은 방패인 아이기스와 올빼미가 있다. 세 여신은 모두 풍만한 자태를 뽐내며 자신을 선택해 주길 바라는 눈빛으로 파리스의 얼굴을 바라보고 있다.

한참 젊었던 파리스가 선택한 미의 기준은 다분히 육체적이고 성적인 것이었다. 이로써 황금사과의 주인은 셋 중에서 가장 육감적 아름다움이 부각된 아프로디테에게 돌아갔다. 결국 파리스의 사과는 에로틱한 징표가 되고 만 셈이다.

'불화의 사과' 원리란?

그렇다면 에리스는 왜 하필 '세 명'의 여신을 위하여 황금사과를 준비했을까? 이제 필자의 수학적 해석이 등장할 차례다.

'3'은 만물의 완성된 형태의 기하학적 구조를 가지고 있다. 심리학자인 카를 융 Carl Gustarv Jung, 1875~1961 은 '3'에 대하여 다음과 같이 말했다.

"반대되는 것들끼리의 모든 긴장은 방출로 절정에 이르며, 그것으로부터 제3의 존재가 나온다. 제3의 존재에서 긴장은 해결되고, 잃어버린 통일성이 회복된다."

만일 우리가 우주 전체나 그 중 일부를 만들려면 반드시 삼각형을 작도하는 방법을 알아야 한다. 삼각형은 기하학자가 두 개의 원이 겹쳐진 이른바 '베시카 피시스(vesica piscis)'를 통하여 끌어내는 최초의 모양이다. 즉, 다음

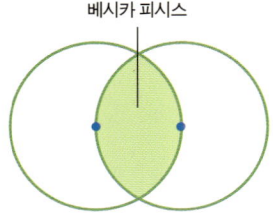 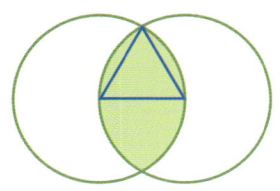 

도형과 같이 태초의 부모로부터 상반되는 두 원형이 나타나고 두 원형은 삼각형을 탄생시키는데, 이는 시작과 중간과 끝을 지닌 것이다.

혹시 루벤스는 '3'의 이런 특성을 알고 있었던 걸까?

오른쪽 그림은 스페인 마드리드에 있는 프라도 미술관이 소장한 루벤스의 〈삼미신〉이다. 루벤스는 〈파리스의 심판〉 말고도 여신들을 많이 그렸다. 삼미신(三美神)은 말 그대로 아름다움을 상징하는 세 명의 여신이다. 그리스신화에서 아름다움을 나타내는 삼미신은 제우스의 딸들인 아를라이사, 에우로시네, 탈리아이고 이들은 각각 아름다움과 우아함 그리고 기쁨을 상징한다. 루벤스를 비롯한 당시 화가들은 이들이 서로 끌어안고 있는 모습으로 묘사하곤 했다. 특히 이들 삼미신은 아름다움과 관련이 깊은 남신인 아폴론과 올림포스 최고의 미의 여신으로 알려진 아프로디테 등의 신들과 함께 등장하는 경우가 많았다.

다시 루벤스가 그린 〈삼미신〉을 보자. 이 작품을 수학적으로 살펴보면 세 명의 여신이 두 개의 원으로 만들어지는 삼각형에 위치하고 있음을 알 수 있다. 즉, 1과 2로부터 3이 탄생하는데, 그곳에 바로 세 명의 미의 여신이 있음을 표현했다.

고대 수학자들은 1과 2를 수(數)들의 '부모'로 여겼기 때문에 1과 2 사이에서 처음으로 태어난 3은 최초의 수이자 가장 오래된 수이다. 3의 기하학적 표현인 정삼각형은 위의 도형에서와 같이 두 개의 원이 겹쳐진 '베시카 피

루벤스, 〈삼미신〉, 1639년, 캔버스에 유채, 221×181cm 마드리드 프라도 미술관

시스'로부터 출현하는 최초의 모양이고, 여러 가지 정다각형 중에서 첫 번째 것이다. 루벤스는 아름다움을 나타내는 세 명의 여신이 정확하게 베시카 피시스로부터 탄생하는 정삼각형과 어우러지도록 삼미신을 배치한 것이다.

'3'이라는 숫자에 대해서 좀 더 생각해 보자. '3'은 안정과 조화의 수이고, 모든 것의 근본을 나타내기도 한다. '3'으로 표현되는 것으

로는 하늘과 땅 그리고 사람, 3원색, 3요소, 삼위일체 등이 있다. 결국 '3'으로부터 모든 일이 시작됨을 알 수 있다.

그래서 세 명의 여신으로부터 전쟁이 시작되지만 결국 전쟁의 끝은 안정과 조화를 이루게 됨을 의미하기도 한다. 실제로 제우스는 트로이 전쟁에서 그동안 신들과 인간 사이에 탄생한 수많은 영웅의 대부분을 전사시켰고, 이로 말미암아 그리스 지역은 신의 시대를 끝내고 인간의 시대를 시작하게 되었다.

루벤스의 〈삼미신〉에는 신화이야기 말고도 재밌는 뒷담화가 전해진다. 작품 속에 등장하는 세 명의 여신 중 왼편에 있는 여신의 모델이 루벤스의 서른일곱 살 연하 아내인 헬레나 푸르망이고, 오른편에 있는 여신은 첫 번째 부인인 이사벨라다. 루벤스는 자신과 17년 동안 함께 해온 아내 이사벨라가 1626년에 죽자 1630년에 서른일곱 살 연하의 헬레나 푸르망과 재혼했다. 그 당시 헬레나가 열여섯이었고 루벤스는 …… 계산해 보면 알 것이다. 재혼 이후 루벤스의 작품들에서는 헬레나의 모습이 자주 등장하는 데, 루벤스는 죽기 전 10년 동안 그의 인생에서 최고의 예술성을 갖춘 작품들을 두루 남겼다고 한다. 이쯤 되면 헬레나는 루벤스에게 예술적 영감을 주는 '뮤즈'가 아니었을까?

자, 다시 수학 얘기로 돌아가 보자. 〈파리스의 심판〉에 나오는 사과는 불화의 여신 에리스가 놓고 간 것이라 하여 '불화의 사과'라고도 불리는데, 수학에도 이 신화로부터 유래된 '불화의 사과'라는 게 있다. 도대체 학자들 간에 얼마나 다툼이 심했으면 '불화의 사과'란 별칭을 얻게 된 것일까?

수학에서 '불화의 사과'는 바로 파스칼^{Blaise Pascal, 1623~1662}에 의하여 그것의 많은 성질이 밝혀진 '사이클로이드(Cycloid)'다. 사이클로이드는 적당한 반지

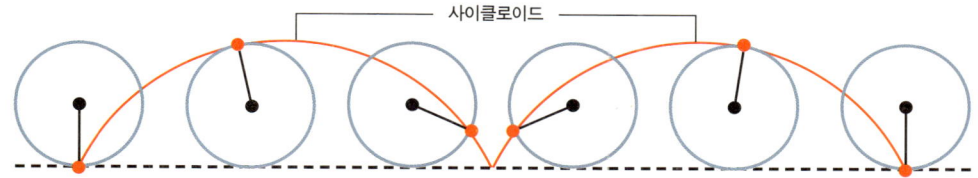

름을 갖는 원 위에 한 점을 찍고, 그 원을 한 직선 위에서 굴렸을 때 점이 그리며 나아가는 곡선이다. 이 곡선은 수학과 물리학에 있어서 매우 중요한 것으로 초기 미적분학의 발전에 큰 도움을 주었다. 특히, 갈릴레오 갈릴레이 Galileo Galilei, 1564~1642는 최초로 사이클로이드의 중요성을 언급하면서 다리의 아치를 이 곡선을 이용하여 만들 것을 추천하기도 했다.

직선과 적당한 곡선 모양으로 같은 높이의 미끄럼틀을 만들어 공을 굴리는 경우를 생각해 보자. 언뜻 생각하기에는 직선을 따라 굴린 공이 먼저 바닥에 도착할 것 같지만 실제로는 곡선을 따라 굴린 공이 먼저 바닥에 도착한다. 거리는 직선이 짧지만 시간은 곡선이 적게 걸리는데, 이 곡선은 각 지점에서 중력가속도가 줄어드는 정도가 직선보다 작기 때문에 이 가속도에 의해 속도가 빨라져서 도착지점까지의 시간이 더 적게 걸리는 것이다. 이와 같은 곡선을 '최단강하선'이라고 하는데, 사이클로이드가 바로 최단강하선이다. 이처럼 사이클로이드는 매력적인 성질을 많이 가지고 있으면서도, 또한 학자들 사이에 많은 논쟁을 일으켰기 때문에 그리스신화에서 별칭을 따와 '불화의 사과'라 불리게 된 것이다.

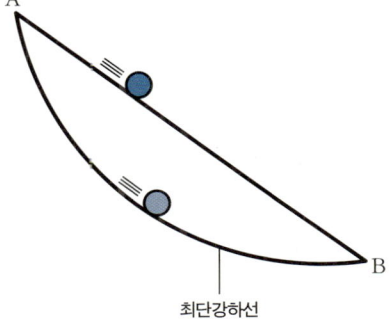

세상에서 가장 정의로운 사과

'불화의 사과'에 이어 세 번째로 소개할 사과는 동화로도 잘 알려진 빌헬름 텔의 사과다. 『빌헤름 텔』은 스위스에서 오랫동안 구전되어 내려온 민속극을 주제로 독일의 극작가 실러Friedrich von Schiller, 1759~1805가 쓴 희곡이다.

14세기에 스위스는 오스트리아 합스부르크가의 지배를 받고 있었다. 이곳에 총독으로 부임한 게슬러는 높은 장대에 모자를 걸어 놓고 그곳을 오가는 사람들에게 반드시 인사를 하게 했다. 어느 날 아들과 함께 그곳을 지나던 빌헬름 텔은 인사를 하지 않고 그냥 지나쳤다는 이유로 체포되었다. 총독은 50m 떨어진 벽에 아들을 세워 놓고 아들 머리 위에 있는 사과를 화살로 맞히면 죄를 용서하겠노라고 했다. 총독은 빌헬름 텔이 활을 잘 쏜다

피터 프란시스 부르주아 경, 〈빌헬름 텔〉, 캔버스에 유채, 76.8×110.2cm, 영국 덜위치 픽처 갤러리

는 명성을 익히 알고 있었다. 심한 갈등 속에 빌헬름 텔은 아들의 머리 위에 얹힌 사과의 중앙을 화살로 관통시켰다. 그런데 화살 통에서 두 개의 화살을 꺼낸 것을 본 총독은 나머지 화살의 용도를 물었다. 그러자 빌헬름 텔은 "만약 실패하면 나머지 화살로 당신을 쏘려고 했소"라고 말해 결국 감옥에 갇히고 말았다. 하지만 빌헬름 텔은 감옥에서 탈출해 군대를 이끌고 합스부르크가의 지배에 맞서 싸워 스위스의 독립을 이끌었다.

빌헬름 텔의 사과는 강대국의 부당한 지배를 거부하는 상징이 되어 약소국의 독립 운동에 불을 지피는 도화선이 되었다. 빌헬름 텔의 사과가 애국심을 상징하는 사과가 된 것이다.

왼쪽 그림은 영국 출신 화가 피터 프란시스 부르주아 경Sir Peter Francis Bourgeois, 1756~1811이 그린 〈빌헬름 텔〉이다. 화가는 빌헬름 텔이 화살을 쏘기 직전 상황을 있는 그대로 묘사했다. 아들이 보는 앞에서 말에 탄 총독에게 매달려 용서를 구하는 빌헬름 텔의 모습이 매우 애처롭다.

뉴턴의 사과나무가 한국에 있다?!

이제 인류 역사에 큰 영향을 끼친 네 번째 사과를 만날 차례다. 바로 '뉴턴의 사과'다. 1665년 영국에는 전염병이 돌아 케임브리지의 대학들도 18개월 동안 긴 방학에 들어갔다. 이때 케임브리지의 트리니티 칼리지 학생이었던 뉴턴Sir Isaac Newton, 1642~1727은 고향으로 돌아가 연구에 전념하다 떨어지는 사과에서 착상을 얻어 '만유인력의 법칙'을 발견했다.

만유인력의 법칙이 발표되기 전까지 사람들은 세상은 땅과 하늘이 서로 다

한나, 〈1665년 가을 울즈소프 정원에서의 아이작 뉴턴〉, 1856년, 캔버스에 유채, 86×125.5cm, 런던 왕립 연구소

른 두 개의 세계로 이루어져 있다고 생각했다. 당시에도 갈릴레이의 낙하실험으로 낙하시간을 계산하는 방법과 케플러 Johannes Kepler, 1571~1630 의 노력으로 행성의 운동을 알고 있었다. 하지만 낙하는 지상에서 일어나는 현상이고, 행성은 하늘에서 일어나는 일로 서로 다른 법칙으로 움직이는 것이라고 생각했다.

뉴턴의 사과는 이 두 운동이 결국 같은 원리라는 것을 증명하는 단초가 됐다. 지구 둘레를 도는 행성들이나 땅에 떨어지는 사과는 모두 똑같은 방식의 운동을 하고 있고, 땅과 하늘의 세계는 하나의 법칙이 작용하는 세계임이 밝혀진 것이다.

위의 그림은 영국의 화가 로버트 한나 Robert Hannah, 1812~1909 가 그린 〈1665년 가을 울즈소프 정원에서의 아이작 뉴턴〉이다. 나무에서 떨어진 사과를 보고 깊은 생각에 잠긴 뉴턴의 표정이 인상적이다.

그런데 뉴턴에게 만유인력의 법칙을 발견하게 한 사과나무가 우리나라에도 있다. 뉴턴이 사과나무 밑에서 만유인력의 법칙을 발견할 때, 그 사과나무가 있던 곳은 뉴턴의 고향인 영국의 울즈소프였다. 이 사과나무를 1814년 고사하기 직전에 접목해 몰튼에 있는 브라운 로우 경의 정원에 이식했다. 그러다 영국의 이스트몰링 연구소를 거쳐 미국 국립표준국에 이식된 나무를 1978년에 한미과학기술협력의 상징으로 '뉴턴의 사과나무' 제3대손을 기증받아 한국표준과학연구원 뜰에 심게 된 것이다. 그런데 미국에서 들여와 한국표준과학연구원에서 자라던 세 그루의 나무들은 30여 년 정도를 살다 이 중 마지막 나무가 2006년에 시들어 죽고 말았다. 현재는 이 나무로부터 접목되어 키우던 제4대손 사과나무가 연구원에서 자라고 있다. 그리고 연구원으로부터 이식받은 '뉴턴의 사과나무'는 KAIST, 국립중앙과학관, 서울과학고, 충주사과연구소, 동아대학교 등지로 기증되어 해마다 열매를 맺으며 자라고 있다.

독이 든 사과를 베어 문 비운의 수학자

21세기에 들어 가장 유명한 사과는 단연 애플사의 로고일 것이다. 스마트폰과 컴퓨터로 유명한 애플사 말이다. 앞에서 밝혔듯이 뉴턴이 떨어지는 사과를 보고 만유인력의 법칙을 발견했는데, 이 법칙은 현대물리학을 한 차원 높이는 혁신적인 것이었다. 그래서 애플사도 자신들의 컴퓨터가 그 출현 이

1976년   1977~1998년   1998년   1998~2000년   2001~2007년   현재

전과 이후를 나누는 혁신적인 제품이 되겠다는 의지로 회사의 로고에 사과를 사용했다는 얘기가 있다. 실제로 애플사 최초의 로고에 '뉴턴의 사과나무'가 등장하는 것으로 봐서 이 말이 어느 정도 설득력이 있다.

그런데, 애플사의 로고에 대한 또 다른 얘기도 흥미롭다. 영국의 수학자 앨런 튜링 Alan Turing, 1912~1954은 제2차 세계대전 중에 독일군의 암호 에니그마(Enigma)를 해독할 수 있는 '폭탄(Bomb)'이라는 해독기를 만들었다. 그로 인하여 독일군의 움직임을 훤하게 알게 된 연합군은 마침내 제2차 세계대전을 승리로 이끌었다. 그런데 튜링은 동성애자였으며, 어눌하고 투박한 말투와 산만한 지적 호기심 등으로 사람들로부터 심한 괄시를 받았다. 이로 인해 마음에 큰 상처를 안고 살던 튜링은 결국 다음과 같은 유언을 남기고 사과에 청산가

제2차 세계 대전 당시 독일의 암호를 해독하던 곳인 영국 밀턴케인스에 위치한 블레츨리 파크에는 조각가 스티븐 캐틀(Stephen Kettle)이 제작한 앨런 튜링의 동상이 있다.

리를 주입하여 한 입 베어 물고 자살했다.

"사회는 나를 여자로 변하도록 강요했으므로, 나는 순수한 여자가 했을법한 방식으로 죽음을 택한다."

튜링이 유언한 '순수한 여자'란 누굴 가리킬까? 여러분의 상상에 맡기도록 하겠다. 아무튼 우리가 현재 사용하는 컴퓨터와 컴퓨터의 운영원리인 알고리즘은 앨런 튜링의 아이디어로부터 시작되었다. 애플사의 CEO였던 스티브 잡스Steve Jobs, 1955~2011는 회사의 로고를 '뉴턴의 사과나무'에서 1977년에 한입 베어 문 사과로 바꿨다. 그래서 사람들은 스티브 잡스가 비운의 천재인 앨런 튜링을 추모하는 뜻에서 한입 베어 문 사과를 회사의 로고로 사용했을 것이라고 생각했다. 하지만 2011년 발간된 잡스의 전기에서, 잡스는 그런 사실까지 염두에 두었더라면 좋았을 테지만 그렇지는 않았다고 밝혀 세간의 그럴듯한 추측을 무색케 했다.

태고적 아담과 이브가 먹었던 유혹의 사과, 신화 속 불화의 사과, 약소민족의 결기를 깨운 빌헬름 텔의 사과, 무지한 과학문명에 대혁신을 가져온 뉴턴의 사과, 그리고 제2차 세계대전의 숨은 영웅이자 비운의 수학자 튜링의 독이 든 사과와 21세기 기술혁신의 아이콘이 된 애플사의 사과까지. 생각해보니 인류문명의 중대한 변곡점마다 사과가 함께 해왔다. 앞으로 인류의 삶을 어떻게 변화시키는 사과가 등장할지 자못 궁금해진다.

수학을 그린 화가 '에셔'

무한과 순환의 원리

1970년경 '컨테이너 코퍼레이션 오브 아메리카(Container Corporation of America)'라는 회사에서는 환경 캠페인의 일환으로 재활용(recycle) 로고를 공모했다. 서던캘리포니아 대학생이었던 개리 앤더슨Gary Anderson은 오른쪽 로고를 공모전에 출품해 당선되었다. 그후 앤더슨의 디자인은 전 세계적으로 재활용품을 상징하는 로고가 되었다. 앤더슨은 이 작품을 '뫼비우스 띠(Möbius strip)'에서 착안했다고 한다.

뫼비우스 띠는 어느 지점에서나 띠의 중심을 따라 이동하면 출발한 곳과 정반대 면에 도달할 수 있고, 계속 나아가 두 바퀴를 돌면 처음 위치로 돌아오게 된다. 이러한 연속성으로 보면 이미 사용한 자원도 다시 활용할 수 있다는 재활용 마크로 뫼비우스 띠가 가장 적절한 것이다.

재활용 로고

에셔, 〈뫼비우스 띠 II (붉은개미)〉, 1963년, 목판화, 68×50cm

뫼비우스 띠는 수학의 기하학과 물리학의 역학이 한데 어우러진 곡면으로, 경계가 하나밖에 없는 2차원 도형이다. 즉, 안과 밖의 구별이 없다. 뫼비우스 띠는 1858년 독일의 수학자이자 천문학자 뫼비우스August Ferdinand Möbius, 1790~1868와 독일의 수학자 요한 베네딕트 리스팅Johann Benedict Listing, 1808~1882이 서로 독립적으로 발견한 것이다. 이 띠를 발견한 뫼비우스는 「핼리혜성과 천문학의 원리」 등 수많은 천문학 논문을 발표한 천문학자였지만, 오늘날 그를 가장 유명하게 만든 것은 바로 한 줄의 '띠'였다. 뫼비우스는 1858년에 이 영묘한(!) 띠를 발견했다는 메모를 남겼는데, 이 메모는 1868년 그가 사망한 뒤 서류 더미에서 발견됐다.

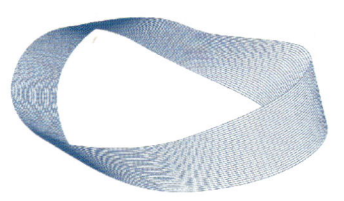

뫼비우스 띠

∞의 유래

뫼비우스 띠는 예술작품에도 등장하는데, 네덜란드의 화가 마우리츠 코르넬리스 에셔Maurits Cornelis Escher, 1898~1972는 〈뫼비우스 띠 Ⅱ(불개미)〉(277쪽)를 그렸다. 에셔는 이 작품에서 기하학적 원리를 토대로 2차원의 평면 위에 3차원 공간을 묘사했는데, 평면의 규칙적 분할에 의한 공간의 무한 확장과 순환 그리고 대립을 구현했다.

〈뫼비우스 띠 Ⅱ(불개미)〉를 자세히 살펴보면, 개미들이 목적지를 향해 끊임없이 앞으로 나아가지만 다시 제자리로 돌아오게 된다. 인생의 굴레에서 벗어나려고 아무리 노력해도 끝없이 반복되는 인간의 삶에서 의미를 찾길 바라는 마음이었을까? 에셔는 가도 가도 결국 제자리로 돌아오게 되는 뫼비우스 띠를 통해 인간의 숙명을 나타내고자 한 것인지도 모르겠다.

수학자인 필자의 눈에 비친 에셔의 작품 속 뫼비우스 띠는 처음에는 숫자 '8'처럼 보이다가 이를 옆으로 돌려놓으면 수학에서 '무한대'를 뜻하는 기호 ∞를 연상시킨다. 수학의 역사를 되짚어보면, ∞는 그 기원을 둘러싸고 여러 가지 오해를 불러일으켰다. 그 이유는 무한대를 '수'라고 생각했기 때문이었다. 하지만, ∞는 '무한히 큰 수를 나타내는 기호'가 아니라 '제

용이 자신의 꼬리를 물고 삼키는 형상으로 원형을 이루고 있는 우로보로스의 모습에서 시작도 끝도 없는 ∞가 유래되었다는 견해가 전해진다.

한 없이 커진다는 사실을 나타내는 기호'이다. 이 기호의 유래에는 두 가지 견해가 전해진다. 첫 번째는 고대 로마 숫자의 표기가 변했다는 것이다. 로마 숫자에서는 500을 D로, 1000을 M으로 표기하는데, 옛날에는 500을 IƆ로, 1000을 CIƆ로 표기했다. 이 표시가 변해서 ∞가 되었다는 것이다.

두 번째 견해는, ∞가 '꼬리를 삼키는 자'를 의미하는 '우로보로스(Ouroboros)'라는 용에서 비롯했다는 것이다. 우로보로스는 고대에 커다란 용이 자신의 꼬리를 물어 삼키는 형상으로 원형을 이루고 있는 모습으로 묘사됐다. 여러 문화권에서 나타나는 이 그림은 시작과 끝이 같다는 의미를 지니고 있기 때문에 윤회사상 또는 영원성을 상징한다. 시대가 바뀌면서 우로보로스는 점차 많은 개념을 함축하는 표상으로 이해되었다. 즉, 전설 속

의 특정한 생물을 가리키는 것이 아니라 어떤 개념을 뜻하는 것으로 바뀐 것이다. 결국 우로보로스는 시작도 끝도 없는 무한대를 암시하게 되었고, 그 모습을 기호화하여 ∞가 되었다는 것이다.

쪽매맞춤의 원리를 예술로 승화하다

에서는 〈뫼비우스 띠 Ⅱ(불개미)〉말고도 다양한 작품에서 수학적 코드를 담아낸 화가로 유명하다. 그가 작품 소재로 활용했던 것 중에서 '테셀레이션(Tessellation)'이란 게 있다. 우리말로 '쪽매맞춤'이라고도 하는 테셀레이션은 평면을 빈틈없이 겹치지 않게 채우는 작업으로, 예술적 아름다움과 수학적 원리가 동시에 담겨 있다. 쪽매맞춤은 정다각형을 이용하여 평행이동, 대칭이동, 회전이동 등의 변환을 통해 다양한 모양을 연출한다. 특히 정다각형 중에서 평면을 겹치지 않게 덮을 수 있는 것은 정삼각형과 정사각형 그리고 정육각형 밖에 없으므로, 똑같은 모양의 도형을 이용하는 쪽매맞춤의 경우 조각 하나하나의 모양은 이들 도형을 이용하여 만들어진다.

정삼각형은 한 내각의 크기가 60°이므로 한 점에 여섯 개가 모이면 360°가 되어 평면이 되고, 정사각형은 한 내각의 크기가 90°이므로 네 개가 한 점

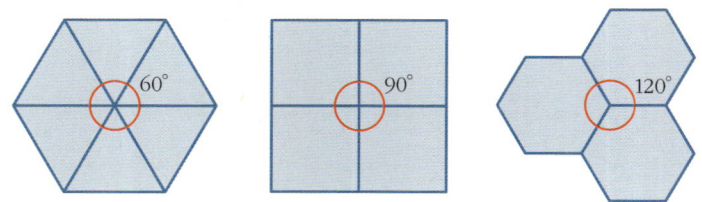

똑같은 모양으로 평면을 겹치지 않게 덮을 수 있는 것은 정삼각형, 정사각형, 정육각형뿐이다.

에 모이면 평면이 된다. 또한 정육각형은 한 내각의 크기가 120°이므로 한 점에 세 개가 모이면 360°가 되어 평면을 이룬다.

반면 정오각형의 경우 한 내각의 크기가 108°이므로 세 개가 모이면 324°이고, 네 개가 모이면 432°가 된다. 따라서 한 점에 세 개가 모이면 평면이 되기 위해서 36°가 모자라고, 네

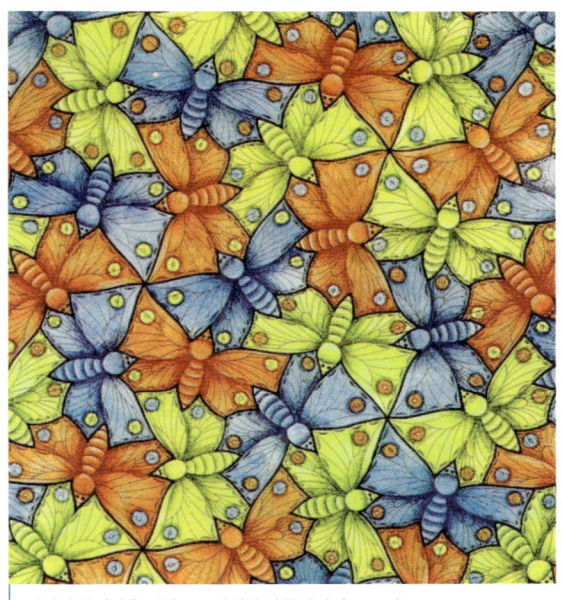

에셔가 쪽매맞춤 방식으로 완성한 작품 〈나비 No.70〉

개가 모이는 경우는 겹치게 된다. 다른 정다각형의 경우도 정오각형의 경우와 마찬가지로 평면을 덮을 수 없다.

에셔는 위 세 가지 정다각형을 적절히 활용하여 여러 쪽매맞춤 작품을 완성했는데, 〈나비 No.70〉은 그 가운데 하나다. 그가 어떤 과정으로 쪽매맞춤 작품을 완성했는지 정사각형을 이용하여 간단히 알아보자.

정사각형 모양의 색종이를 여러 장 준비하여 282쪽 그림과 같이 만들고자 하는 모양을 생각하여 색종이에 그림을 그린 다음 오려낸다. 이때 색종이 아래 부분에서 오려낸 그림을 위 부분에 붙여야 하는데, 주의할 점은 아래 부분의 오려낸 부분과 똑같은 위치의 윗부분에 오려낸 그림조각을 붙여야 한다는 것이다. 위와 아래가 결정되었으므로 오른쪽과 왼쪽을 만들기 위하여 오른쪽과 같은 방법으로 밑그림대로 잘라내어 붙인다. 이와 같은 작업을

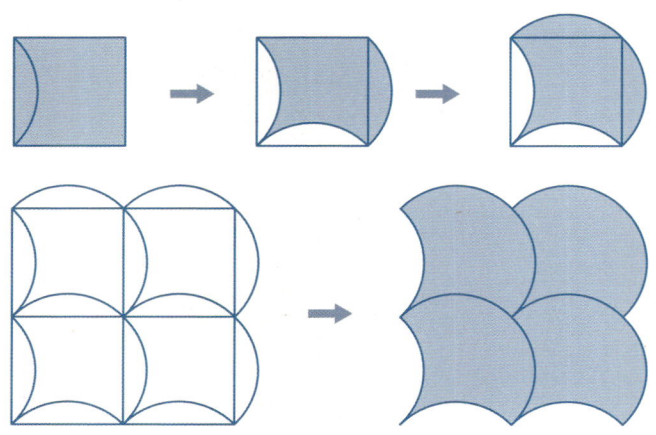

계속하여 얻은 여러 장의 색종이를 서로 겹치지 않게 붙이면 쪽매맞춤 작품이 완성된다. 쪽매맞춤은 똑같은 모양의 정다각형만을 이용하는 경우와 몇 개의 서로 다른 다각형을 이용하는 경우가 있다. 아래 그림은 정사각형과 정팔각형을 이용한 쪽매맞춤과 정삼각형, 정사각형, 정육각형 모두를 이용한 쪽매맞춤이다. 이와 같이 서로 다른 모양의 도형을 이어 붙이는 것을 '반등각등변 쪽매맞춤'이라고 한다.

에서는 쪽매맞춤을 활용하여 〈도마뱀〉을 완성했다. 이 그림은 정육각형을 이용한 쪽매맞춤 작품으로, 꼬리를 물고 움직이는 도마뱀이 쪽매맞춤을 통과할 때는 평면으로, 통과한 후에는 다시 입체가 된다. 또 주목해야 할 것

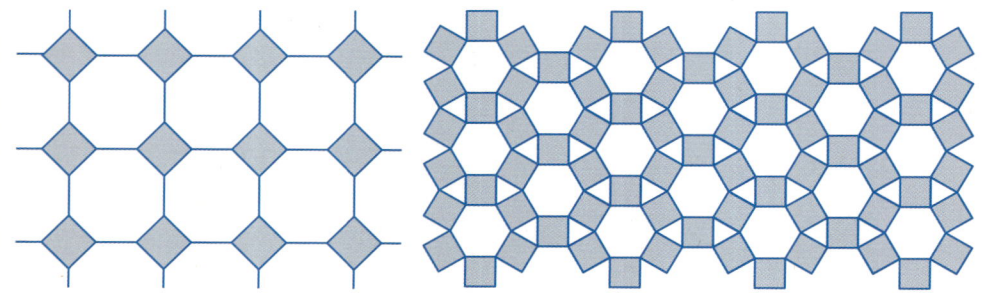

은 도마뱀이 정12면체를 지날 때 콧구멍에서 증기가 뿜어져 나오고 있다는 것이다. 정다면체에는 정4면체, 정6면체, 정8면체, 정12면체, 정20면체가 있는데, 플라톤^{Plato,} ^{BC427~BC347}은 이것들을 각각 불, 흙, 공기, 우주, 물로 비유했다. 따라서

에셔, 〈도마뱀〉, 1943년, 석판화, 33.4×38.5cm

그림 속 도마뱀은 우주를 밟고 있는 것이다. 또한 이 그림에는 삼각형, 사각형, 오각형, 육각형 등 많은 입체 다각형들이 담겨 있다. 이는 평면인 2차원적 캔버스 위에 3차원적 입체를 구현하기 위하 에셔가 수학적으로 얼마나 많은 고민을 거듭했는지를 방증한다.

푸앵카레의 우주 모델

에셔는 1930년대 들어 여러 해 동안 유럽 전역을 여행하며 다양한 풍경을 스케치했다. 그 당시 작품들을 살펴보면 서로 고순되는 원근법을 이용하여 자연현상을 묘사했음을 알 수 있다. 특히 판화가로서 그의 원숙한 화풍은 1937년 이후 발표한 판화 연작에 잘 나타나 있는 데, 꼼꼼한 사실주의와 역설적인 시각 효과 및 원근법을 결합해 누구도 흉내 낼 수 없는 예술적 완성도를 이뤄냈다. 일상의 평범한 사물들에서 예기치 않은 은유를 포착한 에셔의 작품들은 수학자와 천문학자는 물론 심리학자에게까지 폭넓은 지지를 받았다.

에셔, 〈천사와 악마〉, 1960년, 목판화, 41.6×41.6cm　　에셔, 〈원의 한계Ⅲ〉, 1960년, 목판화, 41.6×41.6cm

에셔는 수학과 관련하여 1958년부터 1960년까지 프랑스 수학자 푸앵카레Henri Poincaré, 1854~1912의 우주 모델을 주제로 네 개의 작품을 제작했다. 그 가운데 1960년에 발표한 〈천사와 악마〉가 가장 유명하다. 그 오른쪽 작품은 〈천사와 악마〉와 같은 방법으로 완성한 〈원의 한계 Ⅲ(Circle Limit Ⅲ)〉이다.

〈천사와 악마〉는 지름이 416mm인 원 위에 흰색 부분은 천사를, 검은색 부분은 악마를 그려 넣어 천사와 악마를 한데 어우러지게 묘사했다. 그림을 자세히 살펴보면, 가운데 있는 천사와 악마가 가장 크고 원의 중심에서 바깥쪽으로 갈수록 천사와 악마는 점점 작아진다.

앞에서 밝혔듯이 이 작품들은 푸앵카레의 우주 모델을 주제로 다뤘다. 푸앵카레의 우주 모델은 비유클리드 기하학의 예 가운데 하나다. 푸앵카레는 우주를 가리켜, 중심부 온도가 가장 높고 중심에서 멀어질수록 온도가 내려가다가 경계에서 절대영도가 되는 '구(球)'라고 했다.

3차원 공간에서 우주는 구가 되겠지만 여기서는 원으로 축소해 예를 들어 보자. 푸앵카레가 생각한 세계에 존재하는 모든 것은 어디에 있어도 온도의 변화를 느끼지 못하지만 이동함에 따라 모든 것들의 크기가 변한다. 즉, 사물이든 사람이든 또는 동물이든 중심으로 다가가면 크기가 팽창하고, 경계에 가까이 다가갈수록 경계와의 거리에 비례하여 수축한다. 하지만 모든 것이 같이 변하기 때문에 그 세계에 사는 사람들은 이런 변화를 느끼지 못한다. 이 세계에 사는 사람이 경계에 도달하기 위하여 열심히 걸어

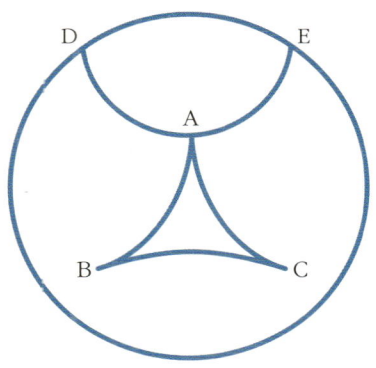

가는 경우, 그의 크기가 작아지므로 다리도 짧아져서 보폭이 좁아진다. 그래서 그는 아무리 열심히 걸어도 절대로 이 세계의 경계에 도달할 수 없다. 결국 그 사람은 자신이 사는 세계는 무한하다고 생각할 것이다.

푸앵카레의 우주 모델 속 세계에서 매우 흥미로운 것은 두 점 사이의 최단 거리가 곡선이라는 것이다. 왜냐하면 위의 도형에서와 같이 어떤 사람이 점 A에서 출발하여 점 B에 도달하려면 중심을 향하는 호를 따라서 가는 것이 발걸음의 수를 줄일 수 있기 때문이다. 그래서 이 세계에서 삼각형을 그리면 삼각형 ABC와 같이 삼각형의 변은 원호가 된다. 평행선도 우리가 알고 있는 것과는 다르다. 선분 DAE는 선분 BC 위에 있지 않은 한 점 A를 지나며 BC와 만나지 않기 때문에 DAE는 선분 BC와 평행이다.

일부 학자들은 우리가 푸앵카레의 우주에 살고 있을 가능성이 있다고 주장한다. 실제로 아인슈타인 Albert Einstein, 1879~1955의 상대성 이론에 따르면 자의 길이는 광속에 다가갈수록 짧아진다. 오늘날 우주의 현상을 설명할 때 유클리드 기하학보다는 비유클리드 기하학이 더 적합하다는 것이 여러 가지 방법으로 증명되고 있다. 즉, 비유클리드 기하학은 유클리드 기하학적으로 성립하지만 아직 우리가 알지 못하는 다른 세계를 기술하고 있는 것이다.

불가능한 삼각형

에셔의 작품 중에서 뫼비우스 띠에 담긴 '순환의 원리'와 맞닿아 있는 또 다른 그림을 감상해보자. 오른쪽 그림은 1961년에 완성한 〈폭포〉이다. 〈폭포〉를 살펴보면 물길의 흐름이 이상하다. 위에서 아래로 흐르는 자연의 이치와 달리 물이 아래에서 위로 흘러 물레방아를 돌리고 다시 물은 순환한다. 이것은 원근법을 무시해 그렸기 때문이다. 앞쪽에 배치된 기둥과 뒤쪽에 배치된 기둥이 하나로 연결돼 알파벳 B자 모양으로 물이 순환하는 것 같은 착각이 일어난다. 그런데 이 물길 구조는 삼각형 구조가 세 번 되풀이되는 형상이며, 이 삼각형 구조는 '불가능한' 삼각형이다.

불가능한 삼각형은 영국의 이론물리학자이자 수학자 로저 펜로즈 경 Sir Roger Penrose 으로부터 시작되었다. 펜로즈는 1958년 「영국심리학회보(British Journal of Psychology)」 2월호에 불가능한 삼각형에 관한 글을 실었는데, 이를 가리켜 '3차원의 직각도형'이라고 이름 붙였다. 세 개의 직각은 모두 정상적으로 그려져 있는 것 같지만, 이는 공간적으로 불가능한 입체다. 세 개의 직각으로 삼각형을 만든 것처럼 보이지만 삼각형은 입체가 아닌 평면도형이고 세 각의 합은 180°이지 270°가 아니다.

펜로즈의 '불가능한 삼각형'은 공간적으로 불가능한 입체다.

펜로즈의 삼각형이 나온 이후에 이와 유사한 작품들이 많이 나왔는데, 오른쪽 그림은

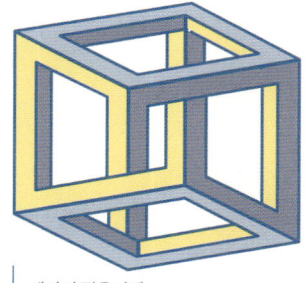

에셔의 정육면체

에셔가 그린 '에셔의 정육면체'라고 하는 착시도로 현실적으로는 불가능한 그림이다.

이런 불가능한 도형을 이용한 에셔의 또 다른 작품으로 〈상승과 하강〉이 있다. 이 작품 속 계단을 자세히 살펴보자. 계단 위를 걷는 사람들은 계속해서 올라가고 내려가지만 끝이 없다. 마치 앞에서 보았던 뫼비우스 띠 위를 걸어가는 개미와 같은 운명이다. 그러나 이것도 실제로는 가능하지 않다.

에셔, 〈폭포〉, 1961년, 석판화, 38×30cm

크리스토퍼 놀란Christopher Nolan 감독의 영화 〈인셉션〉에는 에셔의 〈상승과 하강〉에 나오는 계단을 끝없이 오르는 장면이 등장한다.

수학은 꿈을 꾸는 것과 같이 현실적으로 불가능한 것을 실제로 구성할 수 있는 학문이다. 또한 수학은 어느 것이 가능하고 불가능한지를 확실하게 판별하는 방법을 제시한다. 에셔가 수학에 매료될 수밖에 없는 이유가 여기에 있지 않았을까?

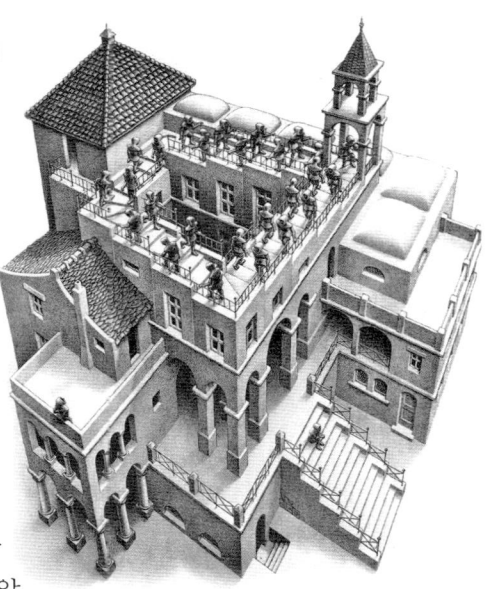

에셔, 〈상승과 하강〉, 1960년, 석판화, 35.5×28.5cm

해석기하학과 파리효과

데카르트 좌표계

"미술관에 전시된 어떤 초상화 앞에서 팔을 휘휘 흔드는 사람들을 본 적이 더러 있습니다."
런던에서 관광객들을 이끌고 내셔널 갤러리를 자주 찾는 한 여행가이드에게 우연히 들은 얘기다. 여행가이드는 사람들이 팔을 저을 때마다 혹여나 작품을 툭 쳐서 손상이라도 시키면 어쩌나 싶어 눈을 떼지 못했단다. 도대체 어떤 그림이길래⋯⋯ 궁금한 마음에 그림 앞에 가보니 여느 초상화들과 다르지 않은 그림이 걸려 있더란다. 시큰둥하게 고개를 돌리려는 순간 초상화에 앉은 파리 한 마리가 눈에 띄었다고 한다. 미술관에 웬 파리? 자세히 보니 실제 파리가 아니고 그림이었는데, 실물로 오해한 사람들이 무의식중에 파리를 날려 보내려 팔을 흔든 것이다.
인간에게 파리는 그런 존재다. 보이면 잡아 죽이거나 날려 보내거나. 더러운 데 서식하는 곤충이라는 인식 탓일 게다. 아마도 남성들은 더 공감하지

작자미상, 〈호퍼가 여인의 초상〉, 1470년 추정, 패널에 유채, 53.7×40.8cm, 런던 내셔널 갤러리

않을까. 공중화장실 소변기에 그려진 파리를 그냥 두질 못한다.

그림 속 파리에 대한 풀리지 않은 의문

문제의 그림은 〈호퍼가 여인의 초상〉이라는 작품이다. 그림을 그린 작가가 누군지, 또 초상화 모델이 누군지조차 알지 못한다. 다만 현재 독일의 남서부를 일컫는 슈바벤 지역 출신의 화가가 그렸으며, 초상화 모델은 그림 상단에 쓰여 있는 대로 '호퍼(Hofer)가의 여인'이라는 것만 알려져 있을 뿐이다. 그래서 일까. 이 미스터리한 그림을 바라볼수록 더욱 눈길을 끄는 건 여인의 모자 위에 붙어 있는 제법 큰 파리다.

미술사가들은 연구와 고증을 통해 이 그림에 대해 추론했다. 그림을 자세히 살펴보면 왼손에 '나를 잊지 말아요'란 꽃말의 물망초를 들고 있고, 오른손에는 결혼반지를 끼고 있다. 미술사가들은 그림 속 여인이 사람들로부터 잊히게 되는 상황에서 초상화가 그려졌다는 주장을 폈다. 파리를 가리켜 누군가는 '생명'을 뜻한다고도 하고, 또 누군가는 '죽음'을 암시한다고도 했다. 서로 상반된 주장 같지만 삶과 죽음은 뗄 수 없는 관계이므로 이 여인은 초상화를 주문해 두고 자기가 세상을 떠나더라도 남은 이들에게 오래도록 기억되기를 바랐던 것이 아니었을까.

1470년경에 그려진 것으로 추정되는 이 초상화는 호퍼 가문에서 비싼 돈을 주고 화가에게 의뢰한 것이 분명하다. 당시 초상화를 남길 정도면 보통 부자가 아니었을 것이다. 그런데 비싸게 주문한 작품에 파리가 붙어있는 것을 두고 여인의 가문에서는 어떻게 생각했을까? 이 작품이 지금까지 특별한 수정 없이 잘 보존된 것으로 보아 호퍼 가문은 파리가 그려진 것에 별 다른 불만이 없었던 게 아닐까. 아무튼 초상화 속 여인의 죽음을 앞두고 그려졌다면 영정(影幀) 정도가 아니었을까 싶다. 그런데 영정에 파리라…… 그림 속 파리의 존재가 여전히 석연치 않지만, 이에 대한 속 시원한 해답을 찾지 못했다.

브륀, 〈바니타스 정물화〉, 1524년, 패널에 유채, 61×51cm, 오테를로 크륄러-뮐러 미술관

흥미로운 건 서양미술사에서 파리의 등장이 〈호퍼가 여인의 초상〉에만 있었던 건 아니다. 오른쪽 작품은 독일 르네상스를 대표하는 화가 바델 브륀Barthel Bruyn the Elder, 1493~1555이 그린 〈바니타스 정물화〉다. 라틴어 '바누스(vanus)'가 어원인 바니타스(vanitas)는 '헛됨' '공허함'을 뜻하는데, 16세기에 플랑드르 지역 화가들은 인간의 해골이나 부패한 생선 혹은 과일, 시계, 촛불, 비눗방울 등을 소재로 정물화를 그려 큰 인기를 누렸다. 당시 화가들은 바니타스를 통해 죽음을 피할 수 없는 인간 삶의 유한성을 화폭에 담았다.

그런데 브륀의 〈바니타스 정물화〉에서 가장 주목을 끄는 건 해골도 촛대도 아닌 파리다. 〈바니타스 정물화〉에서 파리가 상징하는 것은 두 말할 나위 없이 죽음일 것이다. 썩은 음식이나 시체 주변에 몰리는 파리는 죽음이 가까이 있음을 암시한다.

수학자의 시선은 파리의 '존재'에서 '위치'로

화가와 미술사가들에게 그림 속 파리가 인간의 삶과 죽음에 대한 은유로 해석된다면, 수학자가 바라본 파리는 다른 차원의 의미로 읽힌다. 필자는 〈호퍼가 여인의 초상〉과 〈바니타스 정물화〉 속 파리를 본 순간 파리라는 곤충의 존재보다는 파리가 내려앉은 위치, 즉 지점이 궁금했다. 화가는 왜 하필 캔버스의 바로 그 지점에 파리를 그린 걸까. 그 순간 머릿속에 가로축(x)과 세로축(y)를 긋고 파리가 앉아 있는 지점에 '좌표'를 찍는다. 아마도 수학자의 직업적 습관 같은 것일 게다. 화가와 미술사가들이 파리의 '존재'에 방점을 찍었다면, 수학자는 파리의 '위치'에 좌표를 찍는다.

그런데 수백 년 전에 필자처럼 파리의 좌표가 궁금했던 수학자가 또 있었다. 프랑스 출신 철학자이자 수학자인 르네 데카르트^{René Descartes, 1596~1650}에게 해석기하학의 영감을 가져다준 게 파리 한 마리였다는 이야기는 수학의 역사에서 전설처럼 전해지는 에피소드다.

데카르트 하면 떠오르는 것은 "나는 생각한다. 고로 존재한다(Cogito, ergo sum)"라는 명제일 것이다. 확실한 진리에 도달하려면 일단 모든 것의 존재성부터 의심해야 하고, 회의(懷疑)적 사고를 거듭할수록 '나'란 존재성이 분명해진다는 얘기다. 여기서 의심은 인간관계의 불신 같은 게 아니라 학문적 호기심이다.

그의 학문적 업적을 집대성한 〈철학 논문집 : Essays Philosopiques〉(1637년 출간)에서 가장 핵심을 이루는 저작은 〈방법서설 : Discours de la Méthode〉이다. 〈방법서설〉의 원제에는 '이성(理性)을 올바르게 이끌어 여러 학문에서 진리를 구하기 위한'이란 수식어가 붙어있다. 흥미로운 것은 〈방법서설〉의 세 번째 부록이 〈기하학 : La Géométrie〉이라는 사실이다. 데카르트는 모든 것들의 존재성에 깊은 호기심을 갖고 과학적으로 증명하는 방법 가운데 하나로 기하학에 천착했던 것이다.

약 100쪽 분량의 〈기하학〉은 다시 세 파트로 나누어져 있는데, 제1권에서는 대수적 기하학에 관한 약간의 이론과 그리스 시대의 발전상을 다루고 있고, 제2권에서는 (지금은 쓰이지 않는) 곡선의 분류와 접선을 작도하는 방법 등을 소개하고 있다. 이어 제3권은 2차 이상 방정식의 해법을 다루고 있다.

그런데 데카르트는 〈기하학〉을 의도적으로 모호하게 집필했다고 전해진다. 즉 해석적 방법을 체계적으로 서술해놓은 게 아니어서 이 책을 읽는 독자 스스로 설명을 붙이거나 방법을 찾아 내용을 이해해야만 했다. 이 책에는 32가지 그림이 있지만 (명색이 기하학 책인데도) 좌표축 같은 것은 어디에도 찾아볼 수 없다.

난해한 원전이 그나마 친절(!)해지기까지는 데카르트의 학문을 추종하는 여러 수학자들의 연구가 뒤따랐다. 1649년 플로리몽 드 보네Florimond de Beaune, 1601~1652가 쉽게 풀어 해설한 라틴어 번역판에 프란스 반 슈텐Frans van Schooten, 1615~1660이 주석을 달아 붙임으로써 독자층을 넓히는 계기를 마련했다. 그로부터 여러 차례 개정작업이 이뤄졌는데, 그 가운데 특히 라이프니츠Gottfried Wilhelm Leibniz, 1646~1716는 1692년에 좌표(coordinates), 가로축(abscissa), 세로축(ordinate)이란 개념을 이끌어내 현대 해석기하학에서 사용하는 용어로 정착시켰다.

좌표는 해석기하학 뿐 아니라 현대 수학에서 가장 중요한 개념 가운데 하나라 해도 지나치지 않다. 좌표는 평면이나 공간에서 임의로 찍은 점의 위치를 나타내는 수나 수의 짝이다. 직선 위의 한 점 O를 고정시켰을 때 그 위의 점 P와 O와의 거리가 a라면, P가 O의 오른쪽에 있는지 왼쪽에 있는지에 따른 a 또는 $-a$가 O를 원점으로 한 P의 좌표가 된다.

이처럼 현대에 이르러서는 좌표에 대한 개념 정의와 설명이 명확해졌지만, 데카르트는 머릿속에서만 뱅뱅 도는 좌표 개념을 현실에서 설명하는 게 녹록치 않았다. 그러던 어느 날 침대에 누워 있던 데카르트는 천장 구석을 기어 다니는 파리 한 마리를 우연히 보게 되었다. 무심코 파리를 쳐다보다 천장에서 파리가 움직이는 경로를 서로 접하고 있는 두 벽으로부터 그 파리까지의 거리를 연결시키는 관계로 묘사할 수 있겠다고 생각했다. 데카르트는 파리의 위치를 정확하게 표현할 방법이 없을까 고민하다가, 천장을 격자(바둑판)처럼 나누면 위치를 숫자로 표현할 수 있다는 아이디어를 떠올렸다. 그의 발상은 해석기하학에서 좌표의 개념을 정립시키는 계기가 됐다. 파리가 수학의 새로운 장을 연 순간이었다.

부정확한 선긋기로는 파리 한 마리도 잡지 못한다!

"대수적 기법을 통해 기하학을 도형의 사용으로부터 해방시킨다."
이 말은 데카르트의 해석기하학에서 가장 중심이 되는 주제라 할 수 있다. 이 말에 담긴 의미를 수학적으로 규명해보면 다음과 같다.
오른쪽 그래프와 같이 두 직선이 점 O에서 서로 수직으로 만날 때, 가로의 수직선을 x축, 세로의 수직선을 y축이라고 하며, x축과 y축을 통틀어 좌표축이라고 한다. 또 x축과 y축이 만나는 점 O를 원점이라고 한다. 이와 같이 좌표축이 정해져 있는 평면을 좌표평면이라고 한다.

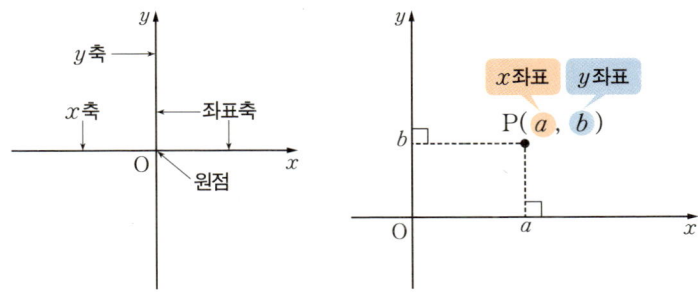

좌표평면 위의 한 점 P에서 x축, y축에 각각 내린 수선과 x축, y축이 만나는 점이 나타내는 수가 각각 a, b일 때, 순서쌍 (a, b)를 점 P의 좌표라고 한다. 좌표평면 위의 점 P의 좌표가 (a, b)일 때, 이것을 기호로 P(a, b)로 나타낸다. 이때 a는 점 P의 x좌표, b는 점 P의 y좌표가 된다.

이렇게 정의된 좌표평면 위에서 기하학을 다루는 것을 해석기하학이라고 한다. 예를 들어 기하학에서 직선은 그림으로 나타내지만 해석기하학에서는 $y=ax+b$와 같이 나타낸다. 마찬가지로 반지름의 길이가 r인 원을 기하학에서는 그림으로 동그랗게 나타내지만 해석기하학에서는 $x^2+y^2=r^2$으로 나타낸다. 따라서 몇 가지 경우를 제외하면 우리가 학교에서 배우는 대부분의 기하학은 해석기하학이라고 할 수 있다. 해석기하학과 구분하기 위해 예전의 기하학을 논증기하학이라고도 한다.

똑같은 원을 나타내는 방법으로, 논증기하학에서 원은 동그란 모양의 도형으로 나타내지만 해석기하학에서는 식으로 나타낸다. 논증기하학에서는 원에 대한 성질을 탐구할 때, 원과 필요한 다른 도형을 그려야 한다. 하지만 그림을 그리는 것은 잘못 그려지거나 오차가 발생할 수도 있다. 또 다룰 수 있는 내용도 한정적이다.

논증기하학에서 원	해석기하학에서 원
◯	$x^2+y^2=r^2$

이제 해석기하학으로 원을 다뤄보자.

좌표평면에서 점 C(a, b)를 중심으로 하고 반지름의 길이가 r인 원의 방정식을 구해 보자. 원 위의 점을 P(x, y)라 하면 $\overline{CP}=r$이므로

$$\sqrt{(x-a)^2+(y-b)^2}=r$$

이다. 이 식의 양변을 제곱하면 다음과 같다.

$$(x-a)^2+(y-b)^2=r^2 \cdots\cdots ①$$

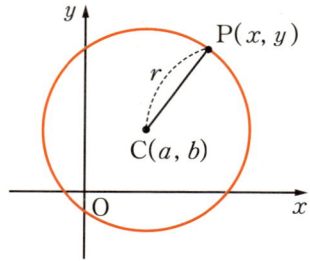

한편 방정식 ①을 만족시키는 점 P(x, y)에 대하여 $\overline{CP}=r$이므로, 점 P는 점 C를 중심으로 하고 반지름의 길이가 r인 원 위에 있다. 따라서 ①은 원의 방정식이다. 특히 중심이 원점이고 반지름의 길이가 r인 원의 방정식은 $x^2+y^2=r^2$이다.

또 원의 방정식 ①을 전개하여 정리하면

$$x^2+y^2-2ax-2by+a^2+b^2-r^2=0$$

이므로 원의 방정식은 x와 y에 대한 이차방정식
$$x^2+y^2+Ax+By+C=0$$
의 꼴로 나타낼 수 있다.

이어서 한 평면에 있는 원과 직선을 생각해 보자. 그러면 원과 직선의 위치 관계는 서로 다른 두 점에서 만나거나, 접하거나, 만나지 않는 세 가지 경우가 있다. 논증기하학에서는 그림을 그리고 거리에 대한 내용을 적용하여 하나하나 따져서 원과 직선이 어떤 위치 관계에 있는지 입증한다. 반면 해석기하학에서는 원과 직선을 모두 식으로 바꿔서 다룬다. 즉 중심이 원점인 원의 방정식 $x^2+y^2=r^2$에 직선의 방정식 $y=ax+b$를 대입하면 $x^2+(ax+b)^2=r^2$이고, 이 식을 정리하면
$$(a^2+1)x^2+2abx+b^2-r^2=0 \cdots\cdots ②$$
이다. 이때 원과 직선의 교점의 개수는 이차방정식 ②의 서로 다른 실근의 개수와 같다. 따라서 이차방정식 ②의 판별식을 D라 하면, D의 값의 부호에 따라 원과 직선의 위치 관계는 다음과 같다.

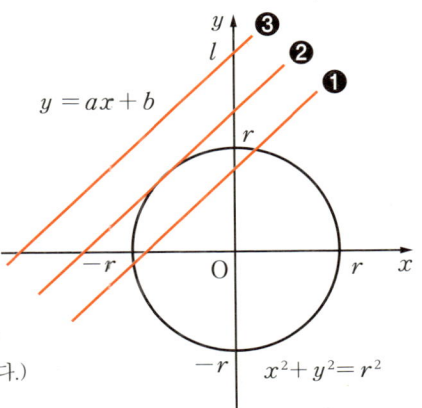

❶ $D>0$이면 서로 다른 두 점에서 만난다.

❷ $D=0$이면 한 점에서 만난다.

❸ $D<0$이면 만나지 않는다.

(위와 같은 원과 직선 사이의 관계는 171쪽 칸딘스키의 〈원 속의 원〉에서 확인할 수 있다.)

파리효과 : 나비효과를 긍정적으로 비틀어 찍은 좌표

수백 년 전 유럽의 지식인들은 인간이란 존재가 궁금했다. 특히 과학자들은, 인간이 신으로부터 벗어날 수 없는 종속적 존재에 불과한 지에 대해 깊이 회의(懷疑)했다. 교회는 이런 과학자들을 불경하다고 비판했고 심지어 처벌도 불사했다. 하지만 그럴수록 과학자들의 호기심은 커져갔다. 이윽고 과학자들은 교회가 찍어놓은 고정관념이란 좌표에서 벗어나 새로운 인식을 자유롭게 펼칠 수 있는 좌표로의 이동이 절실함을 깨달았다.

데카르트를 추종했던 수학자들은 인간도 파리처럼 다른 세상으로의 좌표 이동이 가능하지 않을까 생각했다. 그러기 위해서는 이동하고자 하는 위치와 되돌아올 지점을 정확히 인지할 필요가 있었다. 이동거리를 측정하기 위해서 좌표를 찾아 찍고 기록해둬야 했다. 그렇게 좌표는 단순한 수학적 개념이 아니라, 세상을 수치로 이해하고 삶의 영역을 확장하는 도구가 됐다. 좌표를 어떻게 활용하느냐에 따라 문제 해결 방식이 완전히 달라진다는 사실을 깨달은 것이다.

좌표의 효용가치는 당장 지도 제작에서 두드러졌다. 평면에서 한 점의 위치를 나타낼 때 좌표를 찍듯이, 지도에서도 목표로 하는 한 지점을 표시할 때 경도와 위도를 사용한 좌표를 찍어 기록한다. 좌표는 정확한 지도 제작에 결정적인 역할을 했다. 이른바 '데카르트 좌표계(Cartesian Coordinate System)'가 도입되면서 지도 제작이 훨씬 정밀해진 것이다. 지도를 통해 보다 안전한 항해가 가능해졌고, 대항해 시대를 여는 기폭제가 됐다. 데카르트가 좌표평면에 대한 개념을 발표하기 전에는 주로 (신의 도구라 여겼던) 태양과 달, 별의 위치를 기준으로 삼아 이동할 수밖에 없었다. 이러한 방식에 기대어 먼 바다로 나가려면 목숨을 걸어야 했고, 신에 운명을 맡겨야만 했다.

근대 이후 좌표는 단순히 위치를 표시하는 데 그치지 않고 거의 모든 과학의 기호이자 언어가 됐다. 물리학에서는 물체의 위치 뿐 아니라 속도 및 가속도를 재는 데 극좌표계 및 원통좌표계 등을 사용한다. 천문학에서는 적경(Right Ascension)과 적위(Declination)가 표시된 천구좌표계를 통해 마치 하늘에 지도를 펼쳐놓은 것처럼 관측한다. 나아가 행성과 항성을 비롯한 천체의 위치를 계측해냄으로써 인공위성의 궤도 계산과 우주 탐사에까지 활용한다.

좌표계의 무한 진화는 특히 GPS에서 놀라운 성취를 거뒀다. GPS(Global Positioning System)란 지구상의 위치를 실시간으로 파악하는 장치로, 'WGS84(World Geodetic System 1984)'라는 지구 중심 좌표계를 사용한다. WGS84는 지구를 회전타원체로 모델링하고, 중심을 원점으로 삼아 3차원 직교좌표계(x, y, z)로 위치를 표시한다. 가령 GPS위성은 위치 및 시간 정보를 전파로 송신하고, 우리는 스마트폰 같은 수신기를 통해 위성에서 받은 신호의 도달 시간 차이를 이용해 자신과 위성 간의 거리를 알게 된다. 이 거리 정보를 바탕으로 자신의 위치 좌표(x, y, z)를 구할 수 있다.

뉴턴의 사과처럼 과학의 위대한 발견은 사소한 현상에서 비롯하는 경우가 적지 않다. 수백 년 전 데카르트가 방 천장 구석 파리의 움직임에 찍은 좌표가 대항해 시대를 연 지도 제작에서 GPS에 사용되는 WGS84로까지 이어졌으니 말이다. ('나비효과'를 긍정적인 의미로 비틀어) '파리효과'라 부르는 건 어떨까.

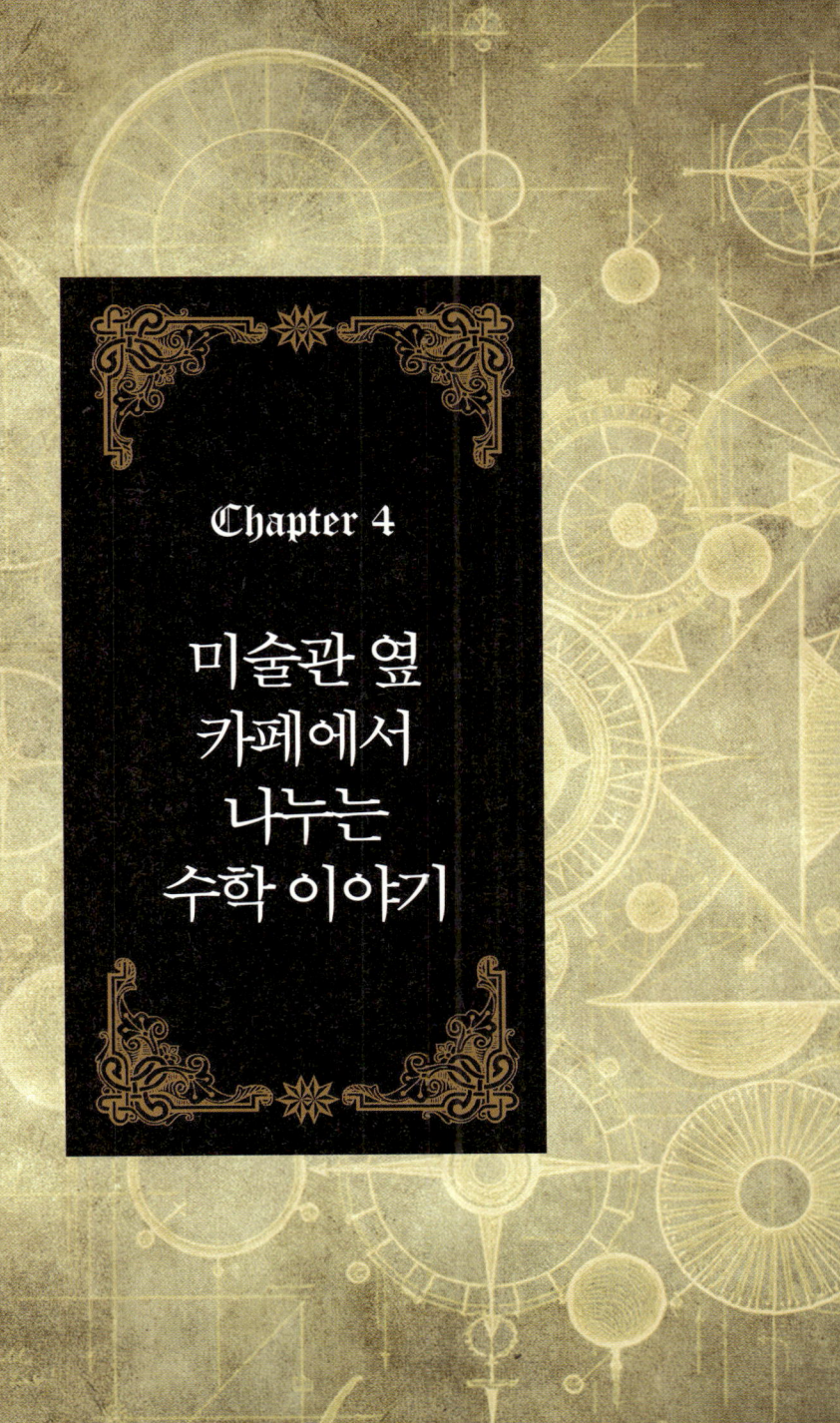

Chapter 4

미술관 옆 카페에서 나누는 수학 이야기

파에톤의 찬란한 추락

달력의 탄생

인류에게 태양은 숭배의 대상인 동시에 시간을 측정하는 도구였다. 과학이 발전하기 오래 전 사람들은 신이 마차에 태양을 싣고 동쪽에서 서쪽으로 달린다고 생각했다. 이런 태양의 움직임을 가장 극적으로 묘사한 것은 그리스신화다.

그리스신화에서 태양을 옮기는 신은 티탄족인 헬리오스다. 그런데 헬리오스조차 시간이 흐르기 전에는 태양을 옮기지 못했다. 즉, 시간의 흐름이 생긴 다음부터 태양마차를 몰 수 있게 된 것이다. 그리스신화에 따르면, 크로노스가 아버지 우라노스의 성기를 낫으로 베어 몰아내고 권력을 잡자 비로소 모든 것이 시간에 따라서 변하기 시작했다고 한다.

우라노스와 크로노스 이야기는 Chapter 2. '보이지 않는 수의 존재를 증명하는 힘'에서 카라바조 Michelangelo da Caravagio, 1573~1610의 그림과 함께 소개했다(117쪽). 카라바조 말고도 여러 화가들이 우라노스와 크로노스 이야기를 그렸는데,

요한 리스, 〈파에톤의 추락〉, 17세기 초반, 캔버스에 유채, 런던 내셔널 갤러리

바사리, 〈우라노스를 거세하는 크로노스〉, 1560년경, 패널에 유채, 피렌체 베키오 궁전

그 가운데 이탈리아의 화가이자 건축가인 바사리Giorgio Vasari, 1511~1574가 그린 〈우라노스를 거세하는 크로노스〉는 마치 영화의 한 장면처럼 그림 속 신들의 모습이 역동적이고 드라마틱하다. 위의 그림에서 큰 낫을 들고 있는 이가 크로노스이며, 쓰러져 있는 이가 우라노스이다. 우라노스는 하늘의 신이기 때문에 뒤편으로 보이는 천구의는 우라노스를 의미한다. 그리고 천구의 중심에 가이아인 지구가 보인다. 바사리는 이 작품에서 고대 그리스인들의 우주관을 충실히 반영하여, 하늘과 지구를 모두 둥글게 묘사했다.

우주에 대한 두 가지 생각

고대 그리스인들은 우주를 '코스모스(cosmos)'라고 불렀다. 코스모스는 질서와 장식의 뜻이 담긴 그리스어에 어원을 두고 있다. 고대 그리스인들에게 하늘을 관찰한다는 것은 별들의 배열과 움직임 그리고 독특한 질서를 통하여 장대한 아름다움을 찾는 것이었다. 그들에게 하늘은 순수한 수(數)이자 완벽한 형상과 움직임이고, 이성적으로 인식할 수 있는 본질적인 현상들 사이의 진정한 조화가 구체화된 것이었다. 또한 영구불변하는 하늘의 본질은 지혜의 원천이기도 했다.

오른쪽 그림은 영국의 수학자이자 천문학자 토머스 딕스Thomas Digges, 1546~1595가 그린 것으로, 코페르니쿠스Nicolaus Copernicus, 1473~1543가 생각한 우주다. 그림의 가운데 태양이 다소 우스꽝스럽게 묘사돼 있다.

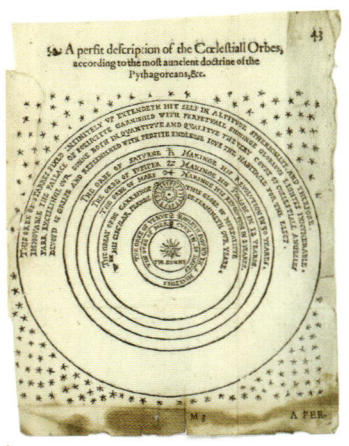

코페르니쿠스가 생각한 우주를 묘사했던 16세기경 수학자이자 천문학자인 딕스의 그림

흥미로운 사실은, 우주가 둥글다고 믿었던 고대 그리스인들은 우주를 두 가지로 설명했는데, 이 두 가지 견해는 서로 상반되는 것이었다.

우주에 관한 첫 번째 견해는, 태양을 우주의 중심인 '중심 불꽃'으로 간주한 것이다. 이것을 중심으로 지구가 공전하고 자전함으로써 낮과 밤이 생긴다고 여겼다. 지구는 태양을 중심으로 달과 행성들과 함께 돌며 천구의 가장 바깥쪽에 있는 항성들의 천체를 지난다고 생각했다. 달과 행성은 모두 일곱이고, 여기에 지구와 항성을 합치면 모두 아홉 개의 천체가 천구 안에서 공전한다는 것이다.

그런데 고대 그리스인들은 우주가 '9'가 아닌 완전한 수로 여긴 '10'이 되길 원했다. 그래서 그들은 '역지구(counter-earth)'라는 것을 생각해냈는데, 이것은 중심 불꽃을 사이에 두고 지구와 반대 방향에 있으며 중심 불꽃에 가려 우리에게는 보이지 않는 또 다른 지구라 여겼다. 고대 그리스인들은 중심

12세기 스콜라 철학자 기욤 드 콩슈가 피타고라스 사상에 기초하여 그린 우주

불꽃이 창조의 힘이고, 지구 전체에게 생명을 불어 넣는 '생명의 힘'이라고 생각했다. 그래서 그들은 중심 불꽃을 가리켜 '제우스의 탑' 또는 '제우스의 보호소'라고 불렀다.

우주에 대한 두 번째 견해는 지구가 중심인 열두 개의 동심구로 구성되어 있다는 것이다. 가장 바깥쪽의 구에는 움직이지 않는 별이 고정되어 있는데, 이곳에는 가장 높은 신이 살며 모든 신들에게 지적 능력을 부여한다. 그 다음은 그들이 알고 있던 일곱 개의 행성들이 있다. 같은 간격으로 늘어선 행성들은 바깥쪽부터 토성, 목성, 화성, 금성, 수성, 태양, 달이다. 달의 궤도 바로 안쪽으로는 불과 공기 그리고 물과 흙의 영역이다. 이 행성들과 네 개의 원소들은 우주의 중심에 고정되어 자전하는 지구의 주위를 돌고 있다.

위의 그림은 지구가 우주의 중심에 놓여 있고 우주의 밖에는 최고신들이 살고 있다는 피타고라스$^{Pythagoras,\ BC580~BC500}$의 사상에 기초하여 프랑스의 스콜라 철학자이자 샤르트르 학파의 선구적 인물인 기욤 드 콩슈$^{Guillaume\ de\ Conches,\ 1080~1154}$가 그린 것이다.

수학은 시간의 흐름에서 비롯됐다!

고대 그리스신화에 따르면 크로노스의 권력찬탈로부터 시간이 흐르게 되었다고 한다. 사실 크로노스는 농경의 신이고, 낫의 이름은 '아다만트의 낫'이다. 그런데 이 농경의 신 크로노스(Kronos 또는 Cronus)와 시간의 신 크로노스(Chronos)의 이름이 비슷한데다가 시간의 신 쪽의 비중이 워낙 적었던 탓에 둘의 이미지가 뒤섞여 이해되어 왔다. 오른쪽 조각상은 모래시계와 낫을 들고 있는 크로노스로, 시간과 농경을 모두 관장하는 신으로 표현되어 있다.

양손에 각각 모래시계와 농기구를 들고 있는 **크로노스의 조각상**

사실 농사를 잘 짓기 위해서는 때를 잘 알아야 한다. 그런 의미에서 농경과 시간의 신이 합쳐진 것이라 할 수 있다. 어쨌든 크로노스가 등장하면서 시간이 흐르게 되었고, 시간의 흐름은 헬리오스가 태양마차를 끌고 동쪽에서 서쪽으로 지나가며 명확해졌다.

시간의 흐름이 시작되었다는 것은 특히 수학에서 매우 중요한 사건으로 이해된다. 시간이 흐르기 시작하면서 비로소 수학이 시작되었기 때문이다. 즉, 눈에 보이지 않는 시간의 흐름을 표시하기 위하여 숫자가 등장한 것이다. 이처럼 숫자는 눈에 보이는 물건의 개수를 세는 용도에 그치지 않고, 시간처럼 눈에 보이지 않는 '추상적인 것'도 표현할 수 있게 되면서 인류 문명의 시작을 알렸다. 특히 농경의 시작으로 시간을 표시하는 다양한 방법이 등장하게 되었다.

그런데 태양마차를 이끈 헬리오스를 종종 아폴론과 동일시하는 경우가 있다. 사실 헬리오스는 태양을 관장하는 티탄이고, 아폴론은 제우스의 아들로 티탄을 몰아낸 화살을 관장하는 올림포스의 신이다. 아폴론은 화살로 목표

물을 명중시키는 것이 마치 햇살이 비치는 것과 같기 때문에 헬리오스로부터 태양의 신을 이어받게 된다. 그래서 헬리오스 관련 이야기가 종종 아폴론의 이야기로 탈바꿈하는 것이다. 그렇게 탈바꿈한 이야기 가운데 화가들이 즐겨 그렸던 소재가 있는데, 바로 헬리오스의 아들이자 인간으로서 하늘을 최초로 날았던 파에톤 이야기다.

파에톤은 이름에 '빛나는 자'라는 뜻이 담겼는데, 아버지는 신인 헬리오스(아폴론)이고 어머니는 인간인 클루메네이다. 파에톤은 홀어머니 밑에서 자라며 친구들에게 자신의 아버지가 헬리오스라고 밝혔다가 주변에서 놀림거리가 되곤 했다. 파에톤은 고민 끝에 직접 태양신을 만나서 확인하려고 해가 떠오르는 동쪽 끝의 궁전을 찾아갔다.

파에톤은 여러 영웅들처럼 오랜 모험 끝에 태양의 궁전에 도착하여 아버지

웨스트, 〈헬리오스에게 태양의 지휘권을 간청하는 파에톤〉, 1804년경, 캔버스에 유채, 142×213cm, 파리 루브르 박물관

헬리오스를 만났다. 파에톤은 헬리오스에게 태양마차를 한 번만 몰 수 있게 해 달라고 간청했다.

왼쪽 아래 그림은 미국 출신의 화가 벤저민 웨스트Benjamin West, 1738-1820가 그린 〈헬리오스에게 태양의 지휘권을 간청하는 파에톤〉이다. 웨스트는 영국으로 이주한 이후에 유럽에서 손꼽히는 역사화가가 되었는데, 종종 신화를 소재로 그림을 그리기도 했다. 웨스트는 이 작품에서 파에톤의 간청을 못 이긴 헬리오스가 '때'의 여신 호라이 자매에게 태양마차를 끄는 네 마리의 말을 끌고 오라고 명령하는 장면을 그렸다.

수학적으로 가장 완벽한 수

이 대목에서 잠시 수학 얘기를 꺼내야겠다. 수학적으로 수 '4'는 완벽한 수이고, '4'를 나타내는 '테트라드(Tetrad)'는 '완결'을 의미한다. 우주에 있는 자연적이고 수적인 모든 것은 1부터 4까지 진행하여 완결된다. 태양신인 헬리오스의 부

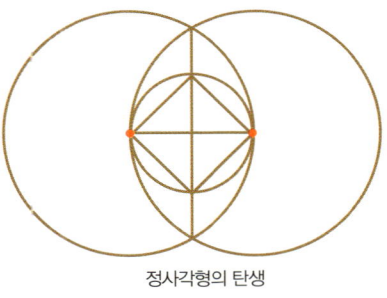

정사각형의 탄생

하인 봄, 여름, 가을, 겨울이 사계절이고, 우주를 이루는 물, 불, 흙, 공기는 네 개의 원소이며, 공간에서 점 네 개는 최초의 삼차원 입체인 피라미드를 만든다. 또한 산술, 기하, 음악, 천문학의 네 가지 분야는 '수학적 과학'이라 하여 진리의 기초를 이뤘다. 그래서 고대 그리스 수학자 피타고라스는 '4'를 정의의 원천으로 생각했다. 오른쪽 도형은 모든 기하학적 도형을 탄생시

키는 두 원이 겹쳐서 만들어진 베시카 피시스(vesica piscis)에서 정사각형이 만들어지는 원리를 보여준다.

이러한 이유로 고대인들에게 헬리오스가 옮기는 태양은 완전한 구이고, 태양마차를 끄는 말은 네 마리여야 했다.

한편, 파에톤은 태양마차를 몰게 되었지만, 원래 태양을 옮기는 헬리오스가 아님을 알아챈 네 마리의 천마는 태양을 싣고 하늘을 제멋대로 달리기 시작했다. 이로 인해 땅뿐만 아니라 신들이 살고 있는 올림포스까지 위험하게 되자 제우스는 파에톤이 초래한 재앙을 더 이상 그냥 둘 수 없다고 생각하고 파에톤에게 벼락을 날렸다. 파에톤은 불길에 휩싸인 채 연기로 된 긴 꼬리를 끌면서 거꾸로 떨어졌다. 네 마리의 천마는 벼락 소리에 몹시 놀라 길길이 뛰다가 멍에와 고삐에서 풀려나 뿔뿔이 흩어졌다. 마구와 마차의 바퀴, 굴대, 뼈대, 바퀴 살 파편이 사방으로 튀었다. 벼락을 맞은 파에톤은 검게 그을린 시체가 되었다.

303쪽 그림은 독일 태생의 네덜란드 화가인 요한 리스$^{\text{Johaan Liss, 1597~1631}}$가 그린 〈파에톤의 추락〉이다. 얀 리스(Jan Lys)라고도 불리는 리스는 17세기 바로크 미술을 대표하는 화가다. 그는 색채에 대한 감각이 탁월했고, 빛과 어둠을 교차시키는 화면 구성력이 뛰어났다.

〈파에톤의 추락〉을 자세히 살펴보면 강의 님프들이 두려운 표정으로 하늘을 바라보고 있다. 강물에 누워있는 노인은 강의 신인 에리다노스인데 그도 놀라서 고개를 치켜들고 있다. 화면 전체는 아름다운 자연이 배경이지만 저 멀리 태양마차의 추락으로 산과 들에 불이 나서 발생한 검붉은 연기가 무겁게 하늘을 가리고 있다. 그 중심을 뚫고 수직으로 추락하고 있는 파에톤이 보인다.

신화에 따르면, 파에톤이 떨어진 곳은 그의 고향에서 멀리 떨어진 에리다노스 강이라고 한다. 화가 리스는 신화의 내용에 천착해 〈파에톤의 추락〉에서 누워있는 강의 요정이 깜짝 놀라는 모습을 그렸다. 강의 요정과 밤의 요정들은 불길에 까맣게 그을린 파에톤의 주검을 수습하여 강가에 묻어주었다. 파에톤의 누이들이 오빠의 무덤을 찾아와 슬피 울다가 미루나무로 변하고, 그들이 흘린 눈물이 강에 떨어져 맑게 빛나는 보석인 호박이 되었다. 지금도 이 강에서는 호박이 발견되고 있다고 한다.

파에톤의 추락은, 시간은 아무나 다룰 수 있는 게 아님을 일깨운다. 시간은 정해진 규칙에 따라 흘러야 하는데, 파에톤이 태양마차를 몰면서 시간의 규칙이 어긋났고 그로 인하여 혼란이 초래된 것이다.

고대 그리스인들에게 태양의 움직임은 곧 시간의 흐름이었고, 그것을 기록한 것이 바로 달력이 되었다.

달력을 만드는 데 공헌한 신들

오래 전 인간이 시간을 측정하기 위해 처음으로 만든 시계는 헬리오스의 태양마차의 움직임을 이용한 해시계였다. 인간은 해시계 이외에도 물시계, 모래시계, 기름시계 등등 많은 종류의 시계를 고안했을 정도로 시간 측정에 관심이 컸다.

어느덧 인간은 하루보다 긴 시간을 측정하기 시작했는데, 그 도구로 달을 활용했다. 그들은, 달이 은빛으로 빛나는 둥근 보름달에서 시작하여 시간이 흐를수록 점점 작아져 초승달이 되었다가 완전히 사라지는 그믐이 되며, 어

푸생, 〈셀레네와 엔디미온〉, 1640년경, 캔버스에 유채, 122×169cm, 디트로이트 미술관

둠으로 가득 찬 며칠 밤이 지나고 나면 다시 점점 커져서 둥근 보름달이 되는 것을 알아냈다. 달이 찼다가 지고 다시 차는데 거의 30일이 걸린다는 사실을 알아낸 것이다. 따라서 30일이 지날 때마다 하루를 표시하는 것보다 조금 더 큰 새김 눈으로 한 달을 표시했다.

이후 인간은 달이 기울었다 차기를 열두 번 반복하면 1년이 된다는 사실도 알아냈는데, 이를 표시하기 위해 큰 새김 눈 열두 개를 사용했다. 이 열두 개의 큰 새김 눈과 서른 개의 작은 새김 눈은 360일로 거의 1년에 가까웠다. 위의 그림은 프랑스 화가 푸생Nicolas Poussin, 1594~1665이 그린 〈셀레네와 엔디미온〉이다. 푸생은 당시 루벤스Peter Paul Rubens, 1577~1640로 대표되던 바로크 미술의 경향과는 다르게 뚜렷한 윤곽선과 밝은 색채를 기초로 한 입체적인 그림을 그렸다. 그는 고전주의를 주도한 대표적인 화가로 꼽히는데, 루이 13세Louis

XIII, 1601~1643 시절 수석 궁정화가로 임명되었지만 자신이 동경해온 고전주의 회화와 인문주의 예술을 찾아 로마로 돌아가 생을 마칠 때까지 작품 활동에 열중했다.

이 그림에서 달의 여신 셀레네는 자신이 사랑하는 인간인 엔디미온을 바라보고 있다. 오른쪽에는 '때'의 여신이 어둠의 장막을 걷고 있으며, 그녀의 발밑에는 어린 아이가 여전히 잠을 자고 있다. 저 멀리에 헬리오스가 태양마차를 타고 새벽의 여신인 에오스를 쫓아 출발하고 있다.

화면의 왼쪽에 서 있는 셀레네는 이마에 초승달 모양의 장식을 하고 있다. 원래 엔디미온은 라트모스 산의 양치기였는데, 달의 여신인 셀레네가 그 산을 지나다가 엔디미온이 잠들어 있는 모습을 보고 한눈에 반했다. 그림에서 엔디미온은 셀레네와 다정하게 이야기하고 있지만 곧 영원히 잠들어야 할 운명이다. 이 작품에 등장하고 있는 헬리오스, 에오스, 셀레네는 남매지간으로 태양, 새벽, 달을 관장하는 시간과 관련된 신들이다.

신화에서는, 이들 남매가 시간을 측정하는 달력을 만든 주인공으로 기록돼 있다. 결국 달력은 파에톤의 죽음 이후 일정하게 움직이게 된 태양을 기본으로 하여 만들어진 것이다.

달력은 지역과 민족에 따라 다양한 모습으로 발전해왔는데, 오늘날 우리가 사용하고 있는 것은 1582년 교황 그레고리우스 13세$^{Gregorius\ XIII,\ 1502~1585}$가 제정한 '그레고리력'이다. 그레고리력은 엄격한 수학적 규칙을 바탕으로 정교하게 만들어졌다. 덕분에 우리는 복잡한 계산 없이도 오늘이 몇 년, 몇 월, 며칠인지 알 수 있게 된 것이다. 파에톤의 희생이 가져다준 귀중한 선물이다.

내 속엔 내가 얼마나 있을까?

프랙털과 차원의 문제

나무를 멀리서 보면 큰 줄기에서 작은 나뭇가지들이 이리저리로 무질서하게 뻗어있다. 또 가까이서 보면 큰 가지에서 작은 가지가 뻗어 있으며, 작은 가지는 그보다 더 작은 가지가 나와 있어 나무의 일부분의 모양이 나무 전체의 모양과 매우 흡사하다. 나무와 마찬가지로 고사리의 잎이나 브로콜리도 부분의 모양이 전체 모양과 매우 닮아 있는데, 이렇게 부분의 모양이 전체

호쿠사이, 〈가나가와의 큰 파도〉, 1829~1832년경, 판화, 25.5×37.5cm, 기메(프랑스) 아시아 국립 미술관

모양과 닮아 있을 때 '자기 닮음' 모양을 하고 있다고 하고, 자기 닮음 모양의 성질을 지닌 도형을 '프랙털(fractal)'이라고 한다. 즉, 프랙털은 일부분을 아무리 확대해도 그 구조는 확대하기 전과 똑같은 모양이다.

프랙털에는 동일한 패턴이 연속적으로 반복되는 기하학적 프랙털과 그렇지 않은 랜덤(random) 프랙털 두 가지가 있다. 수학의 새로운 분야가 된 프랙털은 그 기묘하고 오밀조밀한 형상 자체가 지진이나 수목, 번갯불, 구름의 모양, 해안선과 같은 자연현상을 나타내고 있기 때문에 '자연의 기하학'이라고 부르기도 한다.

'반복'과 '자기 닮음'의 원리

'프랙털'이란 용어는 폴란드 출신 수학자 만델브로트Benoit Mandelbrot, 1924~2010가 1975년 자신의 책 『자연의 프랙털 기하학』에서 처음 사용했다. 프랙털은 '부수다'를 뜻하는 라틴어 '프랑게레(frangere)'에서 유래한 말로, '단편(fragment)', '파편(fraction)' 같은 단어들과 관련이 있다.

프랙털의 가장 좋은 예는 '코흐의 눈송이곡선'이다. 코흐의 눈송이곡선은 1906년에 스웨덴의 수학자 코흐Helge von Koch, 1870~1924가 구성한 곡선으로, 유한의 넓이를 둘러싸는 무한대 길이의 곡선의 예이다. 코흐의 눈송이곡선은 다음과 같은 순서에

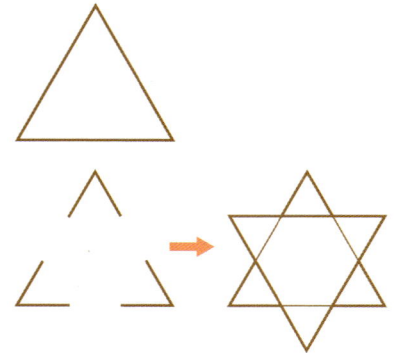

따라 만들 수 있다.
① 정삼각형을 그린다.
② '①'에서 그린 정삼각형의 각 변을 3등분하여 가운데 부분을 없앤다. 그리고 각 변의 없앤 부분 위에 그만큼의 길이를 한 변으로 하는 정삼각형을 만든다.
③ '②'의 과정에서 얻은 6개의 정삼각형 각각에 대하여 '②'의 과정을 무한히 반복한다.

③의 과정에서 도형의 각 변은 무한개로 늘어나서 다음 그림과 같이 둘레가 점점 복잡해지며 전체적으로 눈송이의 모양을 갖는다.

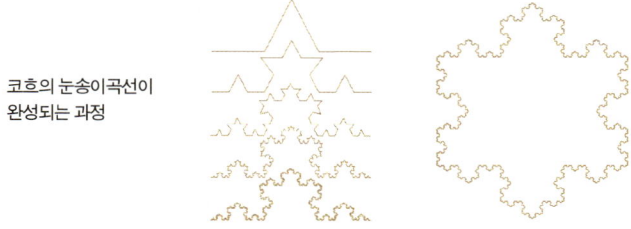

코흐의 눈송이곡선이 완성되는 과정

이와 같은 프랙털은 형태적으로 '반복'과 '자기 닮음'이라는 성질과 질서, 통일, 조화와 같은 기본적인 특성 때문에 예술에 적극적으로 응용되고 있다. 이를테면 프랙털 디자인은 기본 모양의 크기를 늘리거나 줄이면서 배열하여 완성할 수 있다. 프랙털 디자인은 포토샵이나 일러스트 같은 컴퓨터 그래픽 툴로 만들 수 있는데, 기본 모양을 복사해서 크기를 점점 줄이거나

마에다, 〈Morisawa poster〉

늘리기를 반복해서 해나가면 된다. 왼쪽 그림은 프랙털 디자인이 적용된 대표적인 예로, 디자인학 박사 존 마에다 John Maeda가 디자인한 〈Morisawa poster〉이다. 이 작품에서 가장 윗줄을 기본 모양으로 하여 두 번째 줄에서 기본 모양의 크기를 줄인 후 두 개를 붙였다. 세 번째 줄에는 두 번째 줄의 모양의 크기를 줄인 후 다시 두 개를 붙였다. 그 밑에 있는 줄의 모양은 바로 윗줄의 크기를 줄이고 붙이기를 반복하면 작품이 완성된다.

화가에게 대중적 성공을 안겨준 파편의 미학

프랙털의 이론적 배경과 성질은 이미 오래전부터 활용되어왔다. 프랙털을 이용한 작품 가운데 대표적인 것으로 일본 화가 가츠시카 호쿠사이葛飾北斎, 1760~1849가 그린 〈가나가와의 큰 파도〉가 있다. 이 작품은 〈후지산 36경〉 중 첫 목판화로 후지산이 보이는 도쿄만 입구 가나가와 해변에서 바라 본 장면이다. 가나가와 해변은 그림처럼 파도가 매우 거센 곳으로 침몰 사고가 빈번한 지역이다. 어부들은 눈이 녹는 이른 봄에 첫 가다랑어를 잡으러 바다로 나갔고, 갓 잡은 고기를 에도까지 운반했다. 그림 속에는 모두 세 척의 배가 등장하는데, 이 배들은 고기를 부리고 집으로 돌아가는 중이다. 높이가 약 15m 가량인 엄청난 파도 앞에 놓인 배들이 위태롭기 그지없어 보인다. 파도가 부서져 배를 덮치기 직전이며 어부들은 자연 앞에서 용기와 인내를 가지고 필사적으로 버티고 있다.

그림을 자세히 살펴보면, 삼각형 모양의 파도가 여

작은 파도는 뒤쪽 후지산과 파도의 선이 똑같아 그림 속에 마치 후지산이 두 개 있는 것 같다.

러 개 겹쳐서 마치 발톱을 세운 괴물이 배를 집어삼킬 듯하다. 작은 파도는 뒤쪽 후지산과 파도의 선이 똑같아 그림 속에 마치 후지산이 두 개 있는 것 같다. 그리고 파도를 관찰해 보면 큰 파도에 작은 파도가 부서지고 있는데, 그 모양이 큰 것을 줄인 것 같다. 또 가장 작은 부분들도 반복적으로 연결되어 프랙털 구조임을 알 수 있다. 이 작품은 베스트셀러가 되었고, 5천 장 이상 찍어내어 나중에는 나무판의 윤곽선이 닳을 정도였다고 한다.

그림 속 파도를 관찰해 보면 큰 파도에 작은 파도가 부서지고 있는데, 그 모양이 큰 것을 줄인 것 같다. 또 가장 작은 부분들도 반복적으로 연결되어 프랙털 구조임을 알 수 있다.

호쿠사이, 〈카이 지방의 카지카자와〉, 1830~1832년경, 판화, 기메(프랑스) 아시아 국립 미술관

호쿠사이는 채색 목판화(우키요에: 浮世繪) 전문화가였다. 채색 목판화를 제작하는 방식은 복잡하지 않다. 화가가 그린 밑그림을 바탕으로 판각공이 각 색깔 별로 한 장씩의 목판을 파낸 다음, 한 장의 종이에 각각의 목판을 순서대로 찍어내는 것이다. 이를테면 아홉 가지 색이 쓰인다면 아홉 장의 목판을 파내면 된다.

호쿠사이는 그의 나이 60대 중반부터 10년에 걸쳐 판화집 〈후지산 36경〉을 완성했다. 그는 계절의 변화와 기상 상태에 따라 후지산을 여러 방향과 거리에서 바라보고 그 모습을 다채롭게 그렸으며, 후지산을 배경으로 펼쳐지는 인간사의 이모저모를 섬세하게 포착하여 화폭에 담아냈다. 〈후지산 36경〉은 상업적으로 큰 성공을 거두었으며, 이후에 10경을 더해 실제로는 46점의 판화가 완성되었다. 위의 그림은 〈후지산 36경〉 중 하나인 〈카이 지방의 카지카자와〉로 멀리 후지산이 보이고 파도가 마치 프랙털이 무엇인지 보여주는 것처럼 정확하게 반복과 자기 닮음을 이어가고 있다.

지금까지 경험해보지 못한 새로운 공간과 차원으로의 여행

반복과 자기 닮음을 통해 원래의 모양에 붙여나가는 것도 프랙털이지만, 그와 반대로 제거해나가는 것 또한 프랙털이다. 계속해서 제거하여 얻어지는 프랙털 도형에 대하여 알아보기 위해 1차원인 선, 2차원인 면, 3차원인 입체에서 한 가지씩 예를 들어 만들어 보자.

| 1차원인 선 : 칸토어 집합 |

집합론의 창시자인 게오르그 칸토어 Georg Cantor, 1845~1918는 매우 흥미로운 원리를 생각해냈다. 길이가 1인 선에서 $\frac{1}{3}$부터 $\frac{2}{3}$까지의 $\frac{1}{3}$을 지운다. 남은 부분에 대해서도 가운데의 $\frac{1}{3}$을 지우는 일을 반복하면 무수히 많은 점들이 남는데, 이를 '칸토어 집합'이라 한다. '칸토어 집합'은 다음과 같은 순서로 만들어진다.

① 처음 구간은 [0,1]에서 시작한다.

② [0,1] 구간을 3등분한 후, 가운데 개구간 $\left(\frac{1}{3}, \frac{2}{3}\right)$을 제외한다.
  그러면 $\left[0, \frac{1}{3}\right] \cup \left[\frac{2}{3}, 1\right]$이 남는다.

③ '②'에서와 같이 두 구간 $\left[0, \frac{1}{3}\right] \cup \left[\frac{2}{3}, 1\right]$의 각각의 가운데 구간을 제외한다.

  그러면 $\left[0, \frac{1}{9}\right] \cup \left[\frac{2}{9}, \frac{1}{3}\right] \cup \left[\frac{2}{3}, \frac{7}{9}\right] \cup \left[\frac{8}{9}, 1\right]$이 남는다.

④ 이와 같은 과정을 계속해서 반복하면 다음과 같은 칸토어 집합을 얻는다.
  이 집합은 선분에서 시작하여 점점 제거된 후 마지막에는 점만 남게 된다.

| 2차원인 면 : 시어핀스키 삼각형 |

'시어핀스키 삼각형(Sierpinski triangle)'은 폴란드의 수학자 바츨라프 시어핀스키 Waclaw Sierpinski, 1882~1969의 이름을 딴 프랙털 도형이다. 시어핀스키 삼각형은 다음과 같은 순서로 만들어진다.

① 정삼각형 하나를 그린다.

② 정삼각형의 세 변의 중점을 이으면 원래의 정삼각형 안에 작은 정삼각형이 만들어진다. 이때 가운데에 있는 작은 정삼각형 하나를 제거한다.

③ 남아있는 세 개의 작은 정삼각형 각각에 대하여 '②'와 같은 과정을 시행한다.

④ '③'과 같은 과정을 무한히 반복하면 다음과 같은 시어핀스키 삼각형을 얻는다. 정삼각형에서 시작한 이 도형은 점점 제거된 후 마지막에는 선만 남게 된다.

| 3차원인 입체 : 멩거 스펀지 |

이번에는 3차원 공간에서 만들어지는 프랙털인 '멩거 스펀지(Menger

sponge)'를 만들어보자. 오스트리아의 수학자 멩거$^{Carl\ Menger,\ 1840~1921}$가 고안한 프랙털 도형인 멩거 스펀지는 다음과 같은 순서로 만들 수 있다.

① 정육면체 하나를 만든다.
② 정육면체를 모양과 크기가 같은 27개의 작은 정육면체로 나눈다.
③ '②'에서 나눈 정육면체 중에서 중앙의 정육면체 한 개와 각 면의 중앙에 있는 정육면체 여섯 개를 빼낸다.
④ '③'에서 남은 정육면체(20개)를 가지고 '②, ③'의 과정을 반복한다.
⑤ '④'의 과정을 계속 반복하면 다음과 같은 멩거 스펀지를 만들 수 있다.

3차원 공간에서 만들어지는 프랙털인 '멩거 스펀지'를 좀 더 깊이 있게 이해하려면 프랙털 '차원'을 알아야 한다. 프랙털은 우리가 일반적으로 생각하는 차원과는 다른 신기한 차원이 있다. 원래 차원은 수학에서도 쉽지 않은 개념이므로 여기서는 최대한 간단하게 알아보도록 하자. 정사각형의 한 변의 길이를 두 배로 확장하여 새로운 정사각형을 만들면 큰 정사각형의 둘레는 두 배, 넓이는 네 배가 된다.

변의 총 길이 : $2(=2^1)$배
넓이 : $4(=2^2)$배

이번에는 정육면체의 한 모서리의 길이를 두 배로 확대해 보자. 그러면 새로 만들어진 커다란 정육면체는 처음 정육면체에 비하여 모서리의 총 길이는 두 배가 되고 겉넓이는 네 배가 된다. 또 부피는 처음 정육면체의 여덟 배가 된다.

변의 총 길이 : $2(=2^1)$배
겉넓이 : $4(=2^2)$배
부피 : $8(=2^3)$배

이때 2는 2를 한 번 곱한 수이므로 2^1배, 4는 2를 두 번 곱한 수이므로 2^2배, 8은 2를 세 번 곱한 수이므로 2^3배라고 쓸 수 있다. 즉, 늘어난 2배가 곱해진 횟수 1, 2, 3은 바로 직선인 1차원, 평면인 2차원, 공간인 3차원과 같다. 이와 같이 도형을 x배로 확대하여 어떤 양이 x^n배가 될 때, 확대한 도형을 n차원이라고 한다. 차원의 정의에 따르면, 우리가 일반적으로 알고 있는 점은 0차원, 선은 1차원, 평면은 2차원, 공간은 3차원이다.

이제 앞에서 소개했던 프랙털 도형의 차원을 구해보자.

먼저 코흐의 눈송이를 다음 그림과 같이 세 배로 확대하면 원래 코흐의 눈송이의 길이가 네 배만큼 늘어난다. 이것은 변의 총 길이가 처음 도형에 비하여 네 배가 되었다는 것을 뜻한다. 따라서 $3^n=4$에서 n을 구하면 된다. 그런데 $3^1=3$, $3^2=9$이므로 n은 1과 2 사이의 어떤 값임을 짐작할 수 있다. 실제로 이 값을 구하면 $n≈1.262$정도이다. 즉, $3^{1.262}≈4$이므로 코흐의 눈송이는 약 1.262차원임을 알 수 있다. 즉, 코흐의 눈송이는 선보다는 높고 평면보다는 낮은 차원이다.

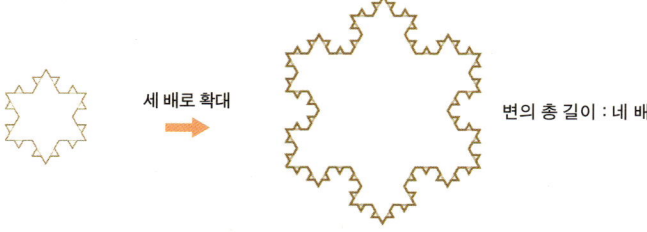

세 배로 확대

변의 총 길이 : 네 배

1차원인 선분에서 시작한 칸토어 집합은 $\frac{1}{3}$씩 줄어들고 그 때 선분의 개수는 두 개씩 늘어나므로 $3^n=2$인 n을 구하면 된다. 즉, $3^0=1$이고 $3^1=3$이므로 n은 0과 1 사이에 있다. 실제로 칸토어 집합의 차원은 다음과 같이 약 0.63으로 점의 차원보다는 높고 직선의 차원보다는 낮다. 따라서 칸토어 집합은 점과 직선 사이에 있으며 직선에 좀 더 가까운 도형이라고 할 수 있다.

시어핀스키 삼각형의 경우 시어핀스키 삼각형은 선분의 길이가 $\frac{1}{2}$씩 줄어들고, 제거하고 남은 정삼각형의 개수는 세 개씩 늘어나므로 $2^n=3$인 n을 구하면 된다. 즉, $2^1=1$이고 $2^2=4$이므로 n은 1과 2 사이가 된다. 실제로 시어핀스키 삼각형의 차원은 약 1.59로 직선의 차원보다 높고 평면의 차원보다 낮다.

마지막으로 3차원 공간에서 만들어지는 프랙털인 '멩거 스펀지'의 차원을 구해 보자. 멩거 스펀지의 닮음비는 1:3이다. 즉, 1단계에서 정육면체들은 $\frac{1}{3}$로 축소되고, 작은 정육면체 일곱 개를 제거하면 스무 개가 남는다. 따라서 $1:20=1^x:3^x$이고 $3^x=20$에서 x의 값을 구하면 멩거 스펀지의 차원을 구할 수 있다. 실제로 멩거 스펀지의 차원은 약 2.73이다. 멩거 스펀지는 평면인 2차원보다는 높고 공간인 3차원보다 낮은 차원을 가지고 있으며, 평면보다는 공간에 더 가까운 도형이라고 할 수 있다. 사실 프랙털 도형의 차원은 거의 대부분이 무리수차원이다.

우리는 2차원 평면과 3차원 입체 사이에 존재하는 프랙털로 지금까지 경험해 보지 못했던 새로운 공간을 경험할 수 있다. 즉, 우리가 알고 있던 차원을 넘어 전혀 다른 세계로 우리를 안내하는 것이다.

작은 점, 가는 선 하나에서 피어난 생각들

디지털 세상에서 이진법을 추억하며

연속하지 않는(불연속) 공간을 다루는 이산수학(離散數學)에서 시작된 디지털은 아날로그를 넘어 우리의 문명과 문화를 한 단계 높였다. 예술 분야에서도 디지털은 새로운 장르를 연 것으로 평가된다. 대표적인 디지털 예술가로는 백남준(白南準, 1932~2006)이 꼽힌다. 백남준은 우리나라에서 태어나 주로 미국에서 활동한 비디오아트 작가이자, 작곡가이며, 전위 예술가이다. 여러 가지 매체를 이용하여 자신만의 예술세계를 개척했고, 특히 비디오아트라는 새로운 예술을 창안하여 발전시켰다.

328쪽에 모니터 탑 같은 조형물은 1986년 국립 현대 미술관에 설치된 〈다다익선(多多益善)〉이라는 작품이다. 1003개의 모니터가 한층 한층 탑을 축조하듯이 쌓아 올려져있다. 국립 현대 미술관의 중앙 홀에 전시돼 있는데, 나선형으로 올라가는 계단을 따라가면서 관람할 수 있다.

〈다다익선〉은 어느 각도에서 보아도 모니터를 통해 비디오아트 작품을 볼

쇠라, 〈그랑자트 섬에서의 일요일 오후〉, 1884~1886년경, 캔버스에 유채, 207.6×308cm, 시카고 미술관

수 있다. 1003개의 모니터는 10월 3일 개천절을 의미한다. 작품의 제목인 〈다다익선〉은 원래 많을수록 좋다는 뜻이지만, 여기서는 어떤 물건이 많다는 것이 아니고 수신(受信)의 절대수를 뜻한다. 이것은 당시 일방적으로 수신만 할 수 있는 매스커뮤니케이션의 전달 방식을 비유적으로 표현한 것이다. 백남준은 장차 브라운관이 캔버스를 대신할 것이라고 했는데, 오늘날에는 브라운관마저도 사라지고 평평한 화면으로 비디오아트를 관람할 수 있게 됐다.

백남준, 〈다다익선〉, 1986년, 과천 국립 현대 미술관

technology가 art가 되는 순간

앞에서 살펴보았듯이 백남준을 비롯한 시각예술가들은 그들의 작품 소재나 창작 도구로 첨단기술을 활용해왔다. 예술과 만나는 바로 그 순간이야말로 폭주기관차처럼 질주하는 테크놀로지가 잠시 멈춰 쉬어가는 순간이다. 오른쪽 비디오아트 작품은 2011년 서울스퀘어 건물에 표현된 작가 진시영의 연작 중 하나인 〈Sign〉의 한 장면이다. 이 작품은 사람들의 움직임으로 소통이 가능한지에 대한 고민에서 제작한 것이라고 한다. 이 작품을 감상하다보면 서울스퀘어의 창문 하나하나가 디지털 화면의 화소(畵素)와 같음을

알 수 있다.

화소는 주로 디지털 카메라나 컴퓨터 화면의 해상도에 사용되는 용어이다. 컴퓨터 화면이나 인쇄물에서 볼 수 있는 모든 디지털 이미지들을 아주 크

진시영, 〈Sign〉, 2011년, 서울스퀘어, 사진 : 유튜브

게 확대하면 이미지들의 경계선들이 연속된 곡선이 아니라 작은 직사각형들로 구성되어 있음을 알 수 있다. 이처럼 디지털 이미지들은 더 이상 쪼개지지 않는 직사각형 모양의 작은 점들이 모여서 전체 이미지를 구성한다. 이때 이미지를 이루는 가장 작은 단위인 이 직사각형 모양의 작은 점들을 '픽셀(Pixel)'이라고 한다. 픽셀은 그림(picture)의 원소(element)라는 뜻을 갖도록 만들어진 합성어로, 우리말로는 화소라고 읽힌다.

일반적으로 화소의 수가 많은 화면은, 그 화면 안에 화소가 더 조밀하게 구성되어 있으므로, 이미지가 선명하고 정교하다. 즉, 화소가 많다는 것은 점을 이루는 직사각형의 크기가 작다는 것이고, 직사각형들이 작을수록 해상도가 높은 영상을 얻을 수가 있다.

이를테면 '이 컴퓨터 화면은 해상도가 1920×1080픽셀이다'라는 말은 이 화면에서 가로와 세로의 길이가 1인치인 정사각형이 가로로 1920개, 세로로 1080개인 선으로 나누어져 있으므로 변의 길이가 1인치인 정사각형 안에 작은 직사각형 모양의 점인 화소가 1920×1080=2073600개 들어 있다는 뜻이다. 그래서 해상도가 높을수록 이미지가 깨끗하고 선명하게 보이는 것이다.

회화를 이루는 기초 단위가 '점'이라는 사실을 깨달은 화가들

19세기 서양미술사로 거슬러 올라가 보면 픽셀이라는 개념의 시초라고 할 수 있는 미술 작품을 만날 수 있다. 1886년 조르주 쇠라^{Georges Pierre Seurat, 1859~1891}라는 프랑스 화가가 점을 찍어서 완성한 〈그랑자트 섬에서의 일요일 오후〉라는 작품이다(327쪽). 서양미술사는 이 그림이 신인상주의 사조의 시작을 알렸고, 훗날 현대 미술의 방향을 바꾸었으며, 19세기 회화를 대표하는 상징이 된 작품 가운데 하나라고 기록하고 있다. 얼핏 보면 화면이 거칠고 뿌옇게까지 보이는 그림인데, 뭐가 그리 대단하다는 건지 궁금하다. 지금부터 자세히 관찰해 보자.

이 작품을 확대해 보면 수많은 점이 찍혀있음을 알 수 있다. 쇠라는 점을 찍어서 그림을 그리는 화법인 '점묘법'을 개발했다. 점묘화의 장점은 적은 색으로 효율적인 명암을 나타낼 수 있다는 것이다. 그러나 당시에는 손으로 일일이 그려야 했기 때문에, 작품을 완성하기까지 많은 시간과 엄청난 노력을 필요로 했다.

쇠라의 점묘법은 과학이론을 회화에 접목한 기법으로, 미술계는 물론 과학계에도 그 의미가 남다르다. 쇠라는 색채에 담긴 과학 원리에 매료되면서 점묘법을 자신의 작품에 본격적으로 활용하기 시작했다. 19세기 후반에는 과학계에서 같은 계열의 색이나 그와 반대색(보색)을 분리하고 난 뒤 이들을 나란히 배치(병치)시키면 색들이 시각적으로 통합되면서 보다 뚜렷한 색채가 보여진다는 사실을 발견했다. 이를테면 종이에 붓으로 파란 점과 붉은 점을 나란히 찍으면 초록색이, 같은 방식으로 붉은 점과 주황 점을 나란히 찍으면 다홍색이 보이게 된다.

쇠라를 비롯한 화가들은 이러한 원리를 회화에 적용했다. 미리 팔레트에서 여러 색 물감을 섞지 않고, 동일한 크기의 작은 원색을 점으로 찍었더니 사람의 망막에서 색이 섞이면서 새로운 색이 보이게 된다는 사실을 알게 된 것이다.

쇠라의 점묘법은 동시대와 후대 화가들에게 많은 영향을 끼쳤다. 그 대표적인 화가

시냑, 〈우산 쓴 여인〉, 1893년, 캔버스에 유채, 81×65cm, 파리 오르세 미술관

로 카미유 피사로^{Camille Pissarro, 1830~1903}와 폴 시냑^{Paul Signac, 1863~1935}이 있다. 이들이 점묘법으로 그린 작품을 살펴보면 쇠라의 화풍이 녹아 있음을 느낄 수 있다. 특히 시냑은 쇠라의 작품을 통해 한때 인상주의의 대표주자인 모네^{Claude Monet, 1840~1926}의 작품 세계에 빠져 있었던 자신의 예술적 스펙트럼을 확장할 수 있게 됐다. 시냑은 이젤과 물감을 화실 밖으로 가지고 나가 자연채광의 경험을 캔버스에 담아낸 인상주의 화가들의 예술적 성취에서 한 걸음 더 나아가고자 했는데, 그런 시냑을 이끈 건 바로 쇠라였다. 즉, 시냑은 쇠라처럼 화가의 노력과 의지에 따라 얼마든지 과학적 논리와 수학적 사고를 작품에 투영시킬 수 있음을 깨달은 것이다.

쇠라는 약 3m 너비인 〈그랑자트 섬의 일요일 오후〉를 2년에 걸쳐 완성했는데, 이 기간 동안 작품의 배경이 된 그랑자트 섬을 수 없이 답사하면서 70점

이상의 습작 스케치 작업을 거쳤다고 한다.

점묘법에서 화소가, 이진법에서 디지털이!

자, 그럼 화소와 점묘법과 관련 있는 수학 이야기를 나눠보도록 하자. 화소와 점묘법은 둘 다 점이 있고 없음을 이용한 것이다. 점이 있는 경우를 1로, 점이 없는 경우를 0으로 하면 수학에서 말하는 이진법이 된다. 간단히 말하면, 이진법은 0과 1로 수를 표현하는 방법이다. 우리나라에서는 7차 교육과정까지만 해도 중학교 수학시간에 이진법을 배웠지만 지금은 교육과정에서 제외됐다. 요즘 아이들은 디지털이 중요하다고 배우면서도 한편으로는 어렵다는 이유로 디지털의 기본인 이진법이 정규교육에서 사라진 이율배반적인 과정을 배우고 있는 것이다.

현재는 수학에서 이진법을 배울 수 없기 때문에 여기서 간단히 원리를 알아보자. 그러기 위해 먼저 우리가 사용하고 있는 십진법에 대하여 알아보자. 예를 들어 수 2018은 다음과 같이 나타낼 수 있다.

$$2018 = 2000+10+8 = 2 \times 1000 + 0 \times 100 + 1 \times 10 + 8 \times 1$$

즉, 2018에서 2는 1000의 자리의 수, 0은 100의 자리의 수, 1은 10의 자리의 수, 8은 1의 자리의 수를 나타낸다. 이와 같이 우리가 일상생활에서 사용하고 있는 수는 자리가 하나씩 올라감에 따라 자리의 값이 10배씩 커진다. 이와 같은 수의 표시 방법을 십진법이라고 한다. 십진법의 수 2018은 10의 거듭제곱을 사용하여 다음과 같이 나타낼 수 있다.

$$2018 = 2 \times 10^3 + 0 \times 10^2 + 1 \times 10^1 + 8 \times 1$$

이와 같이 십진법으로 나타낸 수를 10의 거듭제곱을 써서 나타낸 식을 '십진법의 전개식'이라고 한다. 이를테면 1234는 십진법의 전개식으로 다음과 같다.

$$1234 = 1 \times 10^3 + 2 \times 10^2 + 3 \times 10^1 + 4 \times 1$$

십진법의 전개식에서 10의 거듭제곱을 2의 거듭제곱으로 나타내고, 각 자리에 사용된 숫자를 2보다 작은 0과 1로 바꾼 것이 이진법이다. 즉 자리가 하나씩 올라감에 따라 자리의 값이 1, 2^1, 2^2, 2^3 등으로 2배씩 커지게 수를 나타낼 수 있다. 예를 들어 십진법의 수 11은 다음과 같이 2의 거듭제곱으로 나타낼 수 있다.

$$11 = 1 \times 2^3 + 0 \times 2^2 + 1 \times 2^1 + 1 \times 1$$

이때 이진법으로 나타낸 수 1011을 십진법으로 나타낸 수와 구별하기 위하여 $1011_{(2)}$와 같이 나타내고 '이진법으로 나타낸 수 일영일일'이라고 읽는다. 그리고 위와 같이 이진법으로 나타낸 수를 2의 거듭제곱을 써서 나타낸 식을 '이진법의 전개식'이라고 한다.

이를테면

$$1011_{(2)} = 1 \times 2^3 + 0 \times 2^2 + 1 \times 2^1 + 1 \times 1 = 8 + 2 + 1 = 11$$

이므로 $1011_{(2)}$는 십진법으로 11과 같고,

$$12 = 1 \times 2^3 + 1 \times 2^2 + 0 \times 2 + 0 \times 1$$

이므로 십진법의 수 12를 이진법으로 나타내면 $1100_{(2)}$이다.

전기가 흐를 때를 1로, 흐르지 않을 때를 0으로 하여 구성된 것이 바로 디지털이므로 이진법은 디지털 기술의 기본원리이고, 앞에서 소개한 화소도 마찬가지이다. 화면에 점이 나타낼 때는 1이고 나타나지 않을 때를 0으로 하면 앞에서 감상했던 작품들이 모두 수학적으로 이진법과 깊은 관련이 있음

을 알 수 있다. 그리고 화소는 점이라고 할 수 있다. 우리 눈으로 보기에는 점이 너무 작기 때문에 직사각형 모양이나 둥근 점이나 같게 보인다. 실제로 경우에 따라서 직사각형 모양의 화소가 아니라 원을 화소로 사용하기도 한다. 직사각형이든 원이든 우리 눈에는 그 모든 것이 점으로 보인다. 그리고 점은 우리의 뇌와 눈을 착각에 빠트리기도 한다. 뇌와 눈이 점의 배열을 이해하려는 방법 중 하나는 어떤 점과 그 점에서 가장 가까운 점 사이에 가상의 선을 만드는 것이다.

예술작품 뿐만 아니라 우리 주변에서 접하는 사물은 대부분 점, 선, 면으로 이루어진 도형으로 나타낼 수 있다. 이때 도형을 이루는 점, 선, 면을 도형의 기본 요소라고 한다. 다음 그림과 같이 점이 움직인 자취는 선이 되고, 선이 움직인 자취는 면이 된다.

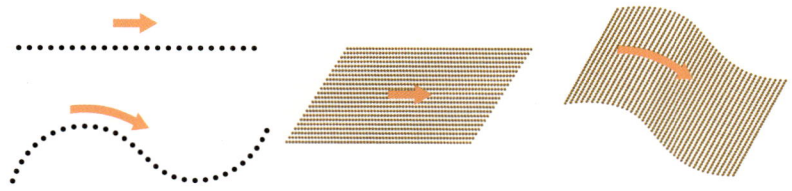

따라서 선은 무수히 많은 점으로 이루어져 있고, 면은 무수히 많은 선으로 이루어져 있음을 알 수 있다. 삼각형, 원과 같이 한 평면 위에 있는 도형을 평면도형이라 하고, 직육면체, 원기둥, 구와 같이 한 평면 위에 있지 않은 도형을 입체도형이라고 한다. 이러한 평면도형과 입체도형도 모두 점, 선, 면으로 이루어져 있다. 따라서 도형을 이루는 점, 선, 면을 도형의 기본 요소라고 할 수 있다.

점과 선 그리고 면은 우리 주변의 모든 사물과 현상을 그냥 지나치지 않고

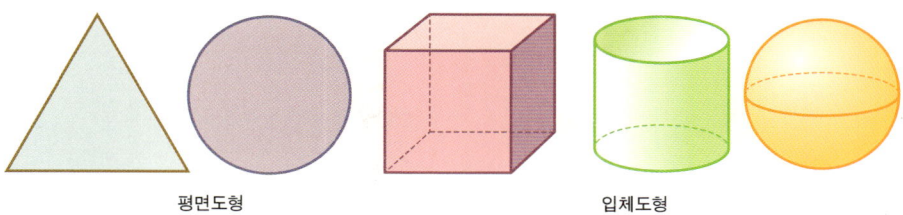

평면도형　　　　　　　　입체도형

한 걸음 더 들어가 바라보게 만들었다. 세상의 모든 사물과 현상의 존재를 인식시키는 가장 기초적인 단위로 자리매김한 것이다. 이러한 인식의 재발견은 여러 분야에서 꽃을 피웠다. 각각의 점들에 담긴 색이 모여 다시 빛을 분해하고 흡수해 제3의 색채를 발산함으로써 기존의 형식을 깨는 새로운 예술로 진화했다. 아울러 이러한 원리가 테크놀로지 분야로 옮겨가면서 디지털이라고 하는 기술혁신을 가져왔다. 아주 작은 점, 아주 가는 선 하나에서 시작한 사소한 생각의 파편들이 모여 세상을 달리 보이게 했고, 세상을 바꿔 나가고 있는 것이다.

헤라클레스의 칼보다도 무서운 공식

거듭제곱의 위력

　　　　　　　　　싱거운 얘기로 글을 시작해야 할 것 같다. 부모 없이 이 세상에 태어날 수 있을까?(과학이 발달해서 복제인간이 현실화된다면 모르겠지만) 당연히 태어날 수 없다. 그래서 누구에게나 아버지와 어머니가 계신다(혹은 계셨다). 아버지가 태어나기 위해서는 할아버지와 할머니가 계셔야 하고, 어머니가 태어나기 위해서는 외할아버지와 외할머니가 계셔야 한다. 마찬가지로 할아버지와 할머니 그리고 외할아버지와 외할머니가 태어나기 위해서도 역시 그들의 부모님이 계셔야 한다. 이것을 다이어그램으로 그리면 338쪽 그림이 되는데, 이를 가리켜 가계도라 한다.

대부분의 사람들은 가계도를 통해서 자신의 혈통과 뿌리 혹은 가족 구성원 간의 관계를 가늠하지만, 수학자인 필자는 조금 다른 생각이 든다. 가계도를 통해 '거듭제곱의 원리'가 떠오르는 필자를 두고 참 별나다고 웃음 짓는 분들의 모습이 눈에 선하다.

줄리아 우올로, 〈헤라클레스와 히드라〉, 1475년, 패널에 템페라, 17×12cm, 피렌체 우피치 미술관

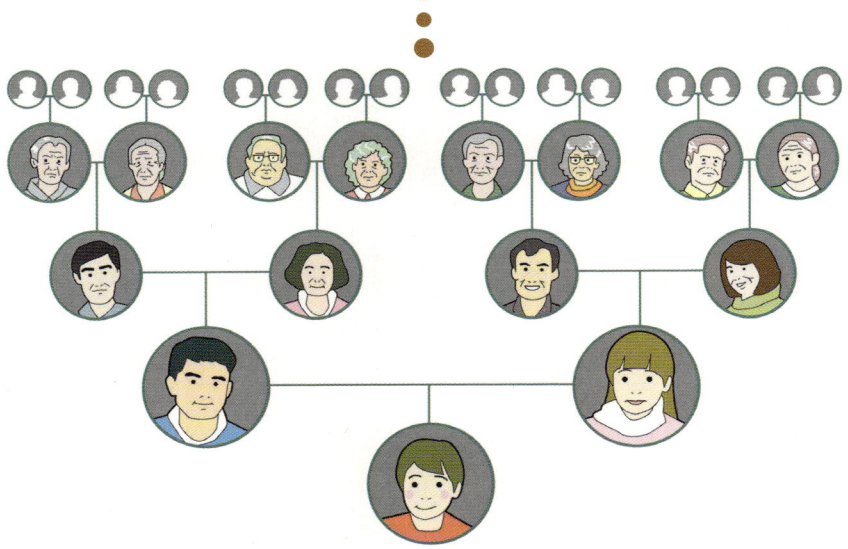

어쨌든 이왕 얘기가 나왔으니 거듭제곱의 원리를 이용해 재미있는 계산을 해보자. 여러분의 1세대 전에는 2명, 2세대 전에는 $2\times2=2^2$명, 3세대 전에는 $2\times2\times2=2^3$명의 선조가 있어야 한다. 마찬가지 이유로 4세대 전에는 2^4명이 있어야 하고, 좀 더 생각을 넓히면 n세대 전에는 2^n명의 선조가 있어야 한다. 보통 30년을 1세대로 계산하므로 20세대 전인 600년 전에는 나의 선조가 $2^{20}=1048567$명이라는 계산이 나온다.

우리나라는 5000년 역사를 자랑하는데, 이는 지금부터 약 165세대 전이다. 즉, 단군왕검께서 이 나라를 세우시고 다스리던 시대에 나의 선조는 2^{165}명 있어야 하는데, 그 수는 $2^{165}≒47$극이다. 계산대로라면 아마도 그 당시 지구상에는 발 디딜 틈도 없이 사람들로 꽉 차 있었을 것이다.

하지만 이것은 단순히 수학적인 계산에 불과하고, 단일민족인 우리로서는 어느 대에선가는 서로 남남이 아닌 사람들끼리도 결혼을 했다고 생각할 수 있다. 결국 우리는 모두 한 가족이 되는 셈이다. 물론 수학적인 계산에 따르면 말이다.

헤라클레스와 히드라의 싸움에서 떠오른 수학 원리

가계도는 인간에게만 존재하는 전유물일까? 곰곰이 생각해보면 꼭 그렇지만은 않은 것 같다. 신들 사이에도 가계도가 존재한다. 이를테면 그리스신화에서 나오는 신들의 관계는 제법 복잡한데 신들 사이에 얽히고설킨 가계도 때문이다.

그리스신화 속 최고의 영웅으로 꼽히는 헤라클레스는 제우스가 페르세우스의 후손인 알크메네와 결혼하여 탄생했다. 이러한 출생 탓에 헤라클레스는 질투에 사로잡힌 헤라 여신의 집요한 박해를 받아야 하는 우여곡절을 겪어야 했다. 그런 드라마틱한 삶 때문인지 서양미술사에는 헤라클레스가 등장하는 명화가 참 많다. 그 중에서도 필자를 단번에 사로잡은 그림은 이탈리아 피렌체 출신 화가 안토니오 델 폴라이우올로Antonio del Pollaiuolo, 1431~1498가 그린 〈헤라클레스와 히드라〉라는 작품이다(337쪽). 우리에게 다소 생소한 화가인 폴라이우올로는 인간의 몸을 정확하게 표현하기 위해 시신을 직접 해부한 최초의 피렌체 사람으로 알려져 있다. 그가 그린 헤라클레스의 몸은 바로 그런 사실적인 해부를 바탕으로 한 것이다.

폴라이우올로는 헤라클레스를 소재로 세 점으로 구성한 연작을 그려 당시 피렌체를 지배했던 메디치 가문의 저택과 연회장에 전시했는데, 그 가운데 유독 필자에게 매력적으로 다가왔던 것은 〈헤라클레스와 히드라〉란 작품

틴토레토, 〈은하수의 기원〉, 1575년, 캔버스에 유채, 148×165cm, 런던 내셔널 갤러리

이다. 그 이유는 가계도에서처럼 이 그림에서도 거듭제곱의 원리가 떠올랐기 때문이다.

올림포스 최고의 신 제우스는 할아버지 우라노스의 피에서 태어난 기간테스들이 반란을 일으킨다는 것과, 기간테스를 물리치려면 인간에게서 태어난 영웅이 필요하다는 것을 알고 있었다. 제우스는 이 전쟁에 대비하기 위하여 인간 여인 알크메네의 남편으로 변하여 그녀를 속이고 하룻밤을 지냈다. 알크메네는 열 달 후에 쌍둥이 사내아이를 낳았는데, 하나는 제우스의 아들 헤라클레스이고 다른 하나는 그녀의 진짜 남편인 암피트리온의 아기인 이피클레스였다. 제우스는 자신의 아들에게 '헤라의 영광'이라는 뜻으로 이름을 헤라클레스로 지었다. 제우스는 아무도 모르게 요람에서 헤라클레스를 데려가, 잠자고 있던 헤라의 젖을 먹였다. 헤라의 젖을 먹으면 죽지 않는 신이 되기 때문이었다. 그런데 아기가 젖을 어찌나 세게 빨았던지 헤라가 잠에서 깨 비명을 지르며 아기를 밀쳐냈다. 그때 아기가 빤 힘 때문에 젖이 멀리까지 뿜어져 나가서 은하수가 되었다. 그래서 은하수를 영어로 '젖의 길(Milky way)'이라고 한다.

이탈리아의 화가 틴토레토Tintoretto, 1518~1594는 헤라클레스가 헤라의 젖을 빠는 순간을 〈은하수의 기원〉이라는 그림으로 묘사했다. 이 그림을 자세히 보면 제우스를 상징하는 독수리와 헤라를 상징하는 공작이 그려져 있고, 헤라클레스가 헤라의 젖을 빠는 순간 헤라의 가슴에서는 젖과 함께 별이 튀어나오고 있다.

헤라는 제우스가 바람을 피워서 난 헤라클레스를 좋아하지 않았기에 끊임없이 헤라클레스를 괴롭혔다. 장성하여 결혼까지 했지만 헤라의 질투로 정신착란을 일으킨 헤라클레스는 자신의 아내와 자식을 모두 죽였고, 그 벌로 미케네에 머물며 열두 가지 과업을 수행해야 했다. 헤라클레스의 열두 가지 과업은 헤라가 꾸민 것으로 헤라클레스가 에우리스테우스왕의 노예가 되며 시작되었다.

헤라클레스가 수행해야 할 열두 가지 과업 중에서 두 번째 임무는 아르고스 지방의 레르네라는 샘에 사는 히드라를 없애는 것이었다. 히드라는 머리가 아홉 개나 달린 물뱀인데 아홉 개의 머리 중에서 한가운데에 있는 것은

베함, 〈히드라를 죽이는 헤라클레스〉, 1545년, 판화, 5.4×7.6cm, 개인 소장

절대로 죽지 않는 머리였다. 히드라는 몸의 독이 아주 강해서 내쉬는 숨만으로도 사람과 맹수를 죽일 수 있었다. 그래서 히드라가 사는 늪 근처에는 사람과 짐승의 뼈가 많이 널려 있었다.

헤라클레스는 이 괴물 물뱀을 죽이려고 떠날 때, 그의 쌍둥이 형제인 이피클레스의 아들이자 자신의 조카인 이올라오스와 함께 갔다. 히드라는 헤라클레스를 보자마자 아홉 개의 머리에서 혀를 날름거리며 독기를 내 뿜었다. 헤라클레스는 히드라의 머리 하나를 칼로 쳤고, 히드라의 머리가 피를 뿜으며 잘려 나갔다. 그러나 히드라의 잘려진 목에서는 두 개의 새로운 머리가 생겨났다. 헤라클레스는 그 가운데 하나를 칼로 베었다. 그런데 그 목에서도 또 두 개의 머리가 생겨났다. 위의 작품은 독일의 화가이자 판화가인 베함Hans Sebald Beham, 1500~1550이 1545년에 완성한 〈히드라를 죽이는 헤라클레스〉이다. 그림에서 헤라클레스는 히드라의 목을 자르고 있으며, 히드라의 잘린

목이 바닥에 있고, 새로운 머리가 나오지 못하도록 이올라오스가 불로 히드라의 잘린 목을 지지고 있다.

결국 히드라의 모든 머리가 다 잘려지고 마지막 남은 가운데 머리가 독기를 뿜으며 헤라클레스에게 덤벼들었지만 헤라클레스는 늪가에 있는 커다란 바위로 히드라의 가운데 머리를 쳤다. 결국 히드라의 가운데 머리는 바위 밑에 깔리고 말았다.

은하계에서 나노섬유에 이르기까지

히드라의 머리를 하나 자르면 두 개의 새로운 머리가 생겨나는데, 계속해서 머리를 자른다면 몇 개의 머리가 될까? 이 대목에서 거듭제곱의 원리를 적용해 볼 수 있다. 앞에서 보았던 나의 선조가 몇 명인지 알아보는 것과 마찬가지가 될 것이다.

그렇다면 거듭제곱의 원리는 얼마나 위력적일까?

거듭제곱은 같은 수를 여러 번 곱하는 것을 간단하게 나타낸 것이다. 이를테면 2^{165}은 2를 165번 곱하는 것이므로 2를 165번 써서 손으로 나타내거나 그 계산 결과를 쓰기도 어렵다. 이때 거듭제곱으로 표시하면 간단하다. 하지만 대부분의 경우는 거듭제곱으로 어떤 수를 표시하면 별로 크게 느껴지지 않는다.

10의 거듭제곱이 얼마나 큰지 예를 들어 알아보자. 우선 사방 1m의 스크린을 생각해 보자. 한 변의 길이가 1m인 정사각형 모양의 스크린의 크기는 한 쌍의 연인이 바짝 붙어 있을 만큼 정도가 될 것이다.

다음은 처음 것의 10배로 한 변의 길이가 10m인 스크린에는 집 한 채 정도가 들어갈 수 있다.

이런 식으로 10의 거듭제곱으로 확대해 가 보자. 조금 빨리 확대하여 한 변의 길이가 $10000=10^4$m인 면적을 생각해 보자. 에베레스트 산의 높이가 약 8800m이므로 이 스크린 속에 에베레스트 산이 들어간다.

이번에는 1만 배씩 늘려보자. $10000=10^4$의 $10000=10^4$배는 $10^4 \times 10^4 = 10^8$으로 1억이다. 지구의 지름이 약 1.2×10^7m이므로 한 변의 길이가 10^8m인 스크린 속에서 지구는 약 10cm 정도로 보일 것이다.

이번에는 10^8의 1만 배인 1조(10^{12}) 배로 늘려보자. 그러면 태양 둘레를 돌고 있는 지구 궤도의 지름은 약 3×10^{11}m이므로 지구의 궤도 전체를 볼 수 있다. 하지만 목성 궤도는 일부분이 보이지 않는다.

다시 1조의 1만 배인 1경(10^{16}) 배로 늘려보자. 그러면 태양계의 지름이 약 1.2×10^{13}m이므로 태양계는 한 개의 점으로 보인다. 아마도 이 스크린에서 태양계의 지름은 약 1mm쯤 될 것이다. 사실 한 변의 길이가 10^{16}m라면, 이 거리는 1초에 30만km를 가는 빛이 1년 동안 진행한 거리로 1광년이다.

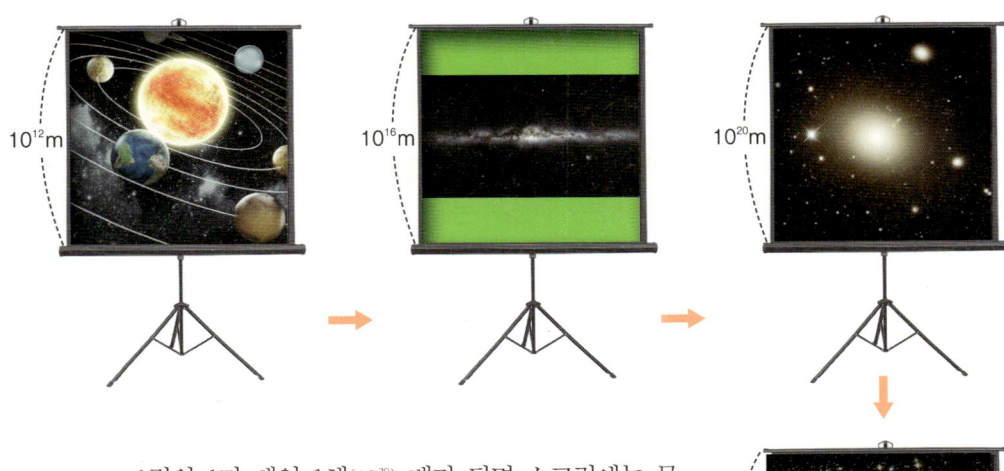

1경의 1만 배인 1해(10^{20}) 배가 되면 스크린에는 무수히 많은 별들이 빛나는 것을 볼 수 있다. 우리은하의 지름이 약 10^{21}m이기 때문에 사실 이것은 우리은하의 중심부이다.

1해의 1만 배인 1자(10^{24}) 배가 되면 드디어 우리은하를 벗어나게 된다. 태양계가 포함된 우리은하가 이 스크린에서는 1mm정도가 된다. 우리은하의 이웃인 안드로메다는 스크린에서 약 2cm 정도 떨어진 곳에 있다. 그리고 여기저기 은하집단이 흩어져 있는데, 이것을 국부은하단이라고 한다.

1자의 1만 배인 1양(10^{28}) 배가 되면 스크린에는 아무 것도 비추지 않는다. 사실 우주의 반지름은 약 150억 광년인 1.5×10^{26}m이기 때문에 전체 우주를 벗어나는 크기가 된다.

또 지구의 질량은 6.0×10^{24}kg, 태양의 질량은

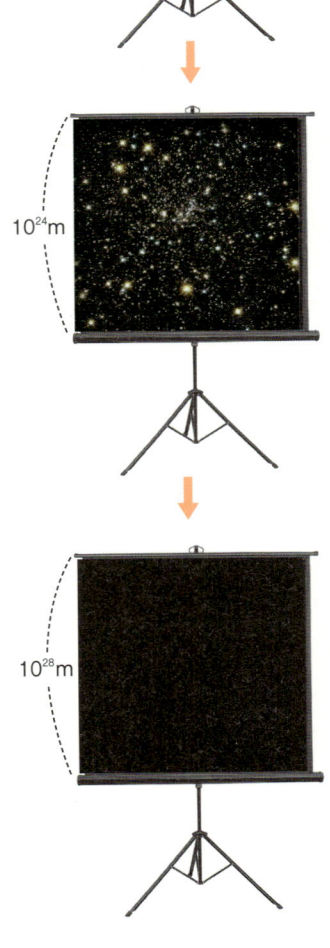

2.0×10^{30}kg, 우리은하의 질량은 4.0×10^{41}kg, 전체 우주의 질량은 1.9×10^{53}kg이라고 한다. 10의 거듭제곱으로 표현한 수가 그냥 보기에는 별로 커 보이지 않지만 실제로는 어마어마하게 큰 수임을 알 수 있다.

이번에는 10의 거듭제곱인 작은 수를 생각해 보자. 우선 1의 $\frac{1}{10}$배는 10^{-1}, $\frac{1}{100}=\frac{1}{10^2}$배는 10^{-2}, $\frac{1}{1000}=\frac{1}{10^3}$배는 10^{-3} 등으로 나타낼 수 있다. 작은 수의 접두어로 10^{-1}은 데시(deci), 10^{-2}은 센티(centi), 10^{-3}은 밀리(milli), 10^{-6}은 마이크로(micro), 10^{-9}은 나노(nano), 10^{-12}은 피코(pico), 10^{-15}은 펨토(femto), 10^{-18}은 아토(atto), 10^{-21}은 젭토(zepto), 10^{-24}은 욕토(yocto)라고 붙인다.

과학이 발전할수록 더 큰 수와 더 작은 수를 사용할 수 있게 됐다. 일반적으로 '마이크로의 세계'는 머리카락이나 미생물 등을 현미경으로 확대하여 연구하거나 보여주는 것이다. 마치 외계 괴물처럼 생긴 아래 그림은 우리 눈에는 보이지 않으나 우리와 함께 침대에서 살고 있는 집먼지진드기를 확대한 것이다.

한편 현재는 10^{-9}인 '나노시대'라고 한다. 나노는 난쟁이를 뜻하는 고대 그리스어 나노스(nanos)에서 유래한 말로 나노과학이 본격적으로 등장한 것은 1980년대 초 주사원자현미경이 개발되면서부터다. 10억분의 1을 뜻하는 나

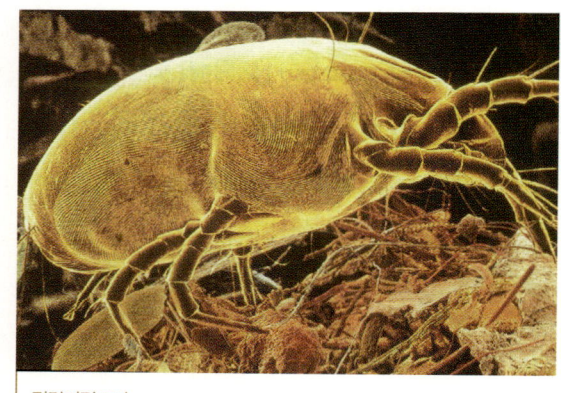

집먼지진드기

노는 오늘날 아주 미세한 물리학적 계량 단위로 사용되고 있으며, 나노세컨드(nanosecond)는 10억분의 1초, 나노미터(nanometer)는 10억분의 1미터다.

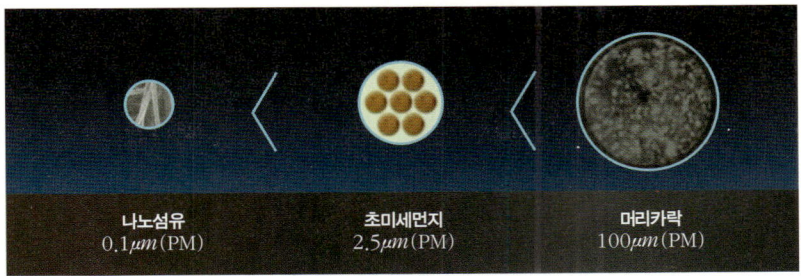

나노섬유 0.1μm(PM)　　초미세먼지 2.5μm(PM)　　머리카락 100μm(PM)

10억분의 1미터라는 길이가 언뜻 감이 오질 않는데, 위의 그림은 사람의 머리카락과 초미세먼지, 나노섬유의 굵기를 비교한 것이다. 일반적으로 머리카락의 굵기는 10만 나노미터라고 하니 어느 정도인지 대충 짐작할 수 있을 것이다. 나노섬유는 심지어 초미세먼지보다도 가늘다.

거듭제곱의 표현 방법은 아주 오래 전부터 사용했을 것이라고 생각할 수 있지만 기껏해야 17세기가 돼서야 비로소 사용되기 시작했다. 그 전까지는 거추장스럽지만 곱하는 개수만큼의 모든 수를 다 써서 표현했다.

헤라클레스의 칼로도 정리가 되지 않은 무시무시한 히드라의 머리도 거듭제곱으로 완벽하게 제압할 수가 있는데, 거듭제곱의 표현 방법이 좀 더 빨리 사용됐다면 수학의 발전도 지금보다 훨씬 앞당겨지지 않았을까? 역사에 가정은 없지만, 다시 생각해봐도 거듭제곱은 참 위력적이다.

거미, 혐오의 껍질을 벗기다

거미줄에 얽힌 신화와 과학 그리고 수학

유명 화가들의 작품에는 다양한 동물들이 등장하지만 거미가 등장하는 경우는 흔치 않다. 거미는 남극대륙을 제외하고는 해수면에서부터 5000m 높이에 이르기까지 전 세계적으로 분포한다. 거미의 몸길이는 1mm 미만에서부터 90mm까지 다양하며, 지금까지 약 3만4000종(種)의 거미가 알려져 있고, 모두 독샘을 지니고 있지만 몇 가지 종류만이 사람에게 해롭다. 거미의 가장 큰 특징은 거미줄이다. 배의 끝에는 방적돌기(spinneret)라고 하는 손가락 모양의 구조물이 몇 개 있다. 여기에 있는 실샘에서 작은 점액 방울들을 내보내 거미줄을 만든다.

거미줄을 배출해 그것을 덫 삼아 파리 같은 곤충을 사냥하고, 또 거미줄을 타고 이동하며, 심지어 거미줄로 집까지 지어 거주하는 거미의 유니크한 생태는 인간의 호기심을 자극하기에 충분했다. 덕분에 거미는 신화나 문학, 예술, 영화 등의 소재가 되기도 했고, 또 과학의 연구 대상이 되어왔다.

틴토레토, 〈아테나와 아라크네〉, 1534년, 캔버스에 유채, 145×272cm, 피렌체 피티 궁전

여신과 여인 사이에 흐르는 적의를 그리다

그리스신화에도 거미와 관련된 인물이 등장하는데, 바로 '아라크네'라는 여인이다. 349쪽 그림은 중세 이탈리아 화가 틴토레토Tintoretto, 1518~1594가 그린 〈아테나와 아라크네〉라는 작품이다. 틴토레토는 베네치아 출신으로 원래 이름이 야코포 로부스티Jacopo Robusti이지만 별칭 틴토레토로 불리며 16세기 후반에 베네치아에서 가장 뛰어난 화가로 명성이 대단했다.

틴토레토는 그림을 보는 감상자로 하여금 그가 그린 사건의 긴장감과 극적인 분위기를 느낄 수 있도록 하는 것을 중요하게 여겼다. 틴토레토는 이러한 의도가 잘 드러나도록 〈아테나와 아라크네〉를 아래에서 위로 올려다보는 특이한 관점으로 완성했다. 그 결과 베틀을 사이에 두고 앉은 두 여인의 적의(敵意)를 보다 드라마틱하게 묘사했다.

다소 뽐내는 듯한 표정으로 베 짜기에 여념이 없는 아라크네와 그녀 앞에 앉아 넋을 잃고 아라크네의 솜씨를 감상하고 있는 아테나의 표정이 매우 인상적이다. 아테나는 아라크네의 베 짜는 모습을 보며 그녀가 자신 못지않는 실력자임을 간파했지만, 지혜의 여신으로서 자존심이 상해 있다.

아테나는 고대 그리스에서 가장 번영한 도시국가 아테네의 수호신이자 전쟁의 신이다. 또한 도예 · 직조 · 금속공예 · 목공 등 수공업의 수호신이기도 해서 기능인들에게 숭배를 받았다.

한편, 리디아에 사는 아라크네는 옷감 짜는 솜씨가 매우 뛰어났다. 그래서 그녀는 직조의 수호신이기도 한 아테나와 겨룰 만큼 자신이 뛰어난 능력을 지녔다고 뽐냈다. 아테나는 아라크네에게 스스로의 오만함을 뉘우칠 기회를 주기로 하고 남루한 옷을 입은 노파로 변신해서 그녀 앞에 나타났다. 노파로 변신한 아테나가 겸손한 마음을 가지라고 꾸짖는데도 아라크네가 듣지 않자 아테나는 본래의 모습으로 돌아와 아라크네의 도전을 받아들인다.

비운의 거미여인

아테나와 아라크네의 베 짜기 시합은 어떻게 되었을까? 그리스신화를 모르고 아래 루벤스Peter Paul Rubens, 1577~1640의 그림을 보면 다소 뜻밖이라는 생각이 들 수 있다. 바로크 미술의 거장 루벤스도 〈아테나와 아라크네〉를 그렸다. 갈기가 달린 투구를 쓴 여인이 전쟁의 신이기도 한 아테나이고, 그녀의 밑에 쓰러져 있는 여인이 아라크네다. 화면의 오른쪽에 아라크네가 짠 직물이 보인다. 아라크네는 직물에 황소 위에 한 여인이 타고 있는 모습을

루벤스, 〈아테나와 아라크네〉, 1637년, 패널에 유채, 26.6×38.1cm, 버지니아 순수미술 박물관

묘사했는데, 바로 황소로 변신한 제우스가 에우로페를 납치하는 장면이다. 아라크네의 솜씨는 뛰어났지만 옷감에 신들의 잘못된 사랑이나 실수담을 짜 넣는 등 그녀의 교만함은 극에 달했다. 마침내 아테나는 참았던 분노를 폭발하고 만다.

여신의 살벌한 꾸짖음에 아라크네는 그제야 자신의 잘못을 뉘우치고 목을 매 자살하려고 한다. 그러자 그녀를 불쌍하게 여긴 아테나는 아라크네를 영원히 실을 짜야 하는 거미로 변신시킨다.

옷감을 잘 짜는 여인 아라크네가 변신한 거미는 실 대신 거미줄을 뽑아 집을 짓는다. 아래 그림은 르네상스시대 이탈리아 화가 파올로 베로네세^{Paolo Veronese, 1528~1588}가 그린 천장화의 일부다. 베로네세는 빈틈없는 구도와 화려한 색채의 장식화를 주로 그렸으며, '베네치아파'를 대표하는 화가 중 한 사람으로 꼽힌다. 베로네세가 베네치아로 이주한 1553년 무렵에는 이미 화가로서 유명해졌기 때문에 천장화와 같은 대형화를 의뢰받는 일이 잦았다. 그는 천장화에 호화로운 옷차림을 한 풍만한 몸매의 남녀를 야외극의 한 장면처럼 묘사했다. 이는 당시 베네치아의 귀족사회를 반영한 풍속화임과 동시에 바로크의 선구적 화풍이기도 하다. 왼쪽 그림에서 아라크네의 옷차림이 매우 화려한 건 바로 그런 이유 때문이다.

베로네세, 천장화 중 아라크네 부분도, 1520년경, 프레스코, 베니스 두칼레 궁전

이 작품을 보면 앞에서 소개했던 두 작품과는 다르게 그림의

가운데에 선명한 거미집을 볼 수 있다. 즉, 아라크네가 자신의 운명이 될 거미집을 들고 유심히 바라보고 있다.

그들이 방사형 구조를 고수하는 이유

베로네세의 천장화 속 아라크네를 보니 문득 옛날 생각이 떠오른다. 어린 시절 슬레이트 지붕 밑에서 거미가 집을 짓는 모습을 물끄러미 바라보았던 기억이 난다. 거미집은 지금도 건물의 구석구석을 살펴보면 어렵지 않게 볼 수 있다. 물론 어른이 된 지금 어렸을 때처럼 거미집을 물끄러미 바라보는 일은 거의 없다. 그런데, '아라크네와 거미줄'에 얽힌 이야기를 쓰는 덕분에 (비록 사진이지만) 거미집을 자세히 살펴보는 기회를 갖게 됐다.

아래 사진은 우리가 흔히 볼 수 있는 방사형 구조의 거미집이다. 몇 년 전 과학자들은 거미가 이러한 구조의 거미집을 짓는 이유를 밝혔다. 켄수크 나카타 일본 교토여자대학교 연구팀은 2013년 5월 29일자 「바이올로지 레터스」라는 과학잡지에 야생 거미가 먹이가 잘 걸리는 방향을 기억했다가 그 방향의 거미줄을 더 팽팽하게 친다는 연구 결과를 발표했다. 거미의 이런 행동은 먹이가 걸렸다는 것을 더 빨리 알고 다가가 먹이를 놓치지 않기 위해서라고 한다.

연구팀은 '여덟혹먼지거미' 스물일곱 마리를 잡아 각각의 실험실에서 거미줄을 치고 살게 하면서 실험을 했다고 한다. 거미는

거미가 방사형 구조로 거미집을 짓는 데는 치밀한 수학적 계산이 담겨 있다.

항상 거미줄 중앙에서 먹이를 기다리는데, 일부 거미에게는 거미의 왼쪽이나 오른쪽 거미줄에, 또 다른 거미에게는 위쪽이나 아래쪽 거미줄에 파리를 매일 한 마리씩 놓아뒀다고 한다. 그리고 나흘에 한 번씩 거미줄을 걷어내어 거미가 새로운 거미줄을 치게 했는데, 거미는 새 거미줄을 칠 때마다 파리를 놓아두던 곳의 수평 또는 수직 방향 거미줄을 더 팽팽하게 완성했다고 한다. 즉 연구팀은, 거미는 먹이가 잘 걸리는 방향을 기억했다가 그 부분의 거미집을 다른 곳보다 더 튼튼하게 짓는다는 것을 알아냈다.

연구팀은 또한 여덟혹먼지거미가 먹이가 걸려들었다는 신호를 더 잘 느끼기 위해서 거미집을 방사형 구조로 짓는다는 것도 알아냈다. 먹이가 거미줄에 걸리면 벗어나기 위해 발버둥을 칠 때 진동이 일어나고, 이 진동이 거미줄을 타고 거미에게 전달된다. 먹이에 빨리 다가가야 사냥에 실패할 확률이 줄어들기 때문에, 거미는 진동이 잘 전달되도록 거미줄을 팽팽하게 만들고, 어느 위치에 걸리더라도 최단시간에 도달할 수 있는 모양으로 거미집을 짓는다는 것이다.

연구팀에 따르면, 방사형 구조의 거미집은 다른 구조보다 튼튼하고 복구가 쉽다고 한다. 먹잇감이 되는 곤충이 거미줄에 걸리면 발버둥을 치게 되는데, 이때 거미집 일부가 끊어진다. 그런데 이 곤충이 끊은 일부분 때문에 전체 거미줄이 끊어진다면, 거미는 지속적으로 새로운 거미줄을 짜고 개조해야 한다. 그렇게 되면 거미는 그 모든 작업에 필요한 에너지를 감당하지 못하고 살아남지 못할 것이다.

하지만 거미는 방사형 구조 때문에 같은 거미줄로 여러 번의 먹이를 잡을 수 있으며, 거미줄은 매우 강한 바람에도 강도를 유지할 수 있다는 것이다. 연구팀은 거미집의 방사형 구조가 일종의 '최적 시스템'이라는 사실을 밝혀낸 것이다. 결국 이 연구로부터 우리는 거미가 매우 '수학적으로' 거미집을 짓는다는 사실을 추론할 수 있다.

거미가 포획한 파리까지 가는 최단거리를 구하라

뜻밖에도 거미줄을 이용한 거미의 사냥법은 수학에서 매우 흥미로운 퍼즐문제로 활용되었다. 그것은 '거미와 파리'라는 문제로, 헨리 어니스트 듀드니Henry Ernest Dudeney, 1857~1930라는 영국의 유명한 퍼즐 제작자가 만든 것이다. 1907년에 출간된 듀드니의 첫 저서『캔터배리 퍼즐(The Canterbury Puzzles)』은 퍼즐 책으로서는 이례적으로 베스트셀러가 되었을 정도로 큰 인기를 누렸다. 듀드니는 이후 다섯 권의 퍼즐 책을 더 출간했다. '거미와 파리'는 1903년에 영국의 모 신문에 처음 발표되었는데, 듀드니의 퍼즐 가운데 가장 유명한 문제다. 자, 지금부터 파리를 사냥하는 거미의 궤적을 좇아 보자. 아래 그림과 같이 30×12×12인 직육면체 방이 있다. 거미 한 마리가 양쪽 벽으로부터 같은 거리에 있고, 천장에서 1만큼 떨어진 지점에 있다. 파리는 그 반대편 양쪽 벽으로부터 같은 거리에 있고, 바닥에서 1만큼 떨어진 지점에 꼼짝 않고 있다. 파리는 공포에 질려 움직이지 못한다. 거미가 파리가 있는 곳까지 기어간다고 했을 때 그 최단거리는 얼마일까?

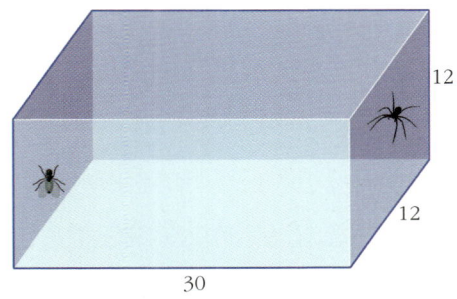

이 문제를 푸는 열쇠는 위 직육

면체의 방을 상자라 생각하고 다음 그림과 같이 상자를 펼쳐놓는 것이다. 그러면 직육면체 모양의 방이 평면화 되면서 거미와 파리 사이의 거리를 잇는 사선을 빗변으로 하는 직각삼각형이 만들어진다. 위 문제에서 주어진 직사각형의 크기를 바탕으로 직각삼각형의 높이와 밑변의 길이를 구한 뒤, 피타고라스의 정리를 이용하면 거미와 파리 사이의 최단거리를 알 수 있다.

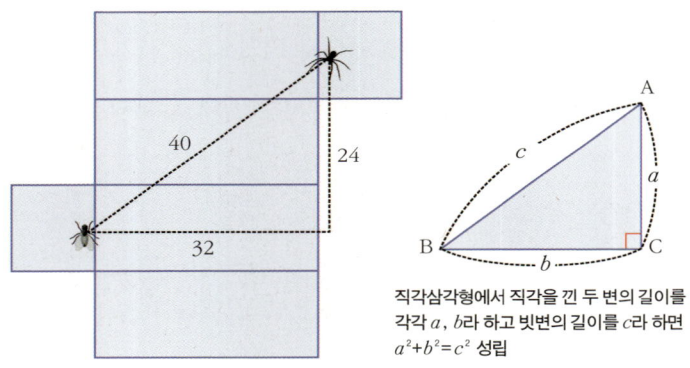

직각삼각형에서 직각을 낀 두 변의 길이를 각각 a, b라 하고 빗변의 길이를 c라 하면 $a^2+b^2=c^2$ 성립

이 그림에서 거미와 파리는 각각 1만큼씩 떨어져 있으므로 직각삼각형의 밑변의 길이는 32이고 높이는 24이다. 따라서 피타고라스의 정리에 의하여 거미가 움직여야 할 거리는 40이다.

'교만'의 죄로 '혐오'의 벌을 받다

자, 다시 신화 이야기로 돌아와 이제 거미로 변하는 아라크네의 모습이 담긴 그림을 감상해 보도록 하자. 앞에서 감상했던 작품들과는 다르게 아라크네를 독특하게 묘사한 작품이 있다. 오른쪽 그림은 프랑스 삽화가 귀스타브 도레Gustave Dore, 1832~1883의 작품으로, 아라크네를 주제로 한 것이지만 앞의 작품들만 생각할 경우 도레의 그림에서 아라크네를 발견하기가 쉽지 않을 수 있다.

도레는 19세기 중반에 활동했던 가장 저명한 프랑스 삽화가로 평생 동안 1만 점 이상의 판화를 제작했으며 200권 이상의 책에 삽화를 그렸다. 책들 중에는 400점 이상의 도판이 사용된 것도 있다. 도레는 열여섯 살에 이미 프랑스에서 가장 돈을 많이 버는 삽화가가 되었을 정도로 실력이 대단했다.

도레, 〈신곡 연옥편 12곡을 위한 삽화〉 중 '교만함에 대한 형벌', 1868년, 종이에 펜

오른쪽 그림은 도레가 단테Alighieri Dante, 1265~1321의 『신곡』에 그린 삽화 중 하나다. 정확히는 1868년에 그린 〈신곡 연옥편 12곡을 위한 삽화〉이다. 이 그림의 주제는 '교만함에 대한 형벌'이다. 화면 오른쪽 칼에 찔린 사람은 성경에 나오는 사울 왕으로 교만함의 벌로 자기 칼에 스스로 찔려 죽었다. 화면 가운데를 보면 인간 몸통에 거미 다리를 한 기괴한 형상이 있는데, 아테나에 의해 거미로 변하는 아라크네다. 다른 작품과 달리 아라크네가 매우 혐오스럽게 묘사되었다.

영어에서 '~혐오' 또는 '~공포증'을 뜻할 때 접미사 '~phobia'를 사용한다. 이를테면 고소공포증은 acrophobia, 대인(對人)공포증은 anthrophobia,

밀실공포증은 claustrophobia, 거미공포증은 arachnophobia이다. 이런 단어들은 'phobia' 앞부분을 보면 무엇을 무서워하는 것인지 짐작할 수 있다. 높은 곳이라는 뜻의 'acro'는 공중곡예사인 'acrobat'에서 찾아볼 수 있고, 인간을 뜻하는 'anthro'는 인류학인 'anthropology'를 떠올리면 금방 이해가 간다. 그렇다면 거미공포증의 'arachno'는 거미라는 뜻임을 짐작할 수 있는데, arachno는 바로 아라크네(Arachne)에서 온 말이다.

거미줄의 재발견

거미는 투명한 거미줄을 이용해 곤충을 포박한 뒤 잡아먹는 습성 때문인지 신화나 전설에서 악마나 흉측한 괴물로 묘사되곤 했다. 도레의 삽화 속 아라크네의 모습처럼 말이다. 거미에 대한 선입견은 지금도 여전한 듯하다. 긴 다리를 이용해 거미줄을 타고 내려오는 거미를 징그러워하는 사람들이 적지 않으니 말이다. 하지만, 거미는 그저 작은 절지동물에 지나지 않다.

거미줄이 쳐져 있으면 더러운 곳이라는 생각도 선입견이다. 거미줄이 쳐진 곳은 대체로 사람의 손길이 닿지 않는 곳일 가능성이 높을 뿐이지 거미줄 자체가 환경을 오염시키는 더러운 물질은 아니기 때문이다.

이러한 선입견을 걷어내고 거미

거미줄에 걸린 이슬은 오래 전부터 날씨를 예측하는 도구로 활용되었다.

줄을 보면 거미줄의 색다른 면모를 발견할 수 있다. 실제로 아침에 보는 거미줄은 마치 보석을 걸어놓은 듯 아름다운 모습을 연출한다. 거미줄에 주렁주렁 매달린 이슬방울이 보석처럼 영롱한데, 이는 일교차가 심해 안개가 낀 아침에 볼 수 있는 풍경이다.

이와 같이 거미줄에 걸린 이슬은 오래 전부터 날씨를 예측하는 도구로 활용되었다. 거미는 습도가 약간 높을 때 거미줄을 치는 경향이 있다고 하는데, 습도가 높고 날씨가 좋은 날은 야간복사로 인해 이슬이 맺히기 쉽다고 한다. 실제로 거미줄에 이슬이 맺히는 것과 날씨와의 상관관계를 연구한 통계자료에 따르면, 맑은 날 56%, 구름 낀 날 28%, 비오는 날 16%라고 한다. 그렇다면 머리카락의 100분의 1에 불과한 거미줄에 어떻게 이슬이 미끄러지지 않고 방울져 맺힐 수 있는 걸까? 2010년 2월에 발간된 과학저널 『네이처』는 표지에 "거미줄에 걸리다"라는 제목과 함께 그 비밀을 공개했다. 중국의 과학자들이 이 비밀을 밝혔는데, 그들은 '유럽웅달거미'의 거미줄을 분석한 결과 거미줄이 물에 젖으면 일정 간격으로 가닥의 일부가 꼬이며 $200\mu m$(마이크로미터, $1\mu m$는 100만분의 $1m$) 크기의 마름모꼴 매듭이 지어지고, 이 매듭 때문에 물방울이 맺힌다는 사실을 알아낸 것이다.

사랑과 생일 그리고 도박에 얽힌 수학문제

재미있는 확률의 응용

21세기를 사는 대한민국의 젊은 연인들은 참 바쁘다. 연인의 사랑을 확인하거나 확인받기 위해서 서로 챙겨야 할 것들이 너무 많기 때문이다. 그 중 하나가 기념일이다. 발렌타인데이와 화이트데이에서 모 제과회사의 과자 이름에서 따온 빼ㅇ로데이까지, 여기에 만난 지 100일, 200일, 365일 등등 두 사람의 인연을 기념하는 날들이 참 다채롭다.

그런데, 동서고금을 불문하고 연인 사이에 잊지 말고 축복해줘야 할 날이 하나 있다. 바로 연인의 생일이다. 생일은 연인뿐 아니라 가족 사이에서도 챙기지 못하고 지나치면 당사자로서는 섭섭한 마음이 들만큼 의미가 남다르다. 물론 사람마다 다 그런 건 아니겠지만 말이다.

연인의 생일 하면 떠오르는 명화가 하나 있다. 바로 마르크 샤갈^{Marc Chagall, 1887~1985}의 〈생일〉이라는 작품이다. 샤갈은 오늘날 벨라루스에 해당하는 러

샤갈, 〈생일〉, 1915년, 캔버스에 유채, 80.5×99.5cm, 뉴욕 현대 미술관

시아에서 태어난 유대인 화가로서, 주로 프랑스에서 활동했으며 피카소Pablo Picasso, 1881~1973와 함께 20세기 최고의 화가로 불린다. 샤갈은 1917년 볼셰비키 혁명이 소비에트를 새롭게 하리라 기대하며 고향으로 돌아갔지만, 변화와 개혁의 역사는 그에게 실망감만 안겼다. 샤갈이 실망감을 극복할 수 있었던 것은 그에게 사랑하는 부인과 따뜻한 가정이 있었기 때문이다.

참혹한 시대를 위로하는 한 폭의 그림

샤갈의 영원한 애인인 벨라 로젠펠트는 샤갈과 어린 시절부터 잘 알고 지낸 사이였는데, 1908년 당시 예술의 중심지였던 상트페테르부르크에서 만났다. 두 사람은 1915년에 결혼을 하게 되는데, 〈나의 삶〉이라는 글에서 샤갈은 그녀와의 첫 만남을 다음과 같이 표현했다. "그녀의 침묵도, 그녀의 눈동자도 내 것이었다. 그녀는 마치 내 어린 시절과 부모님, 내 미래를 모두 알고 있는 것 같았고, 나를 관통해 볼 수 있는 것 같았다."

샤갈과 벨라의 깊고 절절한 사랑은 샤갈의 여러 작품 속에서 확인할 수 있는데, 〈생일〉도 그 중 하나라 할 수 있다. 〈생일〉은 샤갈과 벨라 두 사람이 결혼하기 며칠 전, 샤갈의 생일날인 7월 7일 그려졌다. 이 그림의 제목은 벨라가 붙였다고 한다. 이 그림은 샤갈의 생일을 축하하기 위하여 벨라가 예쁜 꽃다발을 들고 샤갈을 찾아갔을 때 샤갈이 영감을 얻어 그리게 된 것이다.

방에 들어서자마자 파티 준비를 시작하는 벨라를 바라보던 샤갈은 그녀의 아름다운 모습을 그림으로 그리기 시작했다. 마침내 꽃다발을 들고 있던 벨라는 한 폭의 그림이 되었는데, 샤갈이 그린 그림은 단순히 생일을 축하해 주기 위해 꽃다발을 들고 방문한 벨라가 아니었다. 그것은 자신의 영원한 신부인 벨라에 대한 깊은 사랑과 자신의 영혼을 사로잡은 여인에 대한 사랑의 징표를 묘사한 것이었다.

그림에서 샤갈은 벨라와 키스하기 위해 자신의 몸을 구부정하게 왜곡시켜 표현했다. 그의 사랑은 꽃다발을 든 벨라를 바닥에서 떠오르게 했고, 그녀에 대한 사랑은 꽃으로도 표현하기 충분치 않았기에 샤갈은 날아올라 신부에게 키스하는 모습으로 자신의 애틋한 사랑을 캔버스에 담아냈다.

샤갈에게 있어서 벨라와의 행복한 결혼생활은 많은 유대인을 죽음으로 몰고 간 홀로코스트의 시대에 가장 큰 예술적 영감의 원천이 되었다. 하지만 1944년 9월 2일 그의 아내 벨라가 갑작스럽게 죽게 되자 샤갈은 한 동안 작품 활동을 중단할 정도로 깊은 슬픔에 빠지게 된다. 그가 다시 작품 활동을 시작할 때도 그의 붓은 벨라를 그리고 있었다. 그는 아내를 회고하는 작품을 통해 다시 창작 활동을 이어가게 된다. 이처럼 우리가 샤갈의 많은 작품들 속에서 벨라의 다양한 모습을 감상할 수 있는 것은, 벨라에 대한 샤갈의 사랑이 얼마나 깊었는가를 가늠하게 한다.

'생일'하면 수학자의 머리에 떠오르는 것

자, 사랑 이야기는 이 정도로 해두고 본론인 수학으로 들어가 보자. 샤갈의 그림 〈생일〉이 수학자에게 유독 인상 깊게 다가온 이유는 '사랑'보다는 '생일'이라는 개념 때문이다. 즉, 수학자에게 있어서 생일은 '확률'을 떠오르게 한다. 왜 생일이 확률을 생각나게 하는지 밝히기 전에 확률에 대하여 간단히 알아보자.

확률은 하나의 사건이 일어날 수 있는 가능성을 수로 나타낸 것이므로 모든 경우의 수에 대한 어떤 사건이 일어날 경우의 수의 비율로 구할 수 있다. 즉 '어떤 사건이 일어날 경우의 수'를 '모든 경우의 수'로 나누어 구할 수 있으므로 식으로 나타내면 다음과 같다.

$$(\text{확률}) = \frac{(\text{어떤 사건이 일어날 경우의 수})}{(\text{모든 경우의 수})}$$

따라서 확률은 (어떤 사건이 일어날 경우의 수)=0이면 0이고, (어떤 사건이 일어날 경우의 수)=(모든 경우의 수)이면 1이다. 즉, 확률은 0과 1 사이의 수로 나타낸다.

확률의 가장 간단한 예로는 정육면체인 주사위와 동전을 들 수 있다. 주사위의 눈이 나오는 경우는 1부터 6까지 모두 여섯 가지이므로 주사위를 던졌을 때 특정한 면이 나타나는 확률은 $\frac{1}{6}$이다. 한 개의 주사위를 던질 때, 3 이하의 눈이 나오는 경우는 1, 2, 3 세 가지이고, 5 이상의 눈이 나오는 경우는 5, 6 두 가지이다.

따라서 3 이하의 눈이 나올 확률은 $\frac{3}{6}=\frac{1}{2}$이고, 5 이상의 눈이 나올 확률은 $\frac{2}{6}=\frac{1}{3}$이다. 또 앞뒤가 대칭인 동전을 던졌을 때 특정한 면이 나타나는 확률은 $\frac{1}{2}$이다.

한편, 어떤 일이 일어날 확률이 p이면 그 일이 일어나지 않을 확률은 $1-p$이다. 예를 들면 5 이상의 눈이 나올 확률이 $\frac{1}{3}$이므로 5 미만의 눈이 나올 확률은 $1-\frac{1}{3}=\frac{2}{3}$이다.

이제 생일과 관련된 확률에 대하여 알아보자.

1년은 365일이고 생일은 그 중 하루이므로 만약 366명 이상의 사람이 모여 있다면 그들 중에는 반드시 생일이 같은 사람이 있다. 그렇다면 아무나 두 사람을 선택했을 때 선택된 두 사람의 생일이 같을 확률이 $\frac{1}{2}$이 되기 위해서는 적어도 몇 명을 조사해야 할까?

얼핏 생각하면 많은 수의 사람들을 조사해야 할 것 같지만 실제로는 23명만 조사하면 된다. 이때 생일이 다를 확률을 구하여 1에서 빼면 생일이 모두 다를 확률이 된다. 한 명의 생일이 오늘일 확률은 $\frac{1}{365}$이고, 두 명이 있을 때 생일이 다를 경우는 365에서 하루를 뺀 날이 생일이면 되므로 두 사람의 생일이 다를 확률은 $1-\frac{1}{365}=\frac{365-1}{365}$이다. 세 명의 경우는 첫 번째, 두 번째와 생일이 달라야 한다. 따라서 365일 중에서 첫 번째와 두 번째 사람의 생일인 두 날을 뺀 날이 생일이면 되므로 세 사람의 생일이 다를 확률은 $\frac{365-1}{365}\times\frac{365-2}{365}$이다.

일반적으로 n명의 생일이 모두 다를 확률은 다음과 같다.

$$\frac{365-1}{365}\times\frac{365-2}{365}\times\cdots\times\frac{365-(n-1)}{365}=\frac{365!}{365^n(365-n)!}$$

따라서 n명 중 적어도 두 명의 생일이 같을 확률은 다음과 같다.

$$p(n)=1-\frac{365!}{365^n(365-n)!}$$

이로써 $p(n)\geq\frac{1}{2}$인 n을 구하면 된다. 이때 n을 만족하는 가장 작은 값이 바로 23이다. 즉, $p(23)\geq\frac{1}{2}$이므로 23명 중에 생일이 같은 사람이 적어도 두 명이 되는 것이다. 이 말은 한 학급에 23명의 학생이 있다면 이들 중에는 생일이 같은 학생이 있다는 뜻이다.

캔버스에 포착된 인간의 사행성

확률을 설명하는 어려운 수학 공식이 나와 순간 긴장됐다면, 긴장을 풀 겸 다시 명화를 감상해보자. 수학자가 그림을 감상할 때 확률을 생각하게 하는 작품의 소재 중에 '생일'만큼 친숙한 게 바로 '도박'이다. 명화 중에는 도박을 소재로 한 작품이 적지 않은데, 많은 화가들은 도박을 통해 나타나는 사행성이라는 인간의 본성을 포착해내고 싶었던 모양이다.

오른쪽 그림은 이탈리아의 화가 카라바조Caravaggio, 1573~1610가 그린 〈카드 사기꾼〉이다. 카르바조는 본명이 '미켈란젤로 메리시'Michelangelo Merisi'이지만 르네상스시대의 거장이었던 미켈란젤로Michelangelo di Lodovico Buonarroti Simoni, 1471~1564와 혼동하지 않기 위해 화가 스스로 출신지명인 카라바조로 불리길 원했다.

카르바조는 폭행, 살인 등 갖은 범법 행위로 젊은 시절의 대부분을 감옥에서 보냈고, 이후에도 방탕한 생활로 부랑자 삶을 살았다. 카라바조는 무절제한 생활로 항상 스캔들을 일으켰지만, 그의 거침없는 화풍을 동경하는 사람들이 모여 그를 따르는 '카라치파'라는 화파를 만들기도 했다.

카라바조와 카라치파 화가들은 현실을 왜곡하거나 미화하는 그림을 철저히 배격했다. 또 그들의 작품은 서민들의 삶과 애환을 있는 그대로 묘사하는 자연주의 화풍의 풍속화로 이어졌다. 그래서 카라바조와 카라치파 화가들의 그림에는 도박꾼, 술꾼, 바람난 여자, 거지, 거리의 악사 등 소외계층을 연상하게 하는 이들이 자주 등장한다.

〈다이아몬드 에이스를 가진 사기꾼〉(368쪽)을 그린 조르주 라 투르Georges de La Tour, 1593~1652는 카라바조의 화법을 계승한 대표적인 카라치파 화가다. 두 그림 모두 도박을 소재로 하고 있으며, 도박판에서 속임수를 쓰는 장면을 묘

카라바조, 〈카드 사기꾼〉, 1594년, 캔버스에 유채, 94×131cm, 포트워스(미국) 킴벨 아트 뮤지엄

사했다.

카라바조의 〈카드 사기꾼〉은 친구인 것처럼 두 젊은이가 카드놀이를 하고 있고, 그 옆에 한 사내가 바람잡이 노릇을 하고 있다. 협잡꾼으로 보이는 이 사람이 등을 보이고 있는 젊은이에게 무슨 신호를 보내자, 등을 보이는 젊은이는 오른손을 뒤로 돌려 숨겨놓은 카드를 빼서 속임수를 쓰고 있다.

선량하게 생긴 왼쪽의 젊은이는 아무 것도 모른 채 카드에 집중하고 있지만 안타깝게도 이 판에선 두 사기꾼의 먹잇감이다. 사기꾼인 청년은 등을 보이고 있기 때문에 표정을 정확히 알 수 없지만, 협잡꾼과 선량한 청년은 뚜렷하게 대비될 정도로 표정이 생생하게 살아 있다.

라 투르, 〈다이아몬드 에이스를 가진 사기꾼〉, 1635년, 캔버스에 유채, 106×146cm, 파리 루브르 박물관

한편 라 투르의 〈다이아몬드 에이스를 가진 사기꾼〉에서는 여자 두 명과 남자 한 명의 사기꾼이 오른쪽의 순진해 보이는 청년을 속이고 있다. 화면 중앙에 보이는 여자는 화려한 옷과 장신구로 미루어보아 품행이 바르지 않은 여인임을 알 수 있다. 시중을 들고 있는 하녀는 술병을 들고 있지만 정작 화면에는 술을 따를 술잔이 없다. 두 여인의 시선은 자세히 보면 전혀 엉뚱한 곳에 있으며, 이는 누군가에게 신호를 보내고 있는 것임을 알 수 있다. 화면 왼쪽에 있는 남자는 음흉한 표정을 지으며 마치 두 여자의 신호를 알았다는 듯 왼손으로는 등 뒤에 있는 다이아몬드 에이스를 꺼내고 있다. 세 사람이 오른쪽의 청년을 속이고 있지만 정작 이 순진한 청년은 속임수가 펼쳐

지는 줄도 모르고 게임에 열중하고 있다.

그렇다면 카라바조와 라 투르의 그림처럼 왜 도박판에는 사기와 속임수가 빈번할까? 도박의 고수라면 속임수를 쓰지 않고도 도박에서 이길 수 있어야 할 텐데, 그렇다면 그림 속 사기꾼들은 모두 도박의 고수가 아닌 걸까? 생각건대 도박판에서 사기와 속임수 같은 꼼수를 부리지 않고 특정한 누군가만 연속해서 돈을 따는 행운은 '확률적으로' 거의 불가능하다. 행운은 확률적으로 증명할 수 없는 요행이다. 그렇다면 이러한 요행이 왜 확률적으로 거의 실현불가능한 일인지 지금부터 수학적으로 규명해보자.

포커게임에 숨겨진 확률 공식

앞에서 소개한 카라바조와 라 투르의 그림 소재인 카드는 전형적인 확률게임이다. 카드를 이용한 게임은 여러 가지 있지만 여기서는 52장의 카드 중에서 다섯 장으로 승자를 정하는 포커게임에서 득점조합의 확률을 따져보도록 하자.

일반적인 카드는 스페이드, 다이아몬드, 하트, 크로버의 네 가지 무늬가 있고, 각 무늬마다 1부터 10까지의 숫자카드와 J, Q, K를 합하여 모두 13장이 있다. 그래서 모두 $4 \times 13 = 52$장의 서로 다른 카드로 구성되어 있고, 이 중에서 5장을 선택해야 하므로 카드 52장에서 5장의 카드를 선택하는 경우의 수는 $_{52}C_5 = 2598960$이다.

포커게임에는 득점조합이 모두 아홉 가지가 있다. 그중에서 가장 많이 나오는 원페어는 카드 한 쌍의 숫자가 같고 나머지 세 장은 서로 다른 숫자 카드인 경우이다. 네 가지 카드 중에서 두 장이 같아야 하고 숫자는 13까지 있으므로 같은 숫자 카드 두 장을 선택하는 경우의 수는 $_4C_2 \times 13 = 78$이다. 앞의 숫자와 다른 숫자의 카드 한 장을 선택하는 경우의 수는 $12 \times 4 = 48$이고, 앞의 두 가지 숫자와 다른 숫자의 카드 한 장을 선택하는 경우의 수는 $11 \times 4 = 44$이며, 앞의 세 가지 숫자와 다른 숫자의 카드 한 장을 선택하는 경우의 수는 $10 \times 4 = 40$이다. 이때 나중에 선택된 세 장의 카드는 순서에 관계없으므로 원페어가 되는 경우의 수는

$$\frac{78 \times 48 \times 44 \times 40}{3!} = 1,098,240$$

이다. 따라서 원페어가 나올 확률은 다음과 같다.

$$\frac{1,098,240}{2,598,960} \times 100 = 42.257\%$$

이와 같은 방법으로 포커게임에서 나올 수 있는 모든 득점조합의 확률을 각각 구하면 투페어(Two pairs)가 나올 확률은 4.753%, 트리플(Three of a kind, Triple)은 2.113%, 스트레이트(Straight)는 0.392%, 플러쉬(Flush)는 0.197%, 풀하우스(Full house)는 0.144%, 포카드(Four of a kind, Four cards)는 0.024%, 스트레이트 플러쉬(Straight flush)는 0.00139%, 로열 스트레이트 플러쉬(Royal straight flush)는 0.000154%임을 알 수 있다. 즉, 포카드와 스트레이트 플러쉬, 로열 스트레이트 플러쉬가 나올 확률은 0.1%도 안 되는 것임을 알 수 있다. 따라서 TV드라마나 영화에서 등장인물이 로열 스트레이트 플러쉬가 나와 판돈을 모두 가져가는 장면 속에는 카라바조와 라 투르의 그림처럼 속임수가 숨어 있기 마련이다.

수학자 파스칼과 도박사 친구의 편지

카드놀이를 소재로 한 명화 중에 카라바조와 라 투르의 작품 못지않게 유명한 그림이 하나 더 있다. 프랑스의 화가 폴 세잔Paul Cézanne, 1839~1906이 그린 〈카드놀이하는 사람〉이다. 이 그림을 가만히 보고 있으면 마치 수학에서 확률이 탄생하게 되는 상황을 묘사한 듯하다.

세잔은 후기인상파 중 가장 뛰어난 인물로 근대 회화의 아버지로 불린다. 특히 입체파의 발전에 큰 영향을 끼친 사람으로 미술사는 기록하고 있다. 세잔의 미술은 인상주의에서 시작하여 개성적 표현과 그림 자체의 완결성을 강조함으로써 기존의 틀에 박힌 모든 가치들을 부정했다고 한다.

세잔이 주로 그린 소재는 풍경과 정물이지만 초상도 더러 있으며, 색채는 강

세잔, 〈카드놀이하는 사람〉, 1894~1895년, 캔버스에 유채, 47.5×57cm, 파리 오르세 미술관

렬하면서도 한편으로는 차분하다. 그는 반사광에 의해 나타나는 대상들의 객관적인 모습보다는 그 밑에 깔려 있는 구조를 강조했다. 그의 대표작으로 꼽히는 〈카드놀이하는 사람〉에서도 이와 같은 특징을 엿볼 수 있다.

〈카드놀이하는 사람〉에서 두 사람의 도박꾼이 카드에 몰두하고 있다. 그림 속 두 남자는 심각한 표정으로 자신의 카드를 보고 있다. 세잔은 침묵 속에서 도박을 벌이는 두 남자의 긴장된 순간을 강조하기 위해 치밀하게 구도를 계산했다. 술병을 두 사람의 가운데에 두어 도박꾼들의 실력이 팽팽함을 나타내고 있다. 왼쪽에 파이프를 문 남자는 빛을 등진 반면 오른쪽 남자는 환한 빛을 받게 함으로써 오른쪽 남자의 승리를 예측할 수 있다.

앞에서 소개한 카라바조와 라 투르의 그림과 달리 세잔의 〈카드놀이하는 사람〉에 등장하는 인물은 단 두 명뿐이다. 따라서 그림 속 도박에서는 승패가 50%의 확률로 갈리게 된다. 이처럼 두 명이 하는 카드를 통해서 수학의 확률 개념이 도출됐다는 주장이 제기되곤 하는데, 17세기경 프랑스에 살았던 유명한 도박사 드 메레Chevalier de Mere, 1607~1684가 친구인 수학자 파스칼Blaise Pascal, 1623~1662에게 보낸 다음과 같은 편지가 그 중요한 증거로 제기된다.

친애하는 파스칼에게

나는 다음과 같은 심각한 문제에 봉착했네.
실력이 비슷한 A, B 두 사람이 32피스톨(당시 스페인 금화)씩 걸고 카드 게임을 했다네. 한 번 이기면 1점을 얻는 것으로 하고, 먼저 3점을 얻는 사람이 64피스톨 모두를 가지기로 했지. 이 내기에서 A가 먼저 2점을,

B가 1점을 땄는데 그만 한 사람이 몸이 아파 시합을 더 이상 할 수 없게 되었다네.

이럴 경우 게임을 무효로 하자니 먼저 2점을 딴 A가 억울해 하고, A가 먼저 2점을 얻었으므로 A가 이긴 걸로 하자니 B가 앞일은 모르는 것인데 어떻게 A가 꼭 이긴다고 할 수 있냐며 항의를 해, 도무지 어떻게 판정을 내려야 할지 혼란스럽게 되었다네. 도대체 64피스톨을 어떻게 분배하는 것이 좋겠나?

파스칼 자네라면 이 문제를 충분히 풀 수 있을 거라고 나는 믿네. 당신의 성의 있는 답변을 기다리겠네.

친구 드 메레가

당시에 직업적 도박꾼인 드 메레는 수학에 상당한 소양을 가지고 있어서 도박으로 많은 돈을 벌었다. 그는 1654년경에 파스칼에게 편지를 보내 위의 도박 문제를 해결해 달라고 부탁했는데, 이것이 바로 그 유명한 '분배의 논제'이다.

게임이 중단되었으므로 똑같이 나누어야 한다고 생각할 수도 있지만 두 번 이긴 사람(A)이 한 번 이긴 사람(B)보다 더 유리하므로 더 많이 가져야 한다고 생각하는 것이 합리적이다. 그러나 '얼마나 더 많이 가져야 하는가?' 하는 데서 문제가 생긴다.

드 메레의 질문을 받은 파스칼도 이 문제에 대해서 상당히 오래 고민했다고 한다. 그래서 파스칼은 '페르마의 마지막 정리*'로 유명한 페르마$^{Pierre\,de}$

---

* 페르마의 마지막 정리 : 3 이상 지수의 거듭제곱수는 같은 지수의 두 거듭제곱수의 합으로 나타낼 수 없다는 이론이다. 즉, a, b, c가 양의 정수이고, n이 3 이상의 정수일 때, 항상 $a^n + b^n \neq c^n$이 된다.

Fermat, 1601~1665와 편지로 교류하면서 그 해결 방법을 찾았다고 한다. 페르마는 이 문제를 해결하여 파스칼에게 답장을 보냈는데, 병상에서 페르마의 편지를 받은 파스칼은 그 방법이 너무나 어려워서 다른 방법을 연구한 끝에 수형도(樹型圖)*를 이용한 산뜻한 풀이를 발견했다. 이 문제로부터 확률이라는 수학의 새로운 분야가 탄생하여 발전하게 된 것이다.

수학이 풀지 못하는 문제

자, 그러면 여러분은 이 문제를 어떻게 해결하겠는가?
도박 실력이 비슷하다고 하였으므로 한 번의 게임에서 A가 이길 확률이나 B가 이길 확률은 각각 $\frac{1}{2}$이다. A가 이 게임에서 이기는 경우는 ① 바로 다음 승부에서 이기거나 ② 다음 승부에서 지고 그 다음 승부에서 이기는 두 가지 경우이다. 각각의 경우의 확률을 구해 보면,

① : A가 다음 승부에서 이길 확률은 $\frac{1}{2}$이다.

② : 다음 승부에서 질 확률은 $\frac{1}{2}$, 그 다음 승부에서 이길 확률은 $\frac{1}{2}$이므로 두 확률을 곱하면 $\frac{1}{2} \times \frac{1}{2} = \frac{1}{4}$이다.

①과 ②의 경우 모두 다 A가 승자이므로 A가 이길 확률은 $\frac{1}{2} + \frac{1}{4} = \frac{3}{4}$이다.

이제 B가 이 게임에서 이길 확률을 계산해 보자.

B가 이 게임에서 이기는 방법은 오로지 한 가지, 연이어 두 번을 이기는 경우뿐이다. 따라서 연달아 두 번 이길 확률은 $\frac{1}{2} \times \frac{1}{2} = \frac{1}{4}$이다.

---

* 수형도 : 어떤 사건이 일어나는 모든 경우를 나무에서 가지가 나누어지는 것과 같은 모양의 계통그림으로 그린 것.

즉 A가 승자가 될 확률은 $\frac{3}{4}$, B가 승자가 될 확률은 $\frac{1}{4}$이므로 64피스톨 중에서 A는 $64 \times \frac{3}{4} = 48$피스톨, B는 $64 \times \frac{1}{4} = 16$피스톨을 가지면 된다.

확률은 어떤 일이 일어날 가능성이므로 확률이 높다고 반드시 그대로 일어나는 것은 아니다. 어떤 일이 일어날 확률이 99%라고 하더라도 반드시 그렇게 된다고 단정할 수 없다는 얘기다. 단지 확률이 높을 뿐이다. 1%가 일어날 가능성도 배제할 수 없기 때문이다. 그게 바로 세상사(世上事)이고 인생이다. 바로 수학이 풀지 못하는 문제이다.

미술관 옆 카페에서 커피 한 잔

세이렌과 소리의 수학

우리나라에서 커피를 가장 처음으로 마신 사람은 조선 26대 왕 고종(高宗, 1852~1919)으로 알려져 있는데, 고종이 처음 커피를 접한 것은 아관파천(俄館播遷) 때라는 소문이 있다. 아관파천은 고종이 1895년 일본에 의해 명성황후(明成皇后, 1851~1895)가 시해되는 을미사변이 일어나자 안전에 위협을 느껴 1896년에 건청궁(경복궁)을 떠나 러시아공사관으로 옮겨간 사건이다. 그런데 고종이 아관파천 때 처음 커피를 접했다는 기록은 어디에서도 찾아볼 수 없다. 오히려 아관파천 이전인 1880년대 중반에 이미 궁중에서 커피가 음용되고 있었다는 기록이 전해진다.

사실 고종과 커피에 관한 세간의 말들은 매우 흥미롭지만 근거 없는 추측이라고 한다. 외세의 각축과 국내 정치의 혼란으로 바람 잘 날 없던 조선의 군주 고종과 달콤하면서도 쓰디쓴 서구로부터 온 커피의 만남은 어딘가 드라마틱하기 때문에 근거 없는 소문이 만들어졌다는 것이다.

워터하우스, 〈오디세우스와 세이렌〉, 1891년, 캔버스에 유채, 100.6×202cm, 멜버른 빅토리아 국립 미술관

우리나라에서 커피는 불과 몇 십 년 전만 해도 서민들에게는 익숙지 않은 음료였다. 커피를 처음 마셔본 사람들에게는 카페인 성분이 부담스러웠고 향은 구수할지 몰라도 맛은 씁쓸했다. 사는 게 궁핍했던 시절 이런 커피를 돈 주고 사 마시는 건 쉽지 않은 일이었다.

그러했던 커피가 지금은 너무 흔한 음료가 되어 도시마다 카페거리가 상권을 점령하다시피 한다. 카페거리를 거닐다 보면 전혀 커피와 어울릴 것 같지 않은 로고를 한 커피전문점을 자주 보게 되는 데, 바로 스타벅스(Starbucks)다.

'스타벅스'라는 이름은 국내에서는 '백경(白鯨)'이란 제목으로 번역된 허먼 멜빌Herman Melville, 1819~1891의 소설 『모비딕(Moby Dick)』에 등장하는 커피를 사랑하는 일등 항해사 '스타벅(Starbuck)'에서 유래했다. 스타벅스의 설립자들이 '커피, 차, 과자류(Coffee, Tea and Spice)' 등 스타벅 세 명이라는 뜻으로 복수형 '스타벅스'라고 이름 붙이고, 스타벅스의 로고를 그리스신화에 등장하는 바다의 신 '세이렌(Siren)'의 형상을 응용해 간판을 만들었다. 이것이 오늘날 스타벅스 브랜드의 시작이다. 세이렌은 아름다운 노래로 사람들을 홀려 잡아먹는 식인어인데, 스타벅스가 세이렌을 로고로 사용한 것은 좋은 커피 맛으로 사람들을 유혹하겠다는 뜻이라고 한다.

| 스타벅스의 로고 속 세이렌의 모습

세이렌의 무한변신

신화에 따르면 세이렌은 아름다운 노랫소리로 뱃사람들을 유혹하여 난파시켰다고 한다. 세이렌의 전설은 두 가지 요소, 곧 조녀(鳥女)라는 동방적 이미지와 초기 항해의 위험에 관한 원시적인 이야기가 결합되어 생겨난 것이라고 한다. 인류학자들은 이러한 동방적 이미지를 영혼새(soul-bird), 즉 살아 있는 생명을 훔쳐 그 운명을 함께 하는 날개 달린 유령으로 설명했고, 예술가들은 세이렌을 아름다운 여성의 얼굴에 독수리의 몸을 가진 전설의 동물로 표현했다.

지금은 세이렌의 모습이 스타벅스의 로고를 통해 가장 널리 알려졌지만, 미술사를 보면 세이렌을 그린 거장들의 명화가 적지 않다.

20세기 초현실주의의 거장 벨기에의 르네 마그리트René Magritte, 1898~1967는 '반인반어(半人半漁)'로서의 세이렌의 이미지를 완전히 역전시켜, 얼굴을 포함한 상체는 물고기로 하체는 인간으로 묘사했다. 오스트리아의 화가 클림트Gustav Klimt, 1862~1918는, 오디세우스를 유혹하는 데 실패하고 분해하는 표독스러운 표정의 세이렌을 그렸는데, 이 역시 기존 세이렌의 이미지에서 벗어

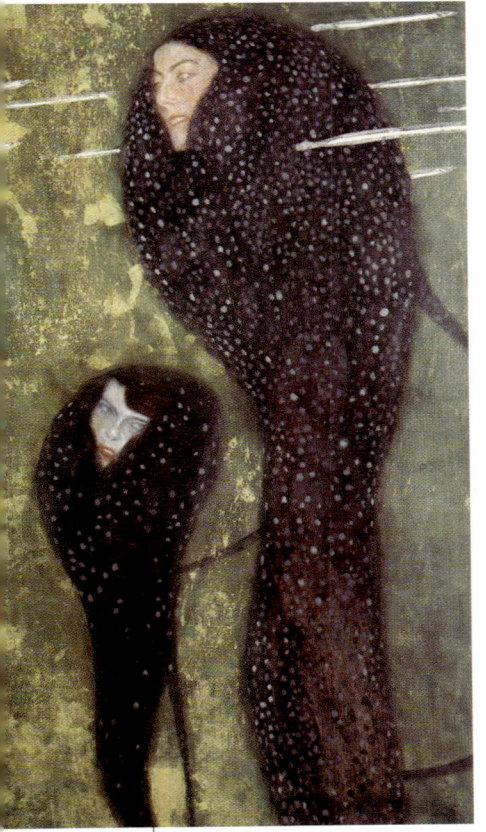

클림트, 〈세이렌〉, 1889년, 캔버스에 유채, 52×82cm, 비엔나 첸트랄 슈파르카세

나는 시도였다.

신화 속 세이렌을 충실하게 그린 대표적인 화가로는 영국 출신 존 윌리엄 워터하우스John William Waterhouse, 1849~1917가 유명하다. 워터하우스는 주로 신화와 전설, 문학을 소재로 많은 회화를 남겼다. 377쪽 그의 작품 〈오디세우스와 세이렌〉을 보면, 트로이 전쟁이 끝나자 집으로 돌아가던 그리스 영웅 오디세우스가 세이렌과 만나는 신화 속 이야기가 생생하게 묘사됐다. 그림 속 돛대에 묶여 있는 사람은 오디세우스이다. 오디세우스는 마녀 키르케의 조언에 따라 선원들의 귓구멍을 밀랍으로 막아 세이렌의 목소리를 듣지 못하게 함으로써 위험에서 벗어날 수 있게 했다. 아울러 오디세우스 자신은 유혹에 빠져 배를 엉뚱하게 몰지 않도록 자기 몸을 돛대에 묶게 하고서 노랫소리를 들었다. 이 작품에서 워터하우스는 세이렌들을 아름다운 여인의 얼굴에 독수리의 몸을 가진 것으로 표현했다.

그리스신화에서 세이렌은 대지의 여신 데메테르의 딸 페르세포네의 친구들로 처음에는 날개가 없었다. 그런데 저승의 신인 하데스가 페르세포네를 납치하자 데메테르가 딸을 찾기 위해 세이렌들에게 날개를 달아주었다. 이들은 아름다운 목소리로 페르세포네를 찾아다녔지만 끝내 찾지 못했고, 그들의 목소리를 들은 인간은 죽음을 맞이하게 되었다.

그런데 중세를 지나며 세이렌은 북유럽신화와 결합하여 인어로 변신하게 된다. 북유럽신화에서 바다의 인어는 아름다운 목소리로 뱃사람을 유혹해 목숨을 앗아가는 요정이다. 아름다운 목소리로 사람들을 유혹해 죽음에 이르게 한다는 것이 그리스신화와 비슷해서 세이렌은 점차 새에서 인어로 모습을 바꾸게 된 것이다.

워터하우스도 세이렌을 먼저 그렸던 새의 모습에서 인어의 모습으로 바꿔

워터하우스, 〈세이렌〉, 1900년, 캔버스에 유채, 81×53cm

그리게 된다. 위의 그림은 그가 1900년에 그린 〈세이렌〉이다. 그는 이 작품에서 인간을 파멸로 이끄는 세이렌의 치명적인 매력을 강조하기 위하여 인어를 아예 누드의 여인으로 묘사했다. 세이렌은 하프를 연주하며 노래하고 있고, 노랫소리에 홀린 남자가 바닷물 속에서 세이렌의 이런 모습을 바라보고 있다. 남자의 눈은 세이렌의 아름다운 모습과 노랫소리에 빠져 이미 초점을 잃었다.

세이렌은 여성의 유혹 내지는 속임수를 상징하는데, 그 이유는 섬에 선박이 가까이 다가오면 아름다운 노랫소리로 선원들을 유혹하여 바다에 뛰어들고 싶은 충동을 일으켜 죽게 만드는 힘을 지녔기 때문이다. 세이렌들이 특히 암초와 여울목이 많은 곳에서 거주하는 이유도 노래로 유인한 선박들이 난파당하기 쉬운 장소이기 때문이다.

이러한 세이렌의 이미지를 바탕으로 덴마크의 동화작가이자 소설가인 안데르센Hans Christian Andersen, 1805~1875은 『인어공주』를 지었고, 이것을 바탕으로 월트 디즈니Walt Disney, 1901~1966는 영화와 애니메이션을 제작하기도 했는데, 그러는 과정에서 세이렌의 이미지가 신화 속 식인인어에서 인어공주로 완전히 바뀌게 된다.

소리의 수학

세이렌이 커피와 신화보다도 우리에게 훨씬 친숙하게 떠오르는 이미지는 따로 있다. 바로 경보(警報)를 뜻하는 사이렌(siren)은 세이렌에서 비롯된 말이다.

고대 그리스인들은 인류 최초로 아름다운 소리를 정량화하여 나타내려고 노력했다. 그들은 현악기를 이용하여 현의 길이를 반으로 만들어 퉁기면 오늘날 '옥타브(octave)'라고 하는 아름다운 음정이 나온다는 것을 알아냈다. 이 경우 음파의 진동수 비율은 2:1이다. 현의 길이를 $\frac{2}{3}$로 만들면 '완전 5도'라고 하는 또 다른 아름다운 음정이 나오는데, 이때 소리 진동수의 비는 3:2이다.

고대 그리스 수학자 피타고라스Pythagoras, BC580~BC500는 음악에 수가 깊이 관련되어 있다는 것을 발견했다. 그는 완전 5도만으로 옥타브의 정수를 만들려고 노력했다. 이것은 진동수 $\frac{3}{2}$을 반복해서 2의 거듭제곱을 얻는 것과 마찬가지이므로 $\left(\frac{3}{2}\right)^p = 2^q$를 만족하는 양의 정수 p, q를 구하는 것과 같다. 이 식을 변형하면 $3^p = 2^p \times 2^q = 2^{p+q}$인데, 사실 2의 거듭제곱 2^{p+q}는 어떤 경우도 항상 짝수이고 3의 거듭제곱 3^p는 항상 홀수이므로 이를 만족하는 p, q는 존재하지 않는다.

그런데 $\left(\frac{3}{2}\right)^p = 2^q$을 만족하는 아주 비슷한 수를 구하면 $\left(\frac{3}{2}\right)^{12} \approx 129.746$이고 $2^7 = 128$이므로 $p=12$, $q=7$가 된다. 7과 12가 좋은 근삿값인 이유는 두 수가 서로소이기 때문에 $\frac{3}{2}$씩 곱하는 작업을 열두 번해야 완전 5도와 비슷한 수가 된다는 것이다. $\frac{3}{2}$을 곱해서 나오는 열두 가지 진동수는 모두 $1:2^{\frac{1}{12}}$, 즉 반음이라고 부르는 기본 진동수 비의 거듭제곱이 된다. 완전 5도는 대략 일곱 반음인 $2^{\frac{7}{12}} \approx 1.498 \approx \frac{3}{2}$이고 1.5와 1.498 사이의 작은 차이를 '피타고라스의 콤마(Pythagorean comma)'라고 한다.

피아노 건반을 살펴보면 7과 12의 관계를 확인할 수 있다. 한 옥타브는 도, 레, 미, 파, 솔, 라, 시, 도의 8개인데, 높은 도를 제외하면 7개의 음이 있다. 또 한 옥타브에서 반음과 온음을 모두 표시하면 모두 12개의 음이 있다. 다음 그림의 피아노 건반에서 두 음 사이에 검은 건반이 없는 곳은 '미-파'와 '시-도' 두 곳인데, 이 두 곳이 반음이고 나머지는 모두 온음이다. 즉, 온음 사이에는 검은 건반이 있고, 흰 건반과 바로 위 검은 건반 사이는 반음이다.

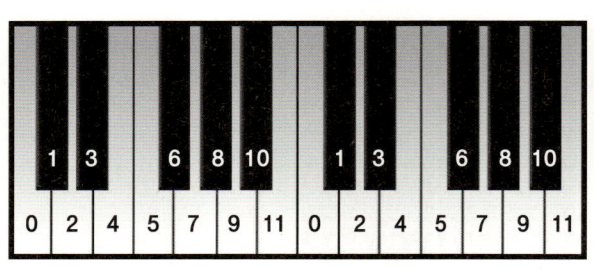 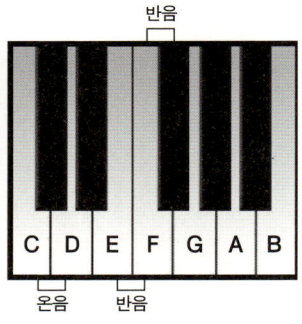

따라서 피아노 건반은 한 옥타브가 '도-도#(레b)-레-레#(미b)-미-파-파#(솔b)-솔-솔#(라b)-라-라#(시b)-시'인 모두 열두 개로 구성되어 있다. 이때 각 음을 수학적으로 표현하기 위하여 '도'에 0을 대응시키는 것을 시작으로 '시'에 11까지 차례로 대응시킨 것이다. 그렇게 하면 음은 모두 열두 개임을 알 수 있다. 이와 같은 옥타브는 계속 반복되므로 음의 변화를 시각적으로 아래와 같이 회전하는 그림으로 표현할 수 있다. 이는 모든 음을 수로 나타낸 다음, 그 수를 12로 나누었을 때 나머지인 0, 1, 2, … , 11을 이용하여 수학적으로 표현한 것이다.

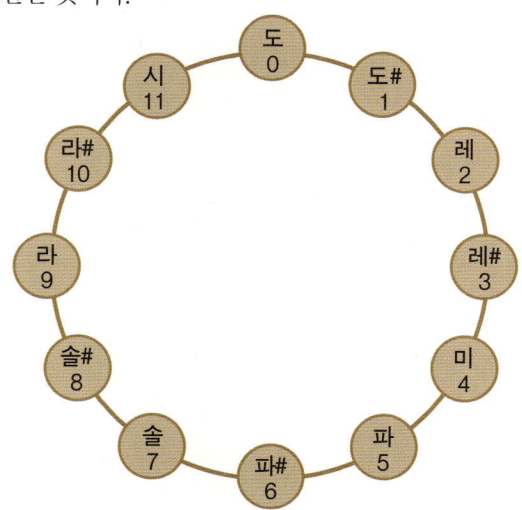

이밖에도 아름다운 소리를 내기 위한 수학적 방법과 해석은 많다. 음악가들은 자신의 작품에 의식적으로 수학을 이용하기도 했다. 음악가들은 테마, 무드, 짜임 등의 시작과 끝을 정할 때 악절을 황금비로 나누기도 했는데, 이런 기법은 팔레스트리나Giovanni Pierluigi da Palestrina, 1525~1594, 바흐Johann Sebastian Bach, 1685~1750, 베토벤Ludwig van Beethoven, 1770~1827, 바르톡Bela Viktor Janos Bartok, 1881~1945 등 서양 음악사를 이끈 작곡가들의 작품을 비롯해 초기 교회음악에서 현대의 작곡법에 이르기까지 잘 나타나 있다.

한 잔의 커피에서 시작된 한담이 신화 속 세이렌을 거쳐 옥타브에서 피타고라스의 콤마에 이르기까지 두서없이 시대와 장르를 넘나들었다. 필자는 미술관에서 작품들을 감상하고 나면 대개 미술관 안에 있는 카페에서 커피 한 잔을 마시며 작품들이 안겨준 감동을 다시 한 번 천천히 되새겨 기억 속에 침잠시키곤 한다. 미술관에서 뜻밖에 워터하우스나 클림트의 작품 속 세이렌를 만나기라도 하면 더 없이 반갑다. 그럴 때면 필자의 머릿속은 미술과 신화와 음악, 그리고 수학이 한데 어우러져 한바탕 축제가 벌어진다. 거기에 커피 한 잔을 곁들이면, 음~ 더 이상 부러울 게 없겠다.

작품 찾아보기

*화가의 출생 및 작품 제작 연도 순

마사초 1401~1428
〈성삼위일체〉, 1401년, 프레스코, 피렌체 산타마리아 노벨라 성 ·········· 015

프란체스카 1416~1492
〈채찍질당하는 그리스도〉, 1460년, 템페라, 우르비노 마르케 국립 미술관 ·········· 021

폴라이우올로 1431~1498
〈헤라클레스와 히드라〉, 1475년, 패널에 템페라, 피렌체 우피치 미술관 ·········· 336

다빈치 1452~1519
〈비트루비우스적 인간〉, 1490년, 종이에 잉크, 베니스 아카데미아 미술관 ·········· 076
〈모나리자〉, 1506년, 패널에 유채, 파리 루브르 박물관 ·········· 069

마시스 1465~1530
〈환전상과 그의 아내〉, 1514년경, 캔버스에 유채, 파리 루브르 박물관 ·········· 043

뒤러 1471~1528
〈네메시스〉, 1501~1502년경, 동판화, 런던 브리티시 미술관 ·········· 169
〈아담과 이브〉, 1504년, 동판화, 프랑스 랭스 르 베르쉐르 박물관 ·········· 073
〈아담〉, 1507년, 패널에 유채, 마드리드 프라도 미술관 ·········· 075
〈이브〉, 1507년, 패널에 유채, 마드리드 프라도 미술관 ·········· 075
〈멜랑콜리아 I〉, 1514년, 동판화, 런던 대영박물관 ·········· 227
〈격자판을 이용해 누드를 그리는 화가〉, 1525년, 목판화 ·········· 210

미켈란젤로 1475~1564
〈다비드상〉, 1501~1504년경, 대리석, 피렌체 아카데미아 미술관 ·········· 083
〈천지창조〉, 1510년, 캔버스에 유채, 프레스코, 바티칸 성시스티나 성당 ·········· 248

발둥 1484~1545
〈대홍수〉, 1516년, 캔버스에 유채, 독일 밤베르크 노이에 레지덴츠(신궁전) ······ 250

라파엘로 1488~1576
〈아테네학당〉, 1510~1511년, 프레스코, 바티칸 박물관 ······ 101

티치아노 1488~1576
〈이브의 유혹〉, 1550년, 캔버스에 유채, 마드리드 프라도 미술관 ······ 261

쉰 1491~1542
〈Was sichst du?(무엇이 보이는가?)〉 ······ 213

레이메르스바엘 1493~1567
〈환전상과 그의 아내〉, 1539년, 캔버스에 유채, 마드리드 프라도 미술관 ······ 043

브륀 1493~1555
〈바니타스 정물화〉, 1524년, 패널에 유채, 오테를로 크뢸러-뮐러 미술관 ······ 291

홀바인 1497~1543
〈새로운 세계전도〉, 1532년, 목판화 ······ 207
〈대사들〉, 1533년, 패널에 유채와 템페라, 런던 내셔널 갤러리 ······ 201
〈헨리 8세의 초상〉, 1536년, 캔버스에 유채, 리버풀 워커 아트 갤러리 ······ 202

베함 1500~1550
〈히드라를 죽이는 헤라클레스〉, 1545년, 판화, 개인 소장 ······ 337

바사리 1511~1574
〈우라노스를 거세하는 크로노스〉, 1560년경, 패널에 유채, 피렌체 베키오 궁전 ······ 117

틴토레토 1518~1694
〈아테나와 아라크네〉, 1534년, 캔버스에 유채, 피렌체 피티 궁전 ······ 349
〈은하수의 기원〉, 1575년, 캔버스에 유채, 런던 내셔널 갤러리 ······ 340

브뤼헐 1525~1569
〈바벨탑〉, 1563년, 패널에 유채, 비엔나 미술사 박물관 ·· 036

베로네세 1528~1588
〈천장화 중 아라크네 부분도〉, 1520년경, 프레스코, 베니스 두칼레 궁전 ·········· 352

만추올리 1536~1571
〈이카로스의 추락〉, 1571년경, 패널에 유채, 피렌체 베키오 궁전 ························ 061

카라바조 1573~1610
〈카드 사기꾼〉, 1594년, 캔버스에 유채, 포트워스(미국) 킴벨 아트 뮤지엄 ········ 367
〈우라노스를 거세하는 크로노스〉, 17세기, 판화(에칭), 개인 소장 ······················ 117

루벤스 1577~1640
〈사슬에 묶인 프로메테우스〉, 1612년경, 패널에 유채, 필라델피아 미술관 ········ 180
〈파리스의 심판〉, 1632~1635년경, 캔버스에 유채, 런던 내셔널 갤러리 ············ 264
〈아테나와 아라크네〉, 1637년, 패널에 유채, 버지니아 순수미술 박물관 ············ 351
〈삼미신〉, 1639년, 캔버스에 유채, 마드리드 프라도 미술관 ································ 267

스토리치 1581~1644
〈알렉산드리아 도서관에서 수업 중인 에라토스테네스〉, 1635년, 캔버스에 유채, 몬트리올 순수미술 뮤지엄
·· 187

페티 1589~1623
〈아르키메데스 초상화〉, 1620년, 캔버스에 유채, 드레스덴 알테 마이스터 회화관 ········ 045

메리안 1593~1650
〈카르타고에 정착할 땅을 구매하는 디도〉, 1630년, 종이에 잉크 ························ 135

라 투르 1593~1652
〈다이아몬드 에이스를 가진 사기꾼〉, 1635년, 캔버스에 유채, 파리 루브르 박물관 ········ 368

요르단스 1593~1678
〈폴리페모스 동굴 속의 오디세우스〉, 1635년, 캔버스에 유채, 모스크바 푸시킨 박물관 ········ 148

푸생 1594~1665
〈겨울(대홍수)〉, 1660~1664년, 캔버스에 유채, 파리 루브르 박물관 ··············· 255
〈셀레네와 엔디미온〉, 1640년경, 캔버스에 유채, 디트로이트 미술관 ··············· 312

리스 1597~1631
〈파에톤의 추락〉, 17세기 초반, 캔버스에 유채, 런던 내셔널 갤러리 ··············· 303

베르메르 1632~1675
〈저울질을 하는 여인〉, 1662~1665년경, 캔버스에 유채, 워싱턴 내셔널 갤러리 ··············· 038

넬러 1646~1723
〈뉴턴의 초상화〉, 1702년, 캔버스에 유채, 런던 내셔널 포트레이트 갤러리 ··············· 155

정선 1676~1759
〈송림한선〉, 18세기, 비단에 엷은 색, 간송 미술관 ··············· 195

티에폴로 1696~1770
〈트로이 목마〉, 1773년, 캔버스에 유채, 런던 내셔널 갤러리 ··············· 141

샤르댕 1699~1779
〈비눗방울을 부는 사람〉, 1734년경, 캔버스에 유채, 워싱턴 내셔널 갤러리 ··············· 173

바이유 1734~1795
〈올림피안 : 거인과의 전쟁(기간토마키아)〉, 1764년, 캔버스에 유채, 마드리드 프라도 미술관 ··············· 179

웨스트 1738~1820
〈헬리오스에게 태양의 지휘권을 간청하는 파에톤〉, 1804년경, 캔버스에 유채, 파리 루브르 박물관 ··············· 308

부르주아 1756~1811
〈빌헬름 텔〉, 캔버스에 유채, 영국 덜위치 픽처 갤러리 ··············· 270

카노바 1757~1822
〈다이달로스와 이카로스〉, 1779년경, 석고, 베니스 코레르 박물관 ··············· 058

작품 찾아보기 **389**

블레이크 1757~1827
〈태고적부터 계신 이〉, 1794년, 캔버스에 유채, 케임브리지 대학교 피츠윌리엄 미술관 ······ 159
〈뉴턴〉, 1795년, 캔버스에 유채, 런던 테이트 브리튼 미술관 ······ 153

란도 1760~1826
〈다이달로스와 이카로스〉, 1799년, 캔버스에 유채, 프랑스 알랑송 미술관 ······ 059

호쿠사이 1760~1849
〈가나가와의 큰 파도〉, 1829~1832년경, 판화, 기메(프랑스) 아시아 국립 미술관 ······ 315
〈카이 지방의 카지카자와〉, 1830~1832년경, 판화, 기메(프랑스) 아시아 국립 미술관 ······ 320

게랭 1774~1833
〈디도에게 트로이 전쟁을 이야기하는 아이네이아스〉, 1815년, 캔버스에 유채, 프랑스 보르도 미술관
······ 134

김정희 1786~1856
〈세한도〉(국보 180호), 1844년, 수묵화, 국립 중앙 박물관 ······ 016

제리코 1791~1824
〈고양이의 죽음〉, 1820년경, 캔버스에 유채, 파리 루브르 박물관 ······ 215
〈대홍수〉, 18세기경, 캔버스에 유채, 파리 루브르 박물관 ······ 256

옌센 1792~1870
〈가우스의 초상화〉, 1840년, 캔버스에 유채 ······ 071

바리 1796~1875
〈미노타우로스와 싸우는 테세우스〉, 1846년, 청동, 일리노이 체이즌 미술관 ······ 052

맥라이즈 1806~1870
〈연극 '햄릿'의 한 장면〉, 1842년, 캔버스에 유채, 런던 내셔널 갤러리 ······ 092

한나 1812~1909
〈1665년 가을 울즈소프 정원에서의 아이작 뉴턴〉, 1856년, 캔버스에 유채, 런던 왕립 연구소 ······ 272

밀레 1814~1875
〈우유를 저어 버터를 만드는 여인〉, 1866~1868년, 크레용과 파스텔, 파리 오르세 미술관 ········ 222

모로 1826~1898
〈프로메테우스〉, 1868년, 캔버스에 유채, 파리 귀스타브 모로 미술관 ········ 177

도레 1832~1883
〈신곡 연옥편 12곡을 위한 삽화〉, 1868년, 종이에 펜 ········ 357

번 존스 1833~1898
〈미궁 속의 테세우스〉, 1861년, 종이에 잉크, 버밍엄 박물관 & 아트 갤러리 ········ 051
〈운명의 수레바퀴〉, 1863년, 캔버스에 유채, 멜버른 빅토리아 국립 미술관 ········ 165

세잔 1839~1906
〈사과〉, 1890년, 캔버스에 유채, 개인 소장 ········ 131
〈카드놀이하는 사람〉, 1894~1895년, 캔버스에 유채, 파리 오르세 미술관 ········ 371
〈사과와 오렌지〉, 1900년, 캔버스에 유채, 파리 오르세 미술관 ········ 129

카유보트 1848~1894
〈유럽의 다리〉, 1881~1882년, 캔버스에 유채, 개인 소장 ········ 022
〈파리의 거리, 비오는 날〉, 1887년, 캔버스에 유채, 시카고 미술관 ········ 025

워터하우스 1849~1917
〈오디세우스와 세이렌〉, 1891년, 캔버스에 유채, 멜버른 빅토리아 국립 미술관 ········ 377
〈세이렌〉, 1900년, 캔버스에 유채 ········ 381
〈다나이드〉, 1903년, 캔버스에 유채, 개인 소장 ········ 246

쇠라 1859~1891
〈그랑자트 섬에서의 일요일 오후〉, 1884~1886년경, 캔버스에 유채, 시카고 미술관 ········ 327

클림트 1862~1918
〈세이렌〉, 1889년, 캔버스에 유채, 비엔나 첸트랄 슈파르카세 ········ 379

시냑 1863~1935
〈우산 쓴 여인〉, 1893년, 캔버스에 유채, 파리 오르세 미술관 ········ 331

칸딘스키 1866~1944
〈원 속의 원〉, 1923년, 캔버스에 유채, 필라델피아 미술관 ························ 171
〈여러 개의 원〉, 1926년, 캔버스에 유채, 뉴욕 구겐하임 미술관 ················ 171

발라 1871~1958
〈끈에 묶인 개의 역동성〉, 1912년, 캔버스에 유채, 뉴욕 올브라이트-녹스 미술관 ······ 237
〈칼새들의 비행〉, 1913년, 캔버스에 유채 ··························· 240
〈힘의 방향〉, 1915년, 청동에 채색 ································ 241

몬드리안 1872~1944
〈빨강, 검정, 파랑, 노랑, 회색의 구성〉, 1920년, 캔버스에 유채, 암스테르담 시립 미술관 ····· 063

보치오니 1882~1916
〈공간에 있어서 연속성의 독특한 형태〉, 1913년, 동(bronze), 밀라노 무제오 델 노베첸토 ······ 242

샤갈 1887~1985
〈생일〉, 1915년, 캔버스에 유채, 뉴욕 현대 미술관 ······················ 361

쉴레 1890~1918
〈열린 공간으로 향한 감옥문〉, 1912년, 종이에 채색, 알베르티나 미술관 ············ 093

마그리트 1898~1967
〈이미지의 배반〉, 1912년, 캔버스에 유채, 로스앤젤레스 카운티 아트 뮤지엄 ·········· 085
〈인간의 조건〉, 1935년, 캔버스에 유채, 개인 소장 ······················ 028
〈유클리드의 산책〉, 1939년, 캔버스에 유채, 미네소타 미니애폴리스 미술관 ············ 033

에셔 1898~1972
〈뫼비우스 띠 Ⅱ(불개미)〉, 1963년, 목판화 ··························· 277
〈나비 No.70〉 ··· 281
〈도마뱀〉, 1943년, 석판화 ······································ 283
〈천사와 악마〉, 1960년, 목판화 ·································· 284
〈원의 한계 Ⅲ〉, 1960년, 목판화 ·································· 284
〈상승과 하강〉, 1960년, 석판화 ·································· 287
〈폭포〉, 1961년, 석판화 ·· 287

파올로치 1924~2005
〈뉴턴〉 1995년, 대리석, 런던 국립 도서관 ·· 157

오팔카 1931~2011
〈1965/1-∞(Detail 1~35327)〉, 1965년, 캔버스에 아크릴 ··· 125

백남준 1932~2006
〈다다익선〉, 1986년, 과천 국립 현대 미술관 ··· 328

마에다
〈Morisawa poster〉 ·· 318

진시영
〈Sign〉, 2011년, 서울스퀘어 ·· 329

밀즈
〈에라토스테네스의 체〉, 1977년 ·· 193

코스텔라네츠
〈분해할 수 없음 : 첫 번째 포트폴리오〉, 1974년 ··· 194

작자미상
〈늪지로 사냥 나간 네바문〉, BC1359년경, 프레스코 벽화, 런던 대영박물관 ··················· 216
〈고양이 여신 바스테드상〉, BC 7세기경, 청동, 런던 대영박물관 ······································· 217
〈벨베데레의 아폴론〉, BC350년경, 청동, 바티칸 박물관 ·· 078
〈밀로의 비너스〉, BC130~120년경, 대리석, 파리 루브르 박물관 ······································ 078
〈복희와 여와〉, 7세기경, 마(麻)에 채색, 국립 중앙 박물관 ·· 162
〈석굴암 본존불〉, 751년, 국보 제24호, 경주 석굴암 ·· 083
〈창조주 하나님〉, 1220~1230년경, 종이에 채색, 비엔나 오스트리아 국립 도서관 ········ 161
〈호퍼가 여인의 초상〉, 1470년 추정, 패널에 유채, 런던 내셔널 갤러리 ·························· 289

인명 찾아보기

*가나다 순

| 가·나·다 |

가모브 George Anthony Gamov ········· 116
가우스 Carl Friedrich Gauss ········· 152
갈루아 Évariste Galois ········· 184
갈릴레이 Galileo Galilei ········· 186, 272
게랭 Pierre-Narcisse Guérin ········· 135
고르기아스 Gorgias ········· 110
고종 高宗(조선 26대 왕) ········· 376
괴델 Kurt Gödel ········· 220
그레고리우스 13세 Gregorius XIII ········· 313
김정희 金正喜 ········· 016
내시 John Nash ········· 095
넬러 Godfrey Kneller ········· 155
노이만 John von Neumann ········· 092
놀란 Christopher Nolan ········· 287
뉴턴 Sir Isaac Newton ········· 152, 271
다빈치 Leonardo da Vinci ········· 068, 088
단테 Alighieri Dante ········· 357
당트빌 Jean de Dinteville ········· 204
데모크리토스 Democritos ········· 108
데카르트 Ren Descartes ········· 292
도레 Gustave Dore ········· 357

뒤러 Albrecht Dürer ········· 74, 168, 210, 226, 233
듀드니 Henry Ernest Dudeney ········· 355
드 메레 Chevalier de Mere ········· 372
드니 Maurice Denis ········· 130
디아고라스 Diagoras ········· 110
디오판토스 Diophantos ········· 183
디즈니 Walt Disney ········· 382
딕스 Thomas Digges ········· 305

| 라·마·바 |

라 투르 Georges de La Tour ········· 366
라이프니츠 Gottfried Wilhelm von Leibniz ········· 156, 293
라파엘로 Raffaello Sanzio ········· 102
란도 Charles P. Landon ········· 059
러셀 Bertrand Russell ········· 086, 127
랠리 Sir Walter Raleigh ········· 131
레오카레스 Leochares ········· 078
레이메르스바엘 Marinus van Reymerswaele ········· 043
레제 Fernand Leger ········· 239
루벤스 Peter Paul Rubens ········· 060, 180, 264, 312, 351
루솔로 Luigi Russolo ········· 239
루이 13세 Louis XIII ········· 312

394

루터 Martin Luther ·· 200
로이드 Sam Loyd ··· 089
리만 Bernhard Riemann ································ 193
리베스트 Ron Rivest ···································· 146
리스 Johaan Liss ·· 310
리스팅 Johann Benedict Listing ······················ 278
마그리트 René Magritte ······················ 030, 084, 379
마리네티 Filippo Tommaso Marinetti ················ 236
마사초 Masaccio ··· 018
마시스 Quentin Massys ································ 043
마에다 John Maeda ····································· 318
마티스 Henri Émile-Benoit Matisse ·················· 060
만델브로트 Benoit Mandelbrot ························ 316
만추올리 Tommaso d'Antonio Manzuoli ············· 060
머이브리지 Eadweard Muybridge ···················· 240
맥라이즈 Daniel Maclise ······························· 090
메르카토르 Gerhardus Mercator ······················ 207
메리안 Mathias Merian the Elder ···················· 135
멜빌 Herman Melville ··································· 378
멜키체덱 Drunvalo Melchizedek ····················· 136
멩거 Carl Menger ······································· 323
명성황후 明成皇后 ····································· 376
모네 Claude Monet ····································· 023
모로 Gustave Moreau ·································· 178
모르겐슈테른 Oskar Morgenstern ···················· 092
뫼비우스 August Ferdinand Mobius ·········· 212, 278
뮐러-라이어 Franz Carl Müller-Lyer ················· 031
미켈란젤로 Michelangelo di Lodovico Buonarroti Simoni
··· 081, 102, 250, 366
밀레 Jean-François Mille ······························· 222

밀즈 Rune Mields ······································· 192
바르톡 Bela Viktor Janos Bartok ···················· 385
바리 Antoine-Louis Barye ····························· 052
바사리 Giorgio Vasari ·································· 304
바스카라 Bhaskara ····································· 183
바이유 Francisco Y Subias Bayeu ··················· 179
바흐 Johann Sebastian Bach ························· 385
발라 Giacomo Balla ····································· 239
백남준 白南準 ·· 326
번 존스 Sir Edward Coley Burne Jones ······ 051, 169
베로네세 Paolo Veronese ······························ 352
베르메르 Johannes Vermeer ·························· 038
베토벤 Ludwig van Beethoven ······················· 385
베함 Hans Sebald Beham ····························· 342
보네 Florimond de Beaune ··························· 293
보른 Max Born ·· 219
보치오니 Umberto Boccioni ·························· 239
부르주아 Sir Peter Francis Bourgeois ·············· 271
브라마굽타 Brahmagupta ······························ 183
브뢰헬 Pieter Bruegel the Elder ············· 035, 060
브륀 Barthel Bruyn the Elder ························ 291
브루넬레스키 Filippo Brunelleschi ··················· 017
블레이크 William Blake ································· 155

| 사·아·자 |

샤갈 Marc Chagall ······································ 360
샤르댕 Jean Baptiste Siméon Chardin ·············· 172
세잔 Paul Cézanne ······························· 128, 371
셀브 Georges de Selve ································ 204

세미르 Adi Shamir	146
셰익스피어 William Shakespeare	097
소크라테스 Socrates	103
쇠라 Georges Pierre Seurat	330
쇤 Erhard Schön	213
슈뢰딩거 Erwin Schrödinger	218
슈타이너 Jacob Steiner	136
슈텐 Frans van Schooten	293
쉴레 Egon Schiele	093
스토리치 Bernardo Strozzi	186
시냑 Paul Signac	331
시어핀스키 Wacław Sierpiński	322
실러 Friedrich von Schiller	270
아낙시만드로스 Anaximandros	108
아델만 Leonard Adleman	146
아르키메데스 Archimedes	044, 152
아리스토텔레스 Aristoteles	103
아메스 Aahmes	182, 223
아벨 Niels Henrik Abel	183
아이스키네스 Aischines	110
아인슈타인 Albert Einstein	285
아폴로니우스 Apollonius	107
안데르센 Hans Christian Andersen	382
알렉산드로스 Alexandros the Great	110
알키비아데스 Alkibiades	110
앤더슨 Gary Anderson	276
앨런 James Dow Allen	152
에라토스테네스 Eratosthenes	186
에피메니데스 Epimenides	086
엠페도클레스 Empedocles	104

옌센 Hans Carl Jensen	071
오팔카 Roman Opalka	124
와커 John Wacker	132
요르단스 Jacob Jordaens	147
워즈워스 William Wordsworth	160
워터하우스 John William Waterhouse	245, 330
웨스트 Benjamin West	309
유클리드 Euclid Alexandreiae	032, 041, 112, 190
융 Carl Gustarv Jung	265
이상적 李尙迪	016
잡스 Steve Jobs	275
정선 鄭敾	195
제논 Zenon	108
제리코 Théodore Géricault	217, 256
조로아스터 Zoroaster	112
조르조네 Giorgione	102
진시영	328

| 차·카·타 |

최석정 崔錫鼎	230
카노바 Antonio Canova	058
카라 Carlo Carra	239
카라바조 Michelangelo da Caravagio	302, 366
카유보트 Gustave Caillebotte	022
칸딘스키 Wassily Kandinsky	170
칸토어 Georg Cantor	321
켈빈 William Thomson, 1st Baron Kelvin	138
케플러 Johannes Kepler	132, 272
코스텔라네츠 Richard Kostelanetz	194

코페르니쿠스 Nicolaus Copernicus ·············· 205, 305
코흐 Helge von Koch ································· 316
콜럼버스 Christopher Columbus ··················· 206
콩슈 Guillaume de Conches ························ 306
크리티아스 Kritias ····································· 103
크세노폰 Xenophon ·································· 110
클라인 Christian Felix Klein ························ 212
클림트 Gustav Klimt ································· 379
탈레스 Thales ································· 108, 183
테아이테토스 Theaitetos ···························· 105
테이트 Peter Guthrey Tait ·························· 137
튜링 Alan Turing ····································· 274
티마이오스 Timaios ·································· 103
티에폴로 Giovanni Battista Tiepolo ················ 142
티치아노 Tiziano Vecellio ··················· 102, 262
틴토레토 Tintoretto ···························· 341, 350

| 파·하 |

파르메니데스 Parmenides ··························· 106
파스칼 Blaise Pascal ······················· 268, 372
파올로치 Eduardo Paolozzi ························· 158
팔레스트리나 Giovanni Pierluigi da Palestrina ········ 385
페르마 Pierre de Fermat ··························· 373
페티 Domenico Fetti ································ 045
펜로즈 Sir Roger Penrose ·························· 286
포겐도르프 Johann Christoff Poggendorf ··········· 031
폰조 Mario Ponzo ···································· 031
폰타나 Giovanni Fontana ··························· 053
폴라이우올로 Antonio del Pollaiuolo ··············· 339

퐁슬레 Jean Victor Poncelet ······················· 212
푸생 Nicolas Poussin ······················ 254, 312
푸앵카레 Henri Poincaré ···························· 284
프란체스카 Piero della Francesca ················· 021
프랑수아 1세 Francis I ······························ 203
프톨레마이오스 1세 소테르 Ptolemy Soter I ······ 113
프톨레마이오스 Ptolemaeus ························ 112
플라토 Joseph Plateau ······························ 172
플라톤 Plato ································· 103, 283
플루타르코스 Plutarchos ···························· 054
피보나치 Leonardo Fibonacci ······················ 224
피사로 Camille Pissarro ····························· 331
피에트 몬드리안 Piet Mondrian ··················· 064
피카소 Pablo Picasso ······················ 239, 362
피타고라스 Pythagoras ················ 105, 306, 383
하이젠베르크 Werner Karl Heisenberg ············ 220
한나 Robert Hannah ································ 272
할스 Thomas Hale ··································· 133
해리엇 Thomas Harriot ······························ 131
헤라클레이토스 Heraclitus of Ephesus ············ 106
헤로도토스 Herodotos ······························· 114
헤르만 Ludimar Hermann ··························· 032
헤르모크라테스 Hermokrates ······················ 104
헤링 Ewald Hering ··································· 032
헨리 8세 Henry VIII ·································· 200
호메로스 Homeros ··································· 140
호일 Fred Hoyle ····································· 116
호쿠사이 葛飾北斎 ··································· 318
홀바인 Hans Holbein the Younger ················ 202
히파티아 Hypatia ···································· 107

참고문헌

*가나다 순

- 강금희 옮김, 『Newton Highlight-0과 무한의 과학』, 뉴턴코리아, 2013.

- 곰브리치 지음, 백승길 · 이종승 옮김, 『서양미술사』, 예경, 2012.

- 계영희 지음, 『명화와 함께 떠나는 수학사 여행』, 살림, 2006.

- 김성진 지음, 『서양미술사-르네상스편』, 씨앤북스, 2016.

- 김성진 지음, 『서양미술사-마니에리즘편』, 씨앤북스, 2016.

- 나가로 히로유키 지음, 윤지희 옮김, 『수학력』, 어바웃어북, 2014.

- 리처드 만키에비츠 지음, 이성원 옮김, 『문명과 수학』, 경문사, 2001.

- 미하엘 쾰마이어 지음, 김시형 옮김, 『그리스 로마 신화』, 베텔스만, 2002.

- 박갑영 지음, 『청소년을 위한 서양미술사』, 두리미디어, 2004.

- 박성래 지음, 『친절한 과학사』, 문예춘추, 2006.

- 수학교육협의회 · 김바야시 지음, 전배복 · 김부윤 옮김, 『수학공부 이렇게 하는 거야』, 경문사, 1993.

- 알베르티 지음, 김보경 옮김, 『회화론』, 에크리, 2015.

- 알브레히트 보이텔슈프라허 지음, 김태희 옮김, 『생활 속 수학의 기적』, 황소자리, 2007.

- 이광연 지음, 『신화 속 수학이야기』, 경문사, 2013.

- 이광연 지음, 『수학, 인문으로 수를 읽다』, 한국문학사, 2014.

- 이광연 지음, 『수학플러스』, 동아시아, 2010.

- 이광연 지음, 『오늘의 수학』, 동아시아, 2011.

- 이광연 지음, 『수학블로그』, 살림Friends, 2010.

- 이명옥·김흥규 지음, 『명화 속 신기한 수학이야기』, 시공아트, 2006.

- 이주헌 지음, 『신화 그림으로 읽기』, 학고재, 2003.

- 이즈미 마사토 지음, 오근영 옮김, 『우주의 자궁 미궁 이야기』, 뿌리와 이파리, 2002.

- 존 배로 지음, 강석기 옮김, 『일상적이지만 절대적인 예술 속 수학지식 100』, 동아엠앤비, 2016.

- 진중권 지음, 『미학 오디세이』, 새길, 2001.

- 천주교 주교회의, 『성경』, 천주교 주교회의 성서연구위원회, 2010.

- 하랄트 하르만 지음, 전대호 옮김, 『숫자의 문화사』, 알마, 2013.

- Clifford A. Pickover, 『The Math Book』, Sterling, 2009.

- EBS 〈문명과 수학〉 제작팀 지음, 『문명과 수학』, 민음인, 2014

- Erik Thé, 『The Magic of M. C. Escher』, Barnes&Noble, 2000.

- 「The Magazine, SPACE」(NO. 513), 2010. 8.

- Lynn Gamwell, Mathematics and Art : A Cultural History, Prinston University Press, 2016.

- [un]erwartet DIE KUNST DES ZUFALLS 24.09.2016~19.02.2017, Publikation erscheint anlässlich der Ausstellung / The catalogue is published in conjunction with the exhibition, p35, 2016.

ⓒ Rene Magritte / ADAGP, Paris - SACK, Seoul, 2018
ⓒ Marc Chagall / ADAGP, Paris - SACK, Seoul, 2018 Chagall ®
ⓒ Roman Opalka / ADAGP, Paris - SACK, Seoul, 2018
ⓒ Giacomo Balla / by SIAE - SACK, Seoul, 2018

* 이 서적 내에 사용된 일부 작품은 SACK를 통해 ADAGP, SIAE와 저작권 계약을 맺은 것입니다.
  저작권법에 의하여 한국 내에서 보호를 받는 저작물이므로 무단 전재 및 복제를 금합니다.

미술관에 간 수학자 | 개정증보판 |

초판 1쇄 발행 | 2025년 8월 7일
초판 2쇄 발행 | 2025년 10월 15일

지은이 | 이광연
펴낸이 | 이원범
기획 · 편집 | 김은숙
마케팅 | 안오영
표지 및 본문 디자인 | 강선욱
펴낸곳 | 어바웃어북 about a book
출판등록 | 2010년 12월 24일 제2010-000377호
주소 | 서울시 강서구 마곡중앙로 161-8(마곡동, 두산더랜드파크) C동 808호
전화 | (편집팀) 070-4232-6071 (영업팀) 070-4233-6070
팩스 | 02-335-6078

ⓒ 이광연, 2025

ISBN | 979-11-92229-66-9 03410

* 이 책은 어바웃어북이 저작권자와의 계약에 따라 발행한 것이므로 본사의 서면 허락 없이는
  어떠한 형태나 수단으로도 책의 내용을 이용할 수 없습니다.
* 본문 수록 작품 중 저작권 관리자와 연락이 닿지 않는 것은 추후 연락이 닿는 대로 사용을 허
  락받고 비용을 지급하도록 하겠습니다.

개념은 어떤 유형의 문제든 정확히 꿰뚫는 창이다!

공통 수학편

개념력 = 절대로 흔들리지 않는 기본의 힘

개념 있는 수학자

| 이광연 지음 | 306쪽 | 25,000원 |

중·고교 개정교과서 집필위원이
11차 개정교과서를 가장 빨리 낱낱이 해부해
내신과 수능에 꼭 필요한 개념을 집대성!

수학은 한 부분이라도 개념의 결손이 생기면 앞으로 나아갈 수 없는 위계적인 학문이다. 이 책은 고등학교 1학년이 배우게 될 《공통수학 1·2》를 범위로 하고 있지만, '근의 공식'과 '판별식', '나눗셈', '피타고라스 정리', '일차함수와 직선의 방정식'처럼 중학교와 초등학교 과정까지 거슬러 내려가 개념의 가장 밑바닥부터 단단히 다진다. 또한 출제 경향과 학습 전략을 콕 집어 안내함으로써, 수학 공부의 방향을 제시한다.

대수 미적분 확률과 통계편

개념력 = 절대로 흔들리지 않는 기본의 힘

개념 있는 수학자

| 이광연 지음 | 287쪽 | 25,000원 |

2028년 수능부터 선택과목에서 공통과목이 되는
'대수', '미적분', '확률과 통계'를
49개의 개념으로 완벽하게 정리!

거듭제곱 → 지수와 로그 → 지수함수와 로그함수, 삼각비 → 삼각함수, 수열의 극한 → 함수의 극한 → 미분과 적분처럼 중학교 과정까지 거슬러 올라가 따로따로 존재했던 개념들을 서로 연결해 개념의 줄기를 찾는다. 또한 현행 교육과정에서 생략되었으나 정적분 이해에 꼭 필요한 구분구적법 등의 설명을 복원함으로써, 교과서 속 개념의 간극을 메운다. 개념만큼 유형도 중요한 '확률과 통계'는 어떤 상황에서 어떤 공식을 적용해야 하는지 명쾌하게 풀어낸다.

• 어바웃어북의 지식 교양 총서 '美미·知지·人인 시리즈' •

이성과 감성으로 과학과 예술을 통섭하다
미술관에 간 화학자

개정
증보판

| 전창림 지음 | 372쪽 | 18,000원 |

- 한국출판문화산업진흥원 '이달의 읽을 만한 책' 선정
- 교육과학기술부 '우수과학도서' 선정
- 행복한아침독서 '추천도서' 선정
- 네이버 '오늘의 책' 선정

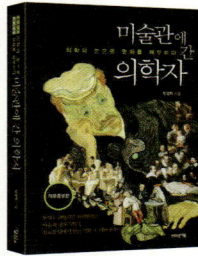

의학의 눈으로 명화를 해부하다
미술관에 간 의학자

개정
증보판

| 박광혁 지음 | 424쪽 | 22,000원 |

문명을 괴멸시킨 전염병부터 마음속 생채기까지
진료실 밖에서 만난 명화 속 의학 이야기

- 서울대 의대 한성구 명예교수 추천 '의대 MMI 면접 대비 필독서'
- 서울대 의대 19학번 김○○ '의대 생기부 작성 대비 필독서'

명화로 읽는 인체의 서사
미술관에 간 해부학자

개정
증보판

| 이재호 지음 | 452쪽 | 23,000원 |

- 서울대 영재교육원 '추천도서' 선정
- 과학기술정보통신부 '우수과학도서' 선정
- 문화체육관광부 '세종도서' 선정
- 행복한아침독서 '추천도서'

화가의 날선 붓으로 그린 판결문
미술관에 간 법학자

| 김현진 지음 | 424쪽 | 22,000원 |

- 행복한아침독서 '추천도서' 선정

법은 사회현상에 대한 전체적인 조망도 필요하지만 구석구석을 바라보는
섬세함이 요구된다. 그림 또한 그렇다. 전체와 부분, 밝은 쪽과 어두운 면을
오래도록 깊이 들여다보는 안목이 있어야 한다. 그런 눈으로 그림과 법을
엮어서 들려주는 저자의 이야기는 무척이나 깊고 풍성하다.

_ **박시환**(인하대학교 석좌교수, 전 대법관)